Cuadernos de lógica, epistemología y lenguaje

Volumen 18

De Mathematicae atque Philosophiae Elegantia
Notas Festivas para Abel Lassalle Casanave

Volumen 8
David Hilbert y los fundamentos de la geometría (1891-1905)
Eduardo N. Giovannini

Volumen 9
Henri Poincaré. Del Convencionalismo a la Gravitación
María de Paz

Volumen 10
Innovación en el Saber Teórico y Práctico
Anna Estany y Rosa M. Herrera

Volumen 11
El fundamento y sus límites. Algunos problemas de fundamentación en ciencia y filosofía.
Jorge Alfredo Roetti y Rodrigo Moro, editores

Volumen 12
Una introducción a la teoría lógica de la Edad Media
Manuel A. Dahlquist

Volumen 13
Aventuras en el Mundo de la Lógica. Ensayos en Honor a María Manzano
Enrique Alonso, Antonia Huertas y Andrei Moldovan, editors

Volumen 14
Infinito, lógica, geometría
Paolo Mancosu

Volumen 15
Lógica, Conocimiento y Abducción. Homenaje a Ángel Nepomuceno
C. Barés Gómez, F. J. Salguero Lamillar and F. Soler Toscano, editores

Volumen 16
Dilucidando π. Irracionalidad, trascendencia y cuadratura del círculo en Johann Heinrich Lambert (1728-1777)
Eduardo Dorrego López and Elías Fuentes Guillén. With a preface by José Ferreirós

Volumen 17
Filosofía posdarwiniana. Enfoques actuales sobre la intersección entre análisis epistemológico y naturalismo filosófico
Rodrigo López-Orellana and E. Joaquín Suárez-Ruíz, editors. Prólogo de Antonio Diéguez Lucena

Volumen 18
De Mathematicae atque Philosophiae Elegantia. Notas Festivas para Abel Lassalle Casanave
Gisele Dalva Secco, Frank Thomas Sautter, Oscar Miguel Esquisabel and Wagner Sanz, editores
Atocha Aliseda

Cuadernos de Lógica, epistemología y lenguaje
Series Editors   Shahid Rahman and Juan Redmond
Assistant Editor   Rodrigo López-Orellana

De Mathematicae atque Philosophiae Elegantia
Notas Festivas para Abel Lassalle Casanave

Editores
Gisele Dalva Secco
Frank Thomas Sautter
Oscar Miguel Esquisabel
Wagner Sanz

© Individual author and College Publications 2021. All rights reserved.

ISBN 978-1-84890-382-1

College Publications
Scientific Director: Dov Gabbay
Managing Director: Jane Spurr

http://www.collegepublications.co.uk

Cover produced by Laraine Welch
Manuscript prepared by Gilson Olegario

All rights reserved. No part of this publication may be reproduced, stored in a retrieval system or transmitted in any form, or by any means, electronic, mechanical, photocopying, recording or otherwise without prior permission, in writing, from the publisher.

Sumário

Nota sobre os Contribuidores		v
Nota de Abertura		viii
Prelúdio		xiii
1	Demostración, deducción lógica y consecuencia lógica Oswaldo CHATEAUBRIAND	1
2	Álgebra y clasificación de problemas geométricos: una herencia cartesiana Davide CRIPPA y Eduardo Nicolás GIOVANNINI	6
3	Sobre a representação geométrica e o quadrilátero de Saccheri Tamires DAL MAGRO	21
4	La matemática en los *Principia*: ¿era Newton un platónico? María DE PAZ	32
5	Semejanza, identidad de forma e indiscernibilidad en Leibniz Oscar Miguel ESQUISABEL	40
6	Kant, Raggio e GL Paulo Estrella FARIA	58
7	Hilbert y Kant en lo alto del monte José FERREIRÓS	68
8	Música e Signos em Rousseau Fabrício Pires FORTES	75
9	Uma nota sobre resultados de *speed-up* em complexidade e lógica	85

Edward Hermann HAEUSLER

10 Conocimiento simbólico e iconicidad   101
Javier LEGRIS

11 La interpretación de Boecio de los indemostrables de los estoicos en su comentario a los *Tópicos* de Cicerón   116
Jorge Alberto MOLINA

12 Diagramas e entimemas   126
John MUMMA

13 Qué podría haber sido la universalidad para Euclides   133
Marco PANZA

14 Duas negações ecumênicas?   144
Luiz Carlos Pereira e Valeria de Paiva e Elaine Pimentel

15 A concepção estândar de prova e o Problema de Kant   150
André da Silva PORTO

16 Três modelos de análise filosófica   169
Nastassja PUGLIESE

17 Notas sobre la doctrina leibniziana de los incomparables   174
Federico RAFFO QUINTANA

18 *Ignorabimus*, vida afortunada e generalidade   188
Róbson Ramos dos REIS

19 O símbolo nada faz sem o ícone   197
Ronai Pires da ROCHA

20 Definições como atos ilocucionários   205
Marco RUFFINO

21 Cálculo de Problemas e Teoria de Problemas   214
Wagner de Campos SANZ

22 Recta   238
Frank Thomas SAUTTER

23 Relações de estilo. Filosofia, Matemática, Prova — 252
Gisele Dalva SECCO

24 Demostración euclidiana y ambigüedad perceptual — 261
José SEOANE

25 Geometria e movimento. Alberto Magno e a recepção
   de Al-Nayrizi — 274
Marco Aurelio Oliveira da SILVA

26 Notas sobre a resolução de problemas e a possibilidade de revisão
   da lógica — 282
Marcos SILVA

27 Borges sueña con una cierva blanca — 294
Thomas Moro SIMPSON

Nota sobre os Contribuidores

Oswaldo Chateaubriand es profesor emérito en la Pontifícia Universidade Católica do Rio de Janeiro, donde enseña desde 1978. Fue profesor en la Universidad de Washington y en Cornell y profesor visitante en Harvard.
Davide Crippa es actualmente investigador en el Instituto de Filosofía de las Academia de Ciencias de la República Checa, Praga, República Checa y Becario Marie Curie (UE).
Eduardo N. Giovannini es investigador adjunto del Consejo Nacional de Investigación Científicas y Técnicas (CONICET, Argentina) y docente en la Universidad Nacional del Litoral (Argentina). Actualmente, es investigador postdoctoral senior en la Universidad de Viena, Austria.
Tamires Dal Magro é pós-doutoranda do Departamento de Filosofia da Universidade Federal de Santa Catarina (Brasil) e bolsista PNPD/CAPES (Brasil).
María de Paz es profesora en la Facultad de Filosofía de la Universidad de Sevilla. Ha sido investigadora en la Universidade Federal de Rio de Janeiro, el Instituto Max Planck de Historia de la Ciencia, la Goethe Universität de Frankfurt y la Ruhr-Universität de Bochum.
Oscar M. Esquisabel es profesor de Metafísica en la Universidad Nacional de La Plata (Argentina), profesor de Epistemología en la Universidad Católica Argentina e investigador independiente del Consejo Nacional de Investigaciones Científicas y Técnicas (Argentina).
Paulo Estrella Faria é professor titular do Departamento de Filosofia da Universidade Federal do Rio Grande do Sul e pesquisador do CNPq.
José Ferreirós es catedrático de Lógica y Filosofía de la Ciencia en la Universidad de Sevilla, España.
Fabrício Fortes é doutor em filosofia pela Universidade Federal da Bahia e realizou estágio pós-doutoral em epistemologia junto ao Institut d'Histoire et de Philosophie des Sciences et des Techniques (França).
Edward Hermann Haeusler é professor associado do Departamento de Informática da Pontifícia Universidade Católica do Rio de Janeiro (Brasil).
Javier Legris es Investigador del CONICET en el Instituto Interdisciplinario de Economía Política de Buenos Aires (UBA-CONICET, Argentina) y Profesor Titular en la Facultad de Ciencias Económicas, Universidad de Buenos Aires (Argen-

tina).

Jorge Alberto Molina es profesor de la Universidad Estadual de Rio Grande do Sul.

John Mumma é doutor em Filosofia pela Carnegie Mellon University e professor associado do Departamento de Filosofia na California State University (San Bernardino).

Marco Panza es historiador y filósofo de la matemática y de la lógica. Ha enseñado en Ginebra, Nantes, Ciudad de México, Barcelona, París (París 7, París 1, y CNRS) y en la Chapman University. Es miembro fundador de la Association for the Philosophy of Mathematical Practice.

Luiz Carlos Pereira é professor de filosofia na Pontifícia Universidade Católica do Rio de Janeiro e na Universidade do Estado do Rio de Janeiro.

Valeria de Paiva é Pesquisadora Principal e co-fundadora do Topos Institute, em Berkeley, California. Ela tambem é professora visitante do Departamento de Informatica da PUC-RJ.

Elaine Pimentel é professora titular do Departamento de Matemática da Universidade Federal do Rio Grande do Norte (UFRN) e presidente da Sociedade Brasileira de Lógica (SBL).

André Porto é professor associado da faculdade de filosofia da Universidade Federal de Goiás (UFG), bolsista de produtividade do CNPq.

Nastassja Pugliese é professora adjunta do Departamento de Fundamentos da Educação e do Programa de Pós-Graduação em Educação da Faculdade de Educação da Universidade Federal do Rio de Janeiro e é professora do Programa de Pós-Graduação em Lógica e Metafísica do Departamento de Filosofia da UFRJ.

Federico Raffo Quintana es Profesor Adjunto en la Facultad de Filosofía y Letras de la Universidad Católica (Argentina) e investigador asistente del CONICET (Argentina)

Róbson Ramos dos Reis é professor titular do Departamento de Filosofia da Universidade Federal de Santa Maria (Brasil) e bolsista de produtividade em pesquisa do CNPq (Brasil).

Ronai Pires da Rocha é professor aposentado do Departamento de Filosofia da Universidade Federal de Santa Maria.

Marco Ruffino é professor associado do Departamento de Filosofia da UNICAMP (Brasil), membro do Centro de Lógica, Epistemologia e História da Ciência (Brasil), e bolsista de produtividade em pesquisa do CNPq (Brasil).

Wagner de Campos Sanz é professor de filosofia na Universidade Federal de Goiás, compadre do Abel, e uruguaio nascido em São Paulo.

Frank Thomas Sautter é professor titular do Departamento de Filosofia da Universidade Federal de Santa Maria (Brasil) e bolsista em produtividade em pesquisa do CNPq (Brasil).

Gisele Dalva Secco é especialista em Filosofia das Ciências Formais (doutora pela PUC-Rio) e atualmente é professora adjunta do Departamento de Filosofia da Universidade Federal de Santa Maria.

José Seoane es profesor del Departamento de Lógica y Filosofía de la Lógica, del Instituto de Filosofía, de la Facultad de Humanidades y Ciencias de la Educación, Universidad de la República, Uruguay. Es así mismo investigador del Sistema Nacional de Investigadores, de la Agencia Nacional de Investigación e Innovación (Uruguay)

Marcos Silva é professor adjunto na Universidade Federal de Pernambuco, Brasil. Ele também é pesquisador bolsista de produtividade em pesquisa do CNPq/-Brasil desde 2018. Silva é o editor de "Colours in the development of Wittgenstein's Philosophy" (Palgrave, 2017) e "How Colours Matter to Philosophy" (Springer, 2017). Em 2018, recebeu o *Fulbright Junior Faculty Member Award*.

Marco Aurelio Oliveira da Silva é professor associado do Departamento de Filosofia da Universidade Federal da Bahia.

Thomas Moro Simpson é um filósofo, ensaysta e poeta argentino. Seu livro *Formas Lógicas, realidad y significado* (EUDEBA, 1964) é considerado uma contribuição fundamental para a filosofia em língua castelhana, complementada por sua inestimável compilação *Semántica filosófica. Problemas y discusiones* (Siglo XXI, 1973).

Nota de Abertura

Festschriften são coletâneas de textos dedicadas a homenagear pesquisadores na ocasião de sua jubilação ou passagem à idade sexagenária. A prática de organizar volumes em honra de colegas e professores pela chegada a um determinado momento da carreira ou da vida é fenômeno corrente na universidade contemporânea, e parece ter tido origem no contexto universitário alemão a fins do século XIX. Traço típico desse tipo de obra é sua composição ao modo de pot-pourri – algo que o termo *mélanges*, francês para livros de homenagem, bem evidencia. Termo mais antigo, o latino *miscellanea* é outra palavra que, desaguando no português *miscelânea*, indica a variedade estilística dos textos recolhidos em tais obras.

De Mathematicae atque philosophicae Elegantia é uma miscelânea de notas filosóficas seguida de um poema. Ela foi imaginada em Santa Maria ao final da vigésima segunda edição do *Colóquio Conesul de Filosofia das Ciências Formai*s – um dos eventos acadêmicos mais tradicionais da filosofia brasileira, por obra e graça primeiras de Abel Lassalle Casanave. Os organizadores, colegas e amigos de Abel, que faria 60 anos em 2019, desejávamos presenteá-lo com uma manifestação de nossa admiração, gratidão e respeito pela dedicação incansável, o vigor incomparável, a honestidade e a perspicácia com os quais nos engajou por mais de duas décadas em genuínos diálogos filosóficos em torno de conceitos, problemas e procedimentos das ciências formais – Lógica, Matemática e, ao menos em parte, Ciência da Computação e Linguística.

Dado nosso conhecimento das preferências de Abel, e de ao menos uma das ideias que não conseguira implementar até então, pensamos em realizar o vigésimo terceiro *Colóquio Conesul* com base em textos que os convidados enviariam de antemão, para que fossem lidos e discutidos de um modo mais detalhado do que de costume. Desse modo, estaríamos aperfeiçoando um evento que de exemplar já tem muito, menos por sua longevidade e mais pela atmosfera de rigor filosófico combinado com o cuidado no trato interpessoal. Mais do que isso, poderíamos aproveitar as discussões do Colóquio na reescrita de nossas contribuições – de modo que um livro em sua homenagem retratasse o mais fielmente possível as conversações entre convidados e o dono da festa. E assim foi: pela primeira vez realizado no Rio de Janeiro, acolhido pela Pontifícia Universidade

Católica (PUC-Rio), representada por nosso anfitrião, Luiz Carlos Pereira, bem como por meio da generosa contribuição de todos os convidados que arcaram com os próprios custos de suas viagens, o *XXIII Colóquio Conesul de Filosofia das Ciências Formais – De Mathematicae atque philosophicae Elegantia* realizou-se entre os dias 28 e 30 de outubro de 2019. Um manuscrito com os textos de autores e autoras, presentes e ausentes na ocasião, foi endereçado a Abel antes do evento, e ele comentou todos e cada um dos textos com sua incomparável verve de filósofo rio-platense: com agudeza, seriedade, grãos de humor e elegância.

Os textos aqui reunidos são notas, quer dizer, não estão na forma de "artigos científicos" típica dos textos que nos acostumamos a publicar. Com exceção de um texto de maior extensão, os autores todos concordaram em escrever no estilo mais objetivo, característico de notas, ao agrado do homenageado. Note-se com igual relevância que o bilinguismo deste volume vai ao encontro de um hábito estabelecido nos *Colóquios Conesul*: o de praticar filosofia em português e em espanhol, indiscriminadamente (com exceções nas ocasiões em que convidados não versados nas línguas românicas estiveram entre nós). Se é certo que o intercâmbio de ideias filosóficas que vivenciamos ao longo das duas décadas dos Colóquios foi às vezes pronunciado em *portunhol* ou *espanhês*, não é menos verdadeiro que nossas discussões geraram e geram frutos tão genuínos que as peculiaridades idiomáticas do contexto em que foram engendrados não poderiam limitar. Uma amostra da fertilidade das interações, instigadas e intermediadas por nosso estimado Abel, é o que lhes oferecemos aqui.

A começar pela nota "Demostración, deducción lógica y consecuencia lógica", na qual Oswaldo Chateaubriand se propõe a examinar as relações que existem entre o conceito de prova (ou demonstração) e de dedução lógica, continuando o diálogo com trabalhos prévios de Lassalle Casanave em torno de sua própria concepção da natureza e das funções das provas, em lógica ou em matemática. Em "Álgebra y problemas geométricos: una herencia cartesiana", Davide Crippa e Eduardo N. Giovannini sustentam a tese de que as investigações axiomáticas de Hilbert constituem a culminância do projeto iniciado por Descartes em sua *Géométrie*, de 1637. Já na nota "Sobre a representação geométrica e o quadrilátero de Saccheri", de Tamires Dal Magro, aplica-se a concepção de diagramas geométricos como amostras de propriedades co-exatas – concepção esta proposta por Lassalle Casanave em 2013 – à análise do quadrilátero de Saccheri.

María de Paz, em sua contribuição intitulada "La matemática en los Principios: ¿era Newton un platónico?", examina as conexões da concepção newtoniana da matemática com sua prática, rechaçando um possível platonismo em Newton. "Semejanza, identidad de forma e indiscernibilidad en Leibniz", de Oscar M. Esquisabel, empreende uma análise do conceito leibniziano de semelhança em termos da aplicação do princípio de identidade dos indiscerníveis. Em "Kant, Raggio e GL", Paulo Estrella Faria propõe uma reflexão sobre a concepção kantiana das modalidades por meio da interpretação de outro filósofo argentino, André Raggio. Na nota "Hilbert y Kant en lo alto del monte", José Ferreirós examina os pontos em comum entre as concepções de matemática de Kant e Hilbert, respectivamente.

Na nota "Música e Signos em Rousseau", Fabrício Pires Fortes brinda o homenageado com um estudo sobre o projeto de Rousseau em torno da proposição de um novo sistema de notação musical – tema acolhido pelo autor como sugestão de seu outrora Professor Abel. "Uma nota sobre resultados de *speed-up* em complexidade lógica", de Edward Hermann Haeusler, trata da evolução dos resultados de complexidade computacional ao apresentar e relacionar o resultado inaugural de Gödel, na década de 1930, com os resultados da década de 1960. A nota "Diagramas e entimemas", de John Mumma (traduzida ao português por Tamires Dal Magro), responde a críticas realizadas por Abel Lassalle Casanave e Marco Panza à reconstrução das provas euclidianas por intermédio do Sistema E, desenvolvido pelo autor em colaboração com Jeremy Avigad e Edward Dean.

"Conocimiento simbólico e iconicidad", de Javier Legris, aborda a análise da concepção icônica da matemática em Peirce à luz do desenvolvimento do conceito de conhecimento simbólico de Leibniz em diante. Jorge Alberto Molina, em "La interpretación de Boecio de los indemostrables de los estoicos en su comentario a los *Tópicos* de Cicerón", analisa as modificações introduzidas por Boécio na teoria dos indemonstráveis ("regras de inferência") dos estóicos. A nota "Qué podría haber sido la universalidad para Euclides", de Marco Panza (traduzida ao espanhol por Eduardo Giovaninni), propõe basear o conceito de universalidade das provas euclidianas nas condições para a introdução de construções.

"Duas negações ecumênicas?", a nota de Luiz Carlos Pereira, Valeria de Paiva e Elaine Pimentel, dá continuidade a diálogos e trabalhos anteriores dos autores acerca do sistema ecumênico de Prawitz, no qual se propõe um convívio pacífico entre lógica clássica e lógica intuicionista. Em "A concepção estândar de prova e o Problema de Kant", André da Silva Porto apresenta criticamente a assim chamada "concepção estândar" do que seja uma prova, refletindo sobre os modos de compreender a conexão entre um objeto ou evento físico qualquer (uma demonstração ou um cálculo), e as leis matemáticas necessárias que eles demonstrariam – o que o autor denomina de "Problema de Kant". Nastassja Pugliese, em "Três modelos de análise filosófica", resgata os escritos de Lassalle Casanave sobre práticas filosóficas de análise, propondo, para além dos dois modelos explicitamente tematizados por Abel, um terceiro modo de análise, não elaborado em termos metafilosóficos, por ela denominado de "método histórico".

Federico Raffo Quintana, em "Nota sobre la doctrina leibniziana de los incomparables", propõe um exame da caracterização leibniziana das quantidades infinitamente pequenas em termos de quantidades incomparáveis, no marco de seus antecedentes históricos. Em "*Ignorabimus*, vida afortunada e generalidade",

Róbson Ramos dos Reis aborda a controvérsia sobre os limites do conhecimento científico e suas implicações práticas, com especial atenção ao problema da inefabilidade da resposta à pergunta pelo sentido da vida. Na nota "O símbolo nada faz sem o ícone", Ronai Pires da Rocha reflete sobre os "problemas de aterramento semântico" que linguagens naturais e sistemas formais possuem, discutindo certa compreensão da noção de símbolo como signo arbitrário por meio de um instigante exercício didático em teoria do significado.

Marco Ruffino discute e compara, em "Definição como atos ilocucionários", os dois atos ilocucionários – asserção e definição – empregados na lógica fregiana, e analisa as dificuldades inerentes à concepção da definição como um ato ilocucionário. "Cálculo de Problemas e Teoria de Problemas", de Wagner Sanz, desenvolve o esboço de uma Teoria Geral de Problemas, e exemplifica sua fecundidade ao aplicá-la à interpretação do *modus operandi* da geometria euclidiana e na caracterização de operações lógicas. A nota de Marco Aurélio Oliveira da Silva, "Geometria e movimento. Alberto Magno e a recepção de Al-Nayrizi", de caráter exegético, visa discutir a interpretação da geometria euclidiana pela qual objetos geométricos são concebidos como resultado de movimento.

"Recta", de Frank Thomas Sautter, é uma nota sobre o mais básico objeto da geometria – a linha reta –, na qual se exploram as possibilidades de construção de retas por meio de três diferentes instrumentos, com destaque para seu compasso-caranguejo (um instrumento criado pelo autor e apresentado no *Colóquio Conesul de Filosofia das Ciências Formais* de 2015). Em "Relações de estilo. Filosofia, Matemática, Prova". Gisele Dalva Secco mostra como o conceito de prova (ou demonstração) matemática pode ser visto como tema que permeia diversas publicações de Lassalle Casanave, desde seus primeiros escritos, com foco no diálogo entre o homenageado e Oswaldo Chateaubriand. A autora sublinha algumas estratégias retóricas e argumentativas de Abel, não somente em seus escritos filosóficos, mas em sua prática docente, por ela compreendidas como traços de *um estilo*. A contribuição de José Seoane, "Demostración euclidiana y ambigüedad perceptual", aborda a heterogeneidade das provas euclidianas desde o ponto de vista da configuração gestáltica dos diagramas nelas utilizados. Marcos Silva, em "Notas sobre a resolução de problemas e a possibilidade de revisão da lógica", parte da interpretação do homenageado acerca da noção kantiana de matemática para realizar uma aplicação de aspectos desta interpretação ao caso da lógica, mais especificamente às discussões sobre a possibilidade de revisar princípios lógicos.

O volume se encerra com "Borges sueña con una cierva blanca", um poema de Thomas Moro Simpson, em duas versões – verso livre rimado e soneto – inspirado no poema "La cierva blanca", de J. L. Borges.

Dois dos autores – da nota que abre e do poema que fecha o volume – podem sem dúvida ser considerados como modelos de filósofos para Abel Lassalle

Casanave. Receber homenagens de tais figuras deveria por si só ser motivo de júbilo para o aniversariante. A maioria dos autores das notas acima brevemente descritas é formada por colegas que há mais de duas décadas estão em contínua conversação com Abel. Ter textos a si dedicados por seus pares é, por certo, outra razão para alegrias. Alguns e algumas se aproximaram de seu trabalho apenas mais recentemente, e é inegável que seu aceite para contribuir neste volume mostra a capacidade de diálogo e de inspiração que Abel engendra em seu entorno. Outras e outros dos que aqui contribuíram, por fim, foram seus estudantes desde a mais tenra idade na escola da filosofia. Não se pode medir o quanto nem saber como as notas que escrevemos para nosso mais socrático professor o farão feliz. O que sim é certo é o nosso desejo de que ele possa, enquanto folheia estas notas, sentir *la felicidad peculiar de las viejas cosas queridas*.

Prelúdio

Estou muito feliz por poder escrever o prelúdio a este impressionante volume em homenagem ao sexagésimo aniversário de Abel. A alegria de preludiar um volume como este excede até mesmo a de escrever um capítulo, pois estou em posição de analisar todas as contribuições e avaliar o impacto profissional de Abel. Quero destacar duas razões especiais para meu deleite.

A primeira é pessoal. Tive a sorte (alguns, brincando, diriam o azar!) de passar um mês inteiro viajando com Abel pelo Brasil. Isso foi em novembro de 2008. Fizemos uma turnê por seis universidades diferentes (Rio de Janeiro, Santa Maria, Campinas, São Paulo, Fortaleza e Salvador), ambos proferindo palestras. Abel e eu só havíamos nos conhecido rapidamente em 2007 e, portanto, havia uma grande probabilidade de que algo pudesse dar errado a qualquer momento da viagem. Isso, no entanto, não ocorreu (exceto pela desavença diária na hora do jantar sobre se devíamos comer carne, como Abel insistia com orgulho argentino, ou peixe, como eu rebatia com teimosia não menos sarda). Pelo contrário, fomos inseparáveis e o tempo que passamos juntos me levou a uma profunda apreciação das qualidades humanas e intelectuais de Abel. Conversamos por horas a fio – muitas vezes em ambientes bastante agradáveis, na praia ou em uma piscina – sobre a vida, filosofia, literatura, matemática e quase tudo o mais sob o sol. Minha primeira introdução ao trabalho de Abel foi através de suas palestras. Isso me levou a seu trabalho escrito e a uma apreciação mais profunda da extensão e qualidade de seu pensamento e de suas contribuições para as áreas formais da filosofia. Não listarei aqui em detalhes as muitas áreas de interesse comum (como o programa de Hilbert, a noção de construção de Kant, o pensamento simbólico, o raciocínio diagramático etc.), pois levaria muito tempo; nem a produção acadêmica de Abel, dificilmente descritível em um breve exórdio – e cujos efeitos estão, de qualquer forma, em exibição nas contribuições para este volume. Com o passar dos anos, surgiram novas ocasiões para interações no Brasil, na França e em outros lugares; para o trabalho institucional conjunto na Associação para a Filosofia da Prática Matemática; para mais trocas intelectuais comentando os artigos um do outro; e para o trabalho conjunto na produção de um livro em português contendo uma seleção de meus ensaios (que apareceu na série Filosofia, em português, por esta mesma College). A generosidade de Abel se destacou em todas essas ocasiões, e eu estive especialmente grato, realmente me senti culpado, pelo tempo que ele investiu no trabalho em meu livro de ensaios.

Isso me leva à segunda razão, mais amplamente profissional, para meu prazer em escrever este prelúdio. Abel é um líder e age como um catalisador. Ele cria oportunidades de crescimento intelectual, para que as pessoas se conheçam, para que o implausível se torne realidade. Ele sempre me dizia: "No Brasil tudo é difícil, mas nada é impossível". O Colóquio Conesul de Filosofia das Ciências Formais, que — como nos lembra Oswaldo Chateaubriand — foi fundado por Abel em 1995, deve certamente contar como uma das melhores experiências de capacitação acadêmica que nossa área já presenciou. Certamente era difícil, mas não impossível, pelo menos não para Abel, organizar o evento com tanta regularidade (anualmente, por quase um quarto de século). Participei de três edições do evento (Santa Maria em 2008, Salvador em 2011 e Pirenópolis em 2013) e não fossem limitações contingentes, teria participado de todos eles após o primeiro, de 2008. A rede de contatos que pude estabelecer nestas ocasiões, na maioria das vezes através da mediação generosa de Abel, é algo que me acompanha ao longo dos anos. Embora não possa afirmar que conheço pessoalmente todos os trinta autores do volume, conheço mais de dois terços deles e a maioria que conheci por meio daqueles encontros estimulantes que Abel organizou. E como considero muitos desses colaboradores amigos e colegas, este é mais um motivo para expressar minha gratidão a Abel.

As contribuições deste volume pertencem à categoria de "short and sweet". Elas são como janelas filosóficas que se abrem para muitas áreas diferentes das ciências formais e — acho que isso não é um exagero — todas elas, algumas mais de perto, outras um pouco menos, estão relacionadas à ampla gama de interesses de Abel. Embora as molduras das janelas sejam pequenas, as paisagens impressionam e convidam o leitor a andar e visitar de perto os territórios. Então, caro leitor, desfrute das perspectivas e comece a caminhar.

Paolo Mancosu
Université Paris I Panthéon-Sorbonne e UC Berkeley

Capítulo 1

Demostración, deducción lógica y consecuencia lógica

Oswaldo CHATEAUBRIAND

Conocí Abel en 1995 durante el III Encontro de Filosofia Analítica en Florianópolis, donde di una conferencia sobre descripciones definidas presentando mi teoría que combina ideas de Frege con ideas de Russell. Abel vino a conversar conmigo sobre mis críticas y mi formulación y de ahí surgió nuestra amistad. Algún tiempo después Abel tuvo la brillante idea de crear el Coloquio Conesul de Ciencias Formais y me invitó a participar del primero, que tuvo lugar en Pelotas (RS) donde Abel enseñaba en la ocasión. Tuve una gran alegría de participar en una mesa juntamente con Abel y Gregorio Klimovski, que fue mi gran profesor de lógica en la UBA en 1959-60 y a quien no veía desde que fui a estudiar a Berkeley en 1963. Desde entonces participé anualmente de los encuentros Conesul, que a partir de 1998 se dieron en Santa Maria (RS) donde Abel enseñó por muchos años. Fue un ambiente muy productivo y agradable donde conocí y reencontré muchos colegas de Argentina, Brasil y Uruguay y donde fue posible para todos nosotros elaborar nuestras ideas sobre temas de interés común.

Un tema sobre el que Abel y yo conversamos bastante es la noción de prueba (o demostración) y su relación con la deducción lógica. Además de nuestras conversaciones personales y presentaciones de trabajos, Abel escribió dos textos comentando algunas de mis ideas sobre estos temas. El primero fue "La concepción de demostración de Oswaldo Chateaubriand", publicado en un tomo homenaje a mis 60 años comentando mi artículo "Proof and logical deduction". Ese artículo es una versión preliminar de un capítulo de mi libro *Logical Forms II*, y en un tomo de ensayos sobre ese libro Abel publicó el artículo "Entre la Retórica y la Dialéctica" comentando aspectos de mi concepción de demostración elaborada en los varios capítulos. Lo que haré en este artículo homenajeando los 60 años de Abel es revisitar este tema.

Abel está de acuerdo con varios aspectos de lo que en su artículo "Entre la Retórica y la Dialéctica" llama mi concepción dialéctico-retórica de prueba, pero con algunos cuestionamientos. Uno tiene a ver con un ejemplo que uso para sugerir qué pruebas no tienen que ser finitas. El ejemplo deriva de un ejercicio del libro de Benson Mates *Elementary Logic* y consiste en mostrar que en una interpretación que satisface el siguiente conjunto infinito de hipótesis el dominio de R tiene que ser infinito:

(i) $\forall x \forall y \forall z ((Rxy \wedge Ryz) \rightarrow Rxz)$

(ii) $\forall x \neg Rxx$

(iii) $Ra_1 a_2$

(iv) $Ra_2 a_3$

(v) $Ra_3 a_4$
$\vdots$

Es fácil ver que se sigue de este conjunto infinito de hipótesis que todos los a's tienen que ser distintos y por lo tanto que R debe tener un dominio infinito. Si imaginamos la demostración llevada adelante paso a paso tendríamos una demostración con un número infinito de inferencias, y es esa idea la que Abel considera alarmante. Yo argumento que no hay una distinción entre la demostración para el caso infinito y una demostración con un número finito de inferencias para el caso de un número inalcanzable, pero hablo de esas demostraciones finitas o infinitas como "representaciones" de la demostración y creo ahora que esa terminología no es adecuada.

Hay que distinguir *demostraciones* de *deducciones lógicas*. Como argumento en detalle en los capítulos de mi libro, y es bastante obvio, las demostraciones que usamos en las matemáticas y en otros discursos no son secuencias de inferencias lógicas elementales; y ni siquiera en lógica hacemos tales demostraciones, a no ser como ejercicios en libros de texto. Cada una de esas inferencias elementales establece una consecuencia lógica, y un conjunto de tales inferencias, sea finito o infinito, establece una consecuencia lógica. Y eso es lo que ese ejercicio nos muestra. Fue un error de mi parte decir que el conjunto infinito de inferencias es una demostración (o prueba) infinita y es una *representación del argumento informal*.

El argumento que presentamos informalmente es el siguiente:

De (ii) y (iii) se sigue que a_1 es distinto de a_2.
De (ii) y (iv) se sigue que a_2 es distinto de a_3.

De (*i*), (*iii*) y (*iv*) se sigue que Ra_1a_3 y de (*ii*) nuevamente se sigue que a_1 es distinto de a_3.

Así a_1, a_2 y a_3 son todos distintos entre si.

De la misma manera, usando (*v*), podemos mostrar que a_1, a_2, a_3 y a_4 son todos distintos.

Y así sucesivamente para todos los *a*'s, y como hay un número infinito de *a*'s, y tienen que ser todos distintos, el dominio de R debe ser infinito.

Lo que estamos argumentando no es que hay una demostración de longitud infinita, sino que hay un conjunto infinito de inferencias lógicas elementales que, usando las hipótesis (*i*), (*ii*) y el conjunto infinito de hipótesis Ra_na_{n+1}, donde n es mayor o igual que 1, establecen que el dominio de R es infinito.[1]

Esto es semejante a lo que hacemos cuando justificamos el principio de inducción completa, como argumenta Kreisel en otro contexto.[2] De hecho, podemos demostrar por inducción que para todo n y $m \neq n$, a_n es distinto de a_m. Pero esto no cambia que nuestra conclusión se basa en un conjunto infinito de hipótesis y un conjunto infinito de inferencias elementales.

Abel considera estas conclusiones "alarmantes", pero no veo por qué lo son. Es evidente, como Abel también afirma, que nuestras comunicaciones son no solamente finitas, sino factiblemente finitas, y que una demostración usando un número finito no factible de inferencias tiene el mismo carácter que una demostración usando un número infinito de inferencias. Pero es ahí que viene la pregunta más general de Abel — con relación a mi citación de la observación de Hardy de que "el objetivo fundamental de una demostración es comprender y explicar por referencia a lo que es previamente comprendido" — sobre cómo entender la noción general de comprensión.

Dado que considero las demostraciones como estando relativizadas a un auditorio, la comprensión dependerá del auditorio. Si tenemos un auditorio de especialistas en algún ramo de las matemáticas, hay muchas cosas (teoremas, definiciones, razonamientos) sobrentendidas que no se pueden atribuir a otros auditorios. Pero si tenemos un auditorio de personas con muy pocos conocimientos de procedimientos de prueba en algún dominio de las matemáticas, tendremos que usar los elementos que tienen esas personas para que puedan comprender un resultado. No considero que esta noción de *comprensión relativa a un auditorio* sea problemática.

Consideremos el segundo ejemplo que doy en mi artículo. Tomemos un

---

[1] Que el dominio de R es infinito se puede expresar como un enunciado de segundo-orden de varias maneras; por ejemplo: $\exists W[\forall x(\exists y Rxy \leftrightarrow \exists y Wxy) \mathbin{\&} \forall x \forall y \forall z((Wxy \mathbin{\&} Wxz) \rightarrow y = z) \mathbin{\&} \forall x \forall y \forall z((Wyx \mathbin{\&} Wzx) \rightarrow y = z) \mathbin{\&} \exists x(\exists y Wxy \mathbin{\&} \forall y \neg Wyx) \mathbin{\&} \forall x(\exists y \rightarrow \exists y Wxy)]$, que dice que alguna relación W con el mismo dominio que R es 1-1 y sobre un subconjunto propio de su dominio.

[2] Ver Kreisel p. 58.

alumno inicial que sabe poco de matemáticas y demostremos por inducción que $1 + 2 + \ldots + n = \frac{n^2+n}{2}$.

Después de un tiempo puede aceptar la conclusión, pero puede no estar convencido que entiende lo que esto significa. Él entiende las fórmulas '$1+2+\ldots+n$' y '$\frac{n^2+n}{2}$', y puede manipularlas, pero las etapas de la prueba por inducción no le aclaran la relación entre ellas. Representemos ahora los primeros n números por unidades

•
• •
• • •
⋮
• • • … •

Y preguntemos cuántas unidades hay en total. Si completáramos el cuadrado habría n^2 unidades, y lo que tenemos es un poco más de la mitad del cuadrado porque si lo cortamos por la mitad, mitad de las n unidades de la diagonal quedarían fuera. Así lo que tenemos es la mitad de las unidades del cuadrado más la mitad de las unidades de la diagonal; es decir, $\frac{n^2}{2} + \frac{n}{2}$, o sea $\frac{n^2+n}{2}$

Yo he hecho estas demostraciones en algunos de mis cursos introductorios y la reacción de los alumnos es siempre decir que ahora comprenden lo que significa el resultado y por qué es verdadero.

Es interesante comparar estas demostraciones con otra demostración intuitiva de Gauss más cercana de la demostración inductiva. Él hace el siguiente diagrama:

$1 + 2 + 3 + \ldots + n$
$n + (n-1) + (n-2) + \ldots + 1$

Si sumamos término a término la secuencia de arriba con la de abajo y dividimos por 2 obtenemos $(n+1)n/2$; o sea $\frac{n^2+n}{2}$. Mientras que en la demostración diagramática anterior dependemos en parte de un conocimiento geométrico, en esta demostración de Gauss dependemos en parte de un conocimiento simbólico.

Referencias

[1] Chateaubriand, O. "Proof and Logical Deduction". In H. Haussler and L. C. Pereira (eds): *Pratica: Proofs, Types, and Categories*. Rio de Janeiro, PUC-RJ, 1999.

[2] Chateaubriand, O. *Logical Forms. Part II: Logic, Language, and Knowledge*. Campinas, CLE-Unicamp, 2005.

[3] Hardy, G. H. "Mathematical Proof". *Mind* 38, 1929.

[4] Kreisel, G. and Newman, M. H. A. "Luitzen Egebertus Jan Brouwer". *Biographical Memoirs of the Royal Society*, 1969.

[5] Lassalle Casanave, A. "La Concepción de Demostración de Oswaldo Chateaubriand". *Manuscrito* 22, 1999.

[6] Lassalle Casanave, A. "Entre la Retórica y la Dialéctica". *Manuscrito* 31, 2008.

[7] Mates, B. *Elementary Logic*. Oxford University Press, 1965.

Capítulo 2

Álgebra y clasificación de problemas geométricos: una herencia cartesiana

Davide CRIPPA y Eduardo Nicolás GIOVANNINI

2.1 Introducción

La Géométrie (1637) de René Descartes (1596–1650) y los *Fundamentos de la geometría* (1899) de David Hilbert (1862–1943) desempeñan un papel importante en el reciente libro de Abel Lassalle Casanave sobre la filosofía de la matemática de Kant: *Por construcción de conceptos* (Lassalle Casanave 2019). La primera obra proporciona la base para un interludio algebraico, donde se presenta al método cartesiano para la resolución de problemas geométricos como una referencia central para una interpretación adecuada de la teoría kantiana de construcción de conceptos matemáticos. La segunda obra, en cambio, es utilizada en un interludio formal para describir los elementos centrales de las formalizaciones modernas de la geometría euclídea. Tales formalizaciones resultan esenciales para analizar los problemas fundamentales que enfrenta la influyente "interpretación tradicional" de la filosofía de la matemática de Kant, impulsada por trabajos de Carnap, Hintikka y M. Friedman, entre otros.

El objetivo central de esta nota es indagar sobre las relaciones conceptuales entre estas dos obras fundamentales de la geometría moderna. En particular, nos proponemos argumentar que, a pesar de las diferencias obvias en tiempo de composición, contenido, estilo y contexto histórico, existe un hilo conductor que conecta a estos dos hitos de la geometría moderna. Dicho hilo conductor consiste en la clasificación de problemas geométricos de acuerdo con los medios para resolverlos. La importancia atribuida por Descartes al método para clasificar problemas es bien conocida en la literatura especializada sobre la temprana geometría moderna. Sin embargo, al menos de acuerdo con nuestro conocimiento, este tópico en conexión con el trabajo fundacional de Hilbert en geometría todavía no ha sido explorado en un estudio específico.

La tesis central que defenderemos consiste en sostener que las investigaciones axiomáticas de Hilbert pueden ser consideradas, *desde un punto de vista conceptual*, como la compleción o realización del programa geométrico original trazado por Descartes en *La Géométrie* de 1637. Más precisamente, sostendremos que la contribución central de Hilbert a este programa consistió en proporcionar pruebas rigurosas de imposibilidad de resolver problemas geométricos de construcción con ciertos medios restringidos. Asimismo, resaltaremos el carácter programático de las investigaciones de Hilbert, puesto que abrieron el camino para el surgimiento de una nueva y fructífera teoría matemática, a saber: la teoría de cuerpos de construcciones planas.

2.2 La *Géométrie* de Descartes

La Géométrie de Descartes apareció anónimamente en 1637 como un apéndice al *Discours de la Methode*. En 1649 fue traducida al latín y publicada como un texto separado con el comentario de F. van Schooten. Finalmente, entre 1659 y 1661, apareció una nueva edición en dos volúmenes en donde se introdujeron cambios adicionales.

Es bien sabido que la imagen de la geometría presentada por Descartes en su revolucionaria obra era la de una actividad orientada en la resolución de problemas. En lo que se refiere a la forma, debe observarse entonces que *La Géométrie*, aunque no carecía de un objetivo fundacional, no desarrolla su contenido de acuerdo con una clara estructura deductiva, como la exhibida por ejemplo en los *Elementos* de Euclides. Por el contrario, cuando se la contrasta con el ideal de la geometría como el paradigma de la ciencia axiomática deductiva representado por la tradición de los *Elementos* de Euclides, la estructura deductiva del texto cartesiano es más bien vaga o imprecisa. Cabe aclarar que este hecho fue advertido por el propio Descartes. Las razones que explican esta presentación no axiomática se encuentran, al menos en parte, en el objetivo explícito de este este trabajo, a saber: la elaboración y exposición de un método para resolver todos los problemas de la geometría de un modo sistemático. Por esta razón, si uno busca identificar un orden en *La Géométrie* de Descartes, este orden es el establecido por la clasificación de problemas desde los más simples a los más complejos, según es asegurado por el álgebra.

Para ilustrar este último punto, resultará útil que describamos brevemente el método para "resolver todos los problemas de la geometría" tal como Descartes lo presenta enfáticamente. Dicho método puede ser aplicado en realidad sólo a aquellos problemas que consisten en encontrar segmentos lineales, tanto en un número finito como en un número infinito. En este último caso, hablaremos de problemas de 'lugar geométrico' (*locus*), como por ejemplo el problema de Pappo. En términos esquemáticos, la estrategia para resolver problemas geométricos diseñada por Descartes se compone de dos partes, el "análisis" y la "síntesis". La parte analítica consiste en reducir a líneas rectas todos los objetos geométricos que figuran en un problema de construcción y en "codificar" el problema en una ecuación. Más precisamente, esta parte analítica del método cartesiano está conformada por tres pasos o etapas. La primera etapa consiste en nombrar por medio de letras segmentos, tanto conocidos como desconocidos, que aparecen en la enunciación de un problema (usualmente *a, b, c*... para los conocidos e *x, y, z* para los desconocidos). En el segundo paso, en cambio, se debe crear una ecuación de una o dos incógnitas, a través de la manipulación de ciertas proporcionalidades entre segmentos determinadas sobre la base del contenido del problema y su configuración geométrica. Por último, en la tercera etapa, debe asegurarse que la ecuación obtenida ya no puede ser más simplificada, al aplicar un número de transformaciones algebraicas que para Descartes daban por resultado, en caso de ser correctamente aplicadas, el menor grado posible de la ecuación. Este último paso daba por concluida la "parte analítica". El atractivo general de este método no era sino el del análisis en el sentido tradicional, a saber, el camino regresivo que va desde la solución a las relaciones entre lo dado.

A la parte analítica le sigue luego la "parte sintética", que consiste en suplementar a la ecuación que es resultado del análisis con una construcción geométrica. Más precisamente, la ecuación así obtenida es resuelta por medio de la construcción de un segmento que es la intersección de curvas geométricas adecuadamente construidas, o de encontrar infinitos puntos que mantienen ciertas relaciones geométricas con una configuración dada de segmentos, según es especificado en la ecuación misma: estos puntos serán por lo tanto el "lugar geométrico" (*locus*) descripto por la ecuación. Utilizando la terminología introducida por H. Bos (2001), es posible hablar de la "construcción de ecuaciones" para referirse a la construcción geométrica de la variable desconocida, que debe ser entendida como un segmento lineal determinado para la intersección de un par de curvas. Para Descartes, en última instancia, todos los problemas geométricos eran problemas de construcción de ecuaciones.

Es oportuno señalar aquí por qué una respuesta algebraica o "numérica" no representaba para Descartes, en un sentido estricto, una solución para un problema geométrico. En el proceso de la traducción de un problema de construcción geométrica a su expresión algebraica, las letras denotan segmentos antes que cantidades abstractas, y las ecuaciones son primariamente una notación "abreviada" para proporciones obtenidas a partir de segmentos. En consecuencia, en la síntesis cartesiana de un problema determinado, la solución de una ecuación debe exhibir una magnitud geométrica (por ejemplo, un segmento), que nos permita resolver el problema de construcción original.

La posibilidad de concebir a las ecuaciones como expresiones significativas que codifican relaciones entre segmentos descansa en última instancia, para Descartes, en la definición de operaciones geométricas de suma, multiplicación, división, extracción de raíces cuadradas y de n raíces, que poseen las mismas propiedades que sus análogos aritmético-algebraicos. La introducción de un segmento unidad constituye el paso crucial en el procedimiento de Descartes para codificar relaciones geométricas en operaciones algebraicas. En el libro 1, Descartes procede a definir constructivamente las operaciones de adición, substracción, multiplicación, división y extracción de raíces cuadradas como operaciones internas dentro de la clase de segmentos. Posteriormente, en el libro 2, muestra cómo la extracción de cualquier raíz de la forma $\sqrt[n]{a}$, donde n es un número natural, puede ser también exhibida en la geometría. Descartes obtiene de este modo un álgebra "determinativa" de segmentos, esto es, un álgebra en la que es posible exhibir, por medio de construcciones geométricas aceptadas, el resultado de cualquier operación entre cantidades (i.e., segmentos) dadas.

Ahora bien, si la geometría de Descartes hubiese descansado únicamente en las construcciones permitidas por la geometría de Euclides, o para utilizar la terminología de Pappo, en construcciones "planas", el álgebra de segmentos no podría constituir un álgebra determinativa. En efecto, la geometría plana de Euclides es incapaz de suplementar una definición constructiva incluso ya para la extracción de la raíz cúbica de un segmento, puesto que el problema de insertar 2, 4 y en general $2n$ medias proporcionales no puede ser resuelto con regla y compás, empleados de acuerdo con las cláusulas constructivas de Euclides. En el libro 2 de *La Géométrie*, Descartes se ocupó del problema metodológico de extender los métodos constructivos admisibles en geometría más allá de los límites impuestos por las cláusulas constructivas de Euclides, para poder dotar al álgebra de segmentos de su carácter determinativo. La estrategia de Descartes consistió en incluir entre los métodos de resolución aceptables en geometría, no sólo a las líneas rectas y a los círculos, sino también a todas las curvas que podían ser construidas sobre la base de una *regla determinada*. En términos esquemáticos, una curva satisface el criterio de aceptabilidad impuestos por la geometría cartesiana cuando es generada por un "movimiento continuo coordinado", o por el uso iterado de la regla y compás. Más aún, los instrumentos que son capaces de cumplir con estos criterios pueden ser denominados "enlaces geométricos". Un ejemplo típico es el compás de proporciones.

Todas las curvas aceptables en la geometría de Descartes pueden ser empleadas legítimamente en la parte sintética del procedimiento de resolución de problemas, permitiendo así la construcción de cualquier ecuación polinómica de un grado finito arbitrario. Esta conclusión descansa en una de las ideas más innovadoras de toda la *La Géométrie*: la construcción de una curva a través de un "enlace geométrico" implica la posibilidad de exhibir todos sus puntos por medio de una ecuación con dos incógnitas de la forma $P(x;y)=0$. Más aún, la representabilidad de curvas por medio de ecuaciones constituye el paso conclusivo en la empresa de dotar al álgebra cartesiana de su carácter determinativo. De hecho, a través de la posibilidad de asociar curvas aceptables a ecuaciones polinómicas finitas, Descartes logra dar forma a un procedimiento para construir cualquier raíz (real) de una ecuación polinómica dada en un grado finito arbitrario, a través de la intersección de un par de curvas geométricas. La especificación de curvas a través de ecuaciones algebraicas desempeña un papel esencial en el establecimiento de un criterio para la ordenación de curvas y para la clasificación de problemas.

Descartes esboza una jerarquía de problemas que consiste en agruparlos en clases de acuerdo con el grado de la ecuación asociada. Esta clasificación no es el tópico de una sección específica en el tratado cartesiano, sino que es presentado a lo largo de los tres libros que lo componen. Más precisamente, en el libro I, Descartes prueba que cualquier ecuación cuadrática (con raíces reales) puede ser resuelta por la intersección de un círculo y una línea recta (i.e., con regla y compás), y en el libro III prueba que cualquier ecuación de grado tres y grado cuatro pueden ser resueltas por medio de la intersección de un círculo y una sección cónica, mientras que cualquier ecuación de grado cinco y seis son construibles por medio de la intersección de un círculo y una curva cúbica, llamada "parábola cartesiana". *La Géométrie* de Descartes exhibe un esquema que puede ser aplicado, al menos en principio, a ecuaciones de un grado mayor y mayor.

Es posible resumir los descubrimientos de Descartes sobre la ordenación de problemas geométricos finitos inducida por el álgebra, cuya solución no es un lugar sino un segmento, a través del siguiente esquema:

Tipo de problema	Ecuación	Solución
"geometría ordinaria"	Ecuación cuadrática	un círculo dado + líneas rectas
"geometría de sólidos"	Ecuación de cuarto y tercer grado	Parábola dada + círculos y líneas rectas
Problemas superiores	Ecuaciones de sexto y Quinto grado	Parábola cartesiana dada + círculo y línea recta

La distinción entre geometría 'ordinaria' y geometría 'sólida' es clásica. En efecto, esta distinción puede ser rastreada hasta la circulación de la "*Colección matemática*" de Pappo, que contiene pasajes relevantes sobre la división de problemas de acuerdo con los medios necesarios para su resolución. En particular, Pappo trazó una distinción clara entre problemas "planos" (que posee el mismo sentido que la palabra "ordinario" utilizada arriba") y problemas "sólidos", tales como la intersección de dos medias proporcionales y la intersección de un ángulo.

Por otro lado, Descartes consigue mostrar cómo el grado de la ecuación asociada a un problema contiene información sobre la constructibilidad del problema geométrico en sí mismo. Este tipo de información geométrica es la que permite fundar clasificación cartesiana de problemas basada en el álgebra.

2.3 Pruebas geométricas de imposibilidad

La compleción del programa cartesiano supone sin embargo que se brinde una respuesta a una cuestión crucial. En la medida en que el resultado del análisis de un problema es una ecuación de cierto grado, que de acuerdo con el protocolo presentado por Descartes puede ser construida utilizando determinados medios prescriptos: ¿cómo podemos justificar la afirmación de que la misma ecuación no puede ser construida por medio de otras curvas *más simples*? En otras palabras, la clasificación de problemas geométricos buscada por Descartes no sólo requiere la determinación de las condiciones suficientes para la "construcción de ecuaciones", sino también la identificación de las *condiciones necesarias*.

Descartes menciona explícitamente este problema en un conocido pasaje de *La Géométrie*:

> Es cierto que no he establecido aún las razones por las cuales me atrevo a afirmar que algo es posible o imposible. Sin embargo, si recordamos que, por el método del cual me sirvo, todos los problemas que se les presentan a los geómetras se reducen a un único tipo, a saber, el problema de encontrar los valores de las raíces de una ecuación, entonces se volverá claro que es posible hacer una lista de todos los modos de hallar las raíces, y que entonces resultará fácil probar que nuestro método es el más simple y el más general. (Descartes 1952, p. 216)

Descartes presenta entonces a continuación un argumento *completamente sintético* o *geométrico* para probar la imposibilidad de resolver un problema sólido con medios "planos":

> Los problemas sólidos no pueden, como he afirmado, ser construidos sin el uso de una curva más complicada que el círculo. Ello se sigue inmediatamente de que todos ellos se reducen a dos construcciones, a saber, una en la que se deben encontrar dos medias proporcionales entre dos líneas dadas, y otra en la que se deben encontrar dos puntos que dividen a un arco dado en tres partes iguales. En tanto que la curvatura de un círculo depende solamente de una relación simple entre el centro y todos los puntos sobre la circunferencia, el círculo sólo puede ser utilizado para determinar un solo punto entre dos extremos, como, por ejemplo, para encontrar una media

proporcional entre dos líneas dadas o para bisectar un arco dado; en cambio, por otro lado, mientras que la curvatura de una sección cónica siempre depende de dos cosas diferentes, puede ser utilizada para determinar dos puntos diferentes. (Descartes 1952, p. 216-9)

El argumento que presenta Descartes para probar la imposibilidad de resolver problemas sólidos, o de un modo equivalente, de "construir ecuaciones" de cuarto o tercer grado, puede ser reconstruido esquemáticamente de la siguiente: 1) Si un problema es reducible a una ecuación de cuarto o tercer grado, entonces puede ser construido resolviendo el problema de insertar dos medias proporcionales (junto con construcciones auxiliares con regla y compás) o bien resolviendo el problema de la trisección de un ángulo (junto con construcciones auxiliares con regla y compás). 2) Sin embargo, estas dos clases de problemas no pueden ser resueltos con regla y compás. 3) Luego, los problemas geométricos que son reducibles a ecuaciones de cuarto y tercer grado no pueden ser construidos únicamente con regla y compás.

La primera premisa, crucial para el argumento de imposibilidad, es demostrada por Descartes apoyándose en consideraciones algebraicas y no reviste mayores dificultades. En primer lugar, muestra cómo las ecuaciones de cuarto grado pueden ser reducidas a ecuaciones cuadráticas por medio de resolventes cúbicas. En segundo lugar, prueba que la construcción de este tipo de ecuaciones se reduce a los problemas de la trisección del ángulo o de la inserción de las dos medias proporcionales.

La segunda premisa, en cambio, resulta menos perspicua. Descartes intenta demostrarla por medio de un argumento *estrictamente geométrico*, tal como puede notarse en el pasaje recién citado. De un modo esquemático, el argumento procede como sigue: 1) Puesto que la curvatura de un círculo depende de una "relación simple" (i.e., la distancia del centro a los puntos de la circunferencia), esta curva puede ser utilizada para construir a lo sumo un punto entre los extremos de un segmento o un arco. En cambio, puesto que la curvatura de una sección cónica (i.e., una parábola, una hipérbola o una elipse) depende de dos "cosas" o relaciones, entonces puede ser utilizada para determinar a lo sumo dos puntos entre dos extremidades dadas. 2) El problema de bisectar un ángulo o de encontrar una media proporcional requiere la construcción de un único punto; en cambio, el problema de trisectar un ángulo o de encontrar dos medias proporcionales entre dos segmentos dados requiere determinar a lo sumo dos puntos entre las dos extremidades dadas. 3) Luego, únicamente los círculos, o los círculos y las líneas rectas, no pueden ser utilizados para resolver la trisección del ángulo o el problema de insertar dos medias proporcionales, puesto que para construir estos problemas se deben determinar al menos dos puntos entre las dos extremidades dadas.

El argumento de imposibilidad ofrecido por Descartes merece una serie de breves comentarios. En primer lugar, la idea central del mismo es que la *variabilidad de la curvatura* es la característica esencial para determinar el poder de las curvas para resolver problemas geométricos. En particular, Descartes parece tener en mente aquí a las propiedades focales, al afirmar que la curvatura de las cónicas involucra dos "cosas", en oposición a curvatura de los círculos, que supone una "única relación".[1] Sin embargo, esta distinción cualitativa no permite explicar adecuadamente los usos posibles de la curvas para resolver problemas de ciertas clases. Más precisamente, dicha distinción no permite explicar fundadamente por qué no es posible utilizar únicamente círculos para resolver problemas sólidos. En efecto, como ha sido observado por Lützen (2010), utilizando el círculo y la línea recta (o la regla y el compás) se pueden resolver problemas en los que se requiere la construcción de dos puntos entre dos extremos, como en el caso de la trisección de un segmento dado.[2] Descartes no logró así explicar suficientemente en qué sentido la noción de 'curvatura' de un círculo y de las secciones cónicas, respectivamente, está relacionada con las capacidades de construcción de estas curvas, y en qué sentido su poder de construcción hace que el círculo sea inapropiado para resolver problemas sólidos.

Un segundo rasgo esencial del argumento cartesiano es su carácter exclusivamente geométrico, lo cual lo distingue de las pruebas modernas de imposibilidad, características de la matemática de la segunda mitad del siglo XIX. El énfasis de Descartes en las pruebas *geométricas* de imposibilidad puede ser explicado por múltiples razones. Señalamos al menos dos motivos centrales.[3] En primer lugar, el álgebra de segmentos de Descartes no parece poseer los recursos para 'capturar' las diferencias salientes entre el 'poder de construcción' de las curvas. Descartes identificó, entre las curvas que pertenecen al mismo género, curvas que tienen una aplicación más o menos extendida: por ejemplo, reconoció que el círculo podía resolver menos problemas que las secciones cónicas. Sin embargo, tales diferencias en el poder de construcción, que resultan cruciales para mostrar la imposibilidad de resolver problemas sólidos con medios planos, no se correspondía con ninguna *propiedad algebraica*. En efecto, la característica principal de las ecuaciones, i.e., su grado, no permite distinguir entre círculos y secciones cónicas, puesto que ambas clases de figuras están asociadas a ecuaciones cuadráticas. Es posible presumir que esta limitación sirvió como una motivación para la búsqueda de Descartes de un argumento puramente geométrico de imposibilidad.

---

[1] Cf. Bos 2001, p. 380

[2] Cf. Lützen 2010, p. 22-23.

[3] Para un estudio detallado véase el excelente artículo de Lützen (2010). Un estudio más general sobre la naturaleza de las pruebas geométricas de imposibilidad en el siglo XVII y XVIII puede consultarse en Crippa (2019).

La segunda razón, de carácter más general, se relaciona en cambio con el papel del álgebra en relación a los problemas geométricos, en la práctica de la temprana matemática moderna. Durante este período, el álgebra era concebida generalmente como un método de descubrimiento, antes que como un método de prueba. Como lo ilustra cabalmente la geometría cartesiana, el álgebra de segmentos constituía un método poderoso para buscar la construcción de un problema, pero difícilmente podía ser aplicada como un método para probar un teorema. Sin embargo, las afirmaciones de imposibilidad, según son formuladas en *La Géométrie*, se parecen más a teoremas que a problemas, puesto que son aseveraciones cuya verdad debe ser probada o refutada, antes que problemas que expresan tareas que deben ser realizadas. Por consiguiente, para Descartes resultaba natural intentar probar tales resultados de imposibilidad por medio de una prueba geométrica estrictamente sintética.

En conclusión, Descartes elaboró un argumento deductivamente impreciso, y en algunos puntos obscuro, para sostener que los problemas sólidos no pueden ser resueltos por medios planos. Sin embargo, la determinación precisa de la imposibilidad de resolver determinados problemas de construcción con ciertos medios específicos es un aspecto central en su programa de clasificación de problemas geométricos. La perspectiva inaugurada por el surgimiento del álgebra moderna y del método axiomático abstracto, en la matemática de la segunda mitad del siglo XIX, resultará así esencial para la compleción del programa cartesiano.

2.4 Los *Fundamentos* de Hilbert

Las investigaciones axiomáticas llevadas a cabo por Hilbert en *Fundamentos de la Geometría* (1899) suelen ser consideradas como la instancia más influyente de la moderna *reconstrucción sintética* de la geometría euclídea elemental. El carácter "sintético" de dicho sistema axiomático no sólo obedecía a la formulación estrictamente geométrica de los axiomas, sino especialmente al desarrollo de la teoría geométrica con completa independencia de consideraciones numéricas, o más específicamente, del concepto de número real. Un objetivo central de la monografía hilbertiana consistió en mostrar en qué medida la geometría euclídea elemental podía ser reconstruida de un modo riguroso con independencia de consideraciones numéricas y de continuidad.

A pesar de su naturaleza estrictamente geométrica, un rasgo característico de los axiomas hilbertianos para la geometría euclídea es su formulación "existencial".[4] Más precisamente, estos axiomas no poseen la forma de postulados

---

[4]Cabe mencionar que la formulación existencial de los axiomas geométricos se fue acentuando en sucesivas ediciones de *Fundamentos*.

"constructivos" que autorizan a realizar o efectuar ciertas operaciones con los elementos geométricos (primitivos), sino la forma de enunciados existenciales que postulan la existencia de determinadas objetos y relaciones geométricas. El grupo de axiomas de incidencia y congruencia permiten ilustrar este carácter existencial de los axiomas hilbertianos. Por ejemplo, mientras que el primer axioma de incidencia (I.1) postula que "para cualesquiera dos puntos A, B, existe una línea recta que contiene a cada uno de los puntos A, B" (Hilbert 1971, p. 3), el segundo axioma (II.2) establece que dicha recta es única. De este modo, estos axiomas no afirman que por dos puntos cualesquiera A, B es posible trazar o construir una línea recta, sino que más bien estipulan que dicha recta siempre existe y es única. Asimismo, el axioma III.1 de congruencia reza de la siguiente manera: "Si A, B son dos puntos sobre una línea a, y A' es un punto sobre la misma línea o sobre otra línea a', entonces siempre es posible encontrar un punto B' sobre un lado dado de la línea a' a través de A' tal que el segmento AB es congruente o igual al segmento $A'B'$" (Hilbert 1971, p. 10). En este axioma no se estipula, por lo tanto, que dado un segmento y un punto sobre una recta es posible construir desde dicho punto un segmento congruente al segmento dado, sino que postula directamente que dicho segmento siempre existe.

Este carácter existencial de los axiomas de Hilbert para la geometría euclídea plantea el interrogante de cómo pueden ser empleados en la resolución de problemas de construcciones geométricas. En efecto, Hilbert se ocupa de analizar este problema en el séptimo y último capítulo de *Fundamentos*, titulado "Construcciones planas basadas en los axiomas IV". Como su título lo indica, en este apartado se investigan las construcciones geométricas en el plano que pueden ser realizadas sobre la base de estos axiomas para la geometría euclídea, por medio de determinados instrumentos geométricos. Más precisamente, Hilbert proporciona importantes resultados sobre la resolubilidad de problemas de construcciones geométricas con la ayuda de medios prácticos específicos, tales como la regla, el compás y, especialmente, el "patrón" (*Eichmass*). Este último instrumento es una especie de "transportador de segmentos" (*Streckenübertrager*), que permite construir o "transportar" sobre una línea recta un *único* segmento arbitrario dado, como por ejemplo el segmento unidad. Hilbert señala en ocasiones que el "patrón" corresponde a un uso restringido del compás.[5]

En primer lugar, Hilbert identifica una serie de "problemas fundamentales" a los que es posible reducir *todos* los problemas que pueden ser resueltos sobre la base de sus axiomas I–IV (incidencia, orden, congruencia y paralelas). Dichos problemas son siguientes:

Problema 1: Unir dos puntos cualesquiera por medio de una recta y encon-

---

[5] En la primera edición de *Fundamentos* Hilbert estudia los problemas que puede ser resueltos con el transportador de segmentos.

trar el punto de intersección de dos líneas, en caso de que no sean paralelas.

<u>Problema 2</u>: Construir un segmento dado sobre una recta a partir de un punto en una dirección dada.

<u>Problema 3</u>: Construir un ángulo dado sobre una recta dada en un punto dado sobre un lado dado, o construir una recta que interseca una recta dada en un punto dado en un ángulo dado.

<u>Problema 4</u>: Trazar una paralela a una recta dada a través de un punto dado.

<u>Problema 5</u>: Construir una perpendicular a una recta dada.

Hilbert prueba entonces que para la resolución de estos problemas fundamentales se requiere sólo del uso de la regla y el patrón, o puesto de otro modo, sólo se requiere de las operaciones de *trazar líneas rectas* y *construir segmentos*. Para ello, muestra cómo es posible realizar cada una de las construcciones requeridas en los problemas fundamentales con los instrumentos geométricos recién mencionados. La conclusión que extrae de estos resultados es que los problemas de construcción que pueden ser resueltos sobre la base de su sistema de axiomas pueden ser necesariamente resueltos con regla y patrón. Esta conclusión es enunciada en el teorema 63 de *Fundamentos*. Cabe aclarar que este teorema supone el hecho de que todo problema de construcción que puede ser resuelto en base los axiomas I–IV puede ser *reducido* a los cinco problemas fundamentales. Sin embargo, en una primera instancia, esta afirmación es aceptada sin una demostración.

Ahora bien, el teorema 63 recién mencionado no proporciona un criterio general para la *resolubilidad* de los problemas de construcción con regla y patrón. Por el contrario, sólo establece que *en el caso* de que un problema de construcción pueda ser resuelto sobre la base de los axiomas I–IV, entonces dicha construcción puede ser realizada por regla y patrón. Para el establecimiento de un criterio sobre la resolublidad de problemas de construcción con regla y patrón, Hilbert apela a una serie de consideraciones algebraicas sobre los "modelos" analíticos o numéricos de sus axiomas, o más precisamente, a una serie de estructuras algebraicas proporcionadas por distintos sub-cuerpos de los números reales. Dichas consideraciones algebraicas constituyen, en efecto, unas de las contribuciones más originales de Hilbert a los problemas de constructiblidad geométrica.

En términos generales, Hilbert prueba que el equivalente algebraico a las construcciones con regla y patrón, i.e., a las operaciones de trazar líneas rectas y construir segmentos, es el cuerpo Pitagórico (minimal). Ello se sigue inmediatamente del hecho de que la operación de transportar un segmento sobre una recta cualquiera no requiere ninguna otra operación analítica que la de extraer la raíz cuadrada de la suma de dos cuadrados, cuyas bases han sido previamente construidas. Luego, un cuerpo Pitagórico es un sub-cuerpo de los números reales tal que la raíz cuadrada de la suma de dos cuadrados, cuyas bases pertenecen al cuerpo, también pertenece al cuerpo. En términos formales:

Definición 1: *Un cuerpo ordenado K se llama Pitagórico si es el conjunto de todos los números reales que pueden ser obtenidos a partir de los números racionales aplicando un número finito de veces las operaciones $+, -, \bullet, \div,$ y $c \mapsto \sqrt{1+c^2}$, para cualquier $c \in K$.*

Esta consideración algebraica sobre los sub-cuerpos pitagóricos de los números reales le permiten a Hilbert fundar con criterio para la resolubilidad de los problemas de construcción geométrica con regla y patrón, o mejor, *una clasificación precisa de todos los problemas geométricos* que pueden ser resueltos con tales medios específicos, a saber: un problema de construcción geométrica podrá ser resuelto con regla y patrón si y sólo si, en el tratamiento analítico del problema, las coordenadas de los puntos buscados pertenecen a un cuerpo pitagórico (minimal).[6]

Este criterio algebraico para la resolubilidad de problemas de construcción con regla y patrón permite al mismo tiempo ofrecer pruebas rigurosas de imposibilidad. Hilbert ilustra esta clase de resultado metateórico mediante un simple ejemplo, a saber: la construcción de un triángulo rectángulo con hipotenusa de longitud 1 y con lados de longitud $|\sqrt{2}| - 1$ y $\sqrt{2|\sqrt{2}| - 2}$. Esta construcción no puede ser realizada con regla y "patrón", puesto que la longitud que corresponde al último lado no es un elemento del cuerpo pitagórico minimal. En efecto, dada la definición de cuerpo pitagórico minimal K, es claro que si un número ω pertenece a K, entonces su conjugado también pertenecerá a K. Del mismo modo, dado que todos los números que pertenecen a K son reales, de allí se sigue que este cuerpo puede contener sólo aquellos números cuyos conjugados son también números reales. Luego, el número $\sqrt{2|\sqrt{2}| - 2}$ no pertenece al cuerpo pitagórico minimal K, puesto que su conjugado $\sqrt{-2|\sqrt{2}| - 2}$ es un número imaginario.[7]

Ahora bien, aunque la construcción anterior no puede ser llevada a cabo con regla y patrón, sí puede ser realizarla por medio del compás. La clave aquí es que la operación analítica que corresponde a la utilización del compás es la extracción de raíces de todo elemento construible. Ello significa que el equivalente algebraico de las construcciones con regla y compás no es el cuerpo pitagórico minimal, sino el cuerpo euclideano o construible, a saber:

Definición 2: *Un cuerpo ordenado F se llama euclideano si es el conjunto de todos los números reales que pueden ser obtenidos a partir de los números*

---

[6]Cf. Teorema 64

[7]Cf. Hilbert 1971, p.103. Un argumento similar puede ser realizada para la proposición I, 22 de los *Elementos* de Euclides. Por ejemplo, para resolver la proposición I,22 de los *Elementos* de Euclides, que pide construir un triángulo a partir de tres segmentos de recta que satisfacen la propiedad de "desigualdad triangular", el transportador de segmentos no resulta suficiente, sino que uno debe recurrir al uso del compás.

racionales aplicando un número finito de veces las operaciones $+, -, \bullet, \div$, *y* $a > 0 \mapsto \sqrt{a}$, *para cualquier* $a \in F$.

El cuerpo euclideano F es luego el cuerpo más pequeño sobre el que puede realizarse las construcciones con reglas y compás. Más aún, Hilbert prueba además que aunque todo cuerpo pitagórico (minimal) es euclideano, no todo cuerpo euclideano es pitagórico. Este resultado algebraico permite así proporcionar una explicación de por qué no todo problema de construcción que puede ser resuelto con regla y compás, puede ser también resuelto con regla y patrón. O del mismo modo, Hilbert consigue probar que no todos los problemas de construcción pertenecientes a la geometría "euclídea" pueden ser resueltos con regla y patrón, sino que el uso del compás es una condición no sólo suficiente sino además *necesaria*.

Finalmente, Hilbert proporciona además un último criterio de resolubilidad de problemas de construcciones geométricas, basado en consideraciones algebraicas, que permite a su vez "refinar" su clasificación. Más precisamente, dicho criterio permite determinar cuándo un problema de construcción geométrica que puede ser resuelto con regla y compás, también podrá ser resuelto con regla y patrón. Dicho de otro modo, este criterio de resolubilidad permite determinar la *intersección* de problemas que pueden ser resueltos tanto con regla y compás como con regla y patrón.[8]

2.5 Consideraciones finales

En el capítulo final de *Fundamentos*, Hilbert proporciona novedosos resultados metateóricos sobre la resolubilidad de problemas de construcción geométrica con ciertos instrumentos específicos, tales como la regla, el patrón o transportador de segmentos y el compás. Tales resultados son obtenidos sobre la base de consideraciones algebraicas respecto de diferentes sub-cuerpos de los números reales, tales como el cuerpo pitagórico minimal y el cuerpo euclideano o construible. El álgebra desempeña así un papel central en el descubrimiento de criterios de resolubilidad de problemas de construcción geométrica. Sin embargo, existen diferencias importantes en este sentido entre el programa cartesiano original de

---

[8]Este criterio es presentado por Hilbert en el teorema 65 de *Fundamentos*. Dicho teorema afirma lo siguiente: consideremos un problema de construcción geométrica puede ser resuelto por medio de la regla y compás, es decir, a través de la aplicación de las operaciones racionales y de la extracción de raíces. Sea n además el menor número de raíces cuadradas que resultan suficientes para calcular las coordenadas de dichos puntos. Luego, para que este problema geométrico pueda ser resuelto también con regla y patrón, es necesario y suficiente que el mismo tenga exactamente 2^{n+1} raíces reales para todas las posiciones de los puntos dados, es decir, para todos los valores de los parámetros arbitrarios que aparecen en las coordenadas de los puntos dados. Sobre este teorema véase además el apéndice IV.2 de Hilbert (1971).

clasificación de problemas geométricos y el abordaje hilbertiano, fundado en el surgimiento del álgebra estructural en la segundo mitad del siglo XIX.[9]

En el programa original cartesiano la clasificación de problemas de acuerdo con los medios requeridos para su solución sugerida por el álgebra se fundaba en el *grado* de las ecuaciones asociadas. Esta propiedad algebraica no permitía, sin embargo, distinguir de un modo suficiente entre los poderes o capacidades constructivas de los diversos instrumentos geométricos. Por ejemplo, mientras que tanto el círculo como las secciones cónicas se asocian a ecuaciones de segundo grado, ambos tipos de clases no pueden ser empleados para la resolución de los mismos problemas geométricos. En cambio, en el abordaje desarrollado por Hilbert, las estructuras algebraicas de diferentes tipos de cuerpos numéricos son las que proporcionan un criterio general para la posibilidad de realizar construcciones geométricas con diversos medios prácticos. Más precisamente, estas investigaciones algebraicas sobre distintos sub-cuerpos de los números reales no sólo le permitieron ofrecer una clasificación mucho más precisa, en lo que se refiere a la geometría plana, sino también suplir el elemento que estaba ausente en el programa cartersiano, a saber: las pruebas rigurosas de imposibilidad.

Sin embargo, es importante advertir que el camino que condujo a la obtención de pruebas rigurosas de imposibilidad, no sólo llevó a la compleción del proyecto cartesiano, sino que modificó fundamentalmente el *significado* de este tipo de argumentos matemáticos. Para Descartes, las afirmaciones sobre la imposibilidad de resolver problemas con medios prescriptos no trataban acerca de propiedades o configuraciones de objetos geométricos, sino más bien sobre las condiciones generales bajo las cuales un problema podía ser resuelto. En este sentido, un argumento de imposibilidad revelaba un "error" metodológico o de carácter práctico, que consistía en intentar resolver un problema con medios demasiado simples, es decir, con curvas demasiado simples dimensionalmente. De este modo, siguiendo el análisis de Lützen (2009), en la temprana matemática moderna las afirmaciones de imposibilidad no constituían "...un resultado matemático (...), sino un metaresultado que decía que no hay razón para continuar buscando una solución puesto que no hay ninguna" (Lützen 2009, p. 388).

Este punto establece así una diferencia importante respecto de los modernos resultados de imposibilidad. A partir de la segunda mitad del siglo XIX, los resultados de imposibilidad asumieron la forma de teoremas existenciales, cuyas pruebas requerían mostrar la no existencia de un tipo particular de solución por medio de un argumento indirecto. Tómese como ejemplo la moderna prueba de que los ángulos no pueden ser trisecados por medio de construcciones con regla y compás, que parte de la suposición de que la ecuación de tercer grado resultante tiene raíces en una extensión cuadrática de los racionales, y de esta suposición

---

[9]Sobre el surgimiento del álgebra abstracta véase Corry 2004.

deriva una contradicción. En suma, aunque el moderno abordaje axiomático elaborado por Hilbert llevó al programa cartesiano, desde una perspectiva conceptual, a su realización final, dicho abordaje trajo consigo la consolidación de una nueva manera de concebir la naturaleza y el significado de las imposibilidades geométricas.

Bibliografía

[1] Bos, H. 2001. *Redefining geometrical exactness.* Dordrecht: Springer.

[2] Corry, L. 2004. *Modern Algebra and the Rise of Mathematical Structures.* Basel: Birkhäuser. Second Edition.

[3] Crippa, D. 2019. *The impossibility of squaring the circle in the 17th century* Basel: Birkhäuser.

[4] Descartes, R. 1952. *The Geometry of René Descartes.* Translated by David E. Smith and Marcia L. Latham. La Salle: Open Court.

[5] Hallett, M. y Majer, U. (eds). 2004. *David Hilbert's Lectures on the Foundations of Geometry, 1891–1902.* Berlin: Springer.

[6] Hartshorne, R. (2000). *Geometry: Euclid and Beyond.* New York: Springer.

[7] Hilbert, D. (1971) *Foundations of Geometry.* Traducido por Leo Unger. LaSalle: Open Court, 1971.

[8] Kürschák, J. 1902. Das Streckenabtragen. *Mathematische Annalen*, 55, pp. 597-598.

[9] Lassalle Casanave, A. 2019. *Por construção de conceitos: em torno da filosofía kantiana da matemática,* Rio de Janeiro: Ed. PUC-Rio; São Paulo: Edições Loyola Jesuítas.

[10] Lützen, J. 2009. Why was Wantzel overlooked for a century? The changing importance of an impossibility result. *Historia Mathematica*, 36, pp. 374-394.

[11] Lützen, J. 2010. The algebra of geometric impossibilities: Descartes and Montucla on the impossibility of the duplication of the cube and the trisection of the angle. *Centaurus*, 52, pp. 4-37.

Capítulo 3

Sobre a representação geométrica e o quadrilátero de Saccheri[1]

Tamires DAL MAGRO

3.1 Introdução

Neste trabalho analiso a concepção de Lassalle Casanave (2013) acerca da natureza semiótica da representação diagramática encontrada nos *Elementos* de Euclides, segundo a qual diagramas representam como *amostras* de propriedades co-exatas. Essa proposta tem inspiração na teoria das notações de Goodman, *Linguagens da Arte* (1968), e também na análise de Manders (2008a e 2008b) que introduz a noção de co-exato para caracterizar os aspectos diagramáticos que são utilizados nas demonstrações euclidianas.

    Lassalle Casanave apresenta sua proposta como uma via para compreender a generalidade do uso de diagramas nas provas euclidianas e responder a crítica clássica sobre a imperfeição das figuras. Algo é empregado como amostra quando é usado como signo para representar uma propriedade (ou conjunto de propriedades) que ele mesmo possui. Um ponto importante da tese de Lassalle Casanave é o esclarecimento sobre a prova não ser *acerca* da figura, mas sim *com* a figura enquanto signo. Essa ideia, como explico na primeira seção, é chave para a compreensão da generalidade das provas como proposta pelo autor. Além disso, essa concepção também esclarece o uso dos diagramas em provas por *reductio*, já que,

---

[1] Agradeço ao Grupo CONESUL de Filosofia das Ciências Formais pelos comentários e sugestões que muito beneficiaram este trabalho. Em especial, às observações que recebi de André Porto, Oscar Esquisabel, Wagner Sanz, Javier Legris, assim como as que recebi de Abel Lassalle Casanave, José Ferreirós e María de Paz a versões preliminares. A Abel Lassalle Casanave, agradeço pelas inúmeras horas dedicadas à discussão dos temas aqui presentes. Este trabalho foi realizado com o apoio da Coordenação de Aperfeiçoamento de Pessoal de Nível Superior – Brasil (CAPES) – Código de Financiamento 001.

enquanto amostras, sua função é cooperativa com a parte textual no estabelecimento da prova e não uma instância dos conceitos geométricos envolvidos.

Pretendo contribuir à análise de Lassalle Casanave mostrando as virtudes adicionais da concepção das figuras como amostras quando aplicada ao caso da prova que emprega o diagrama conhecido como 'quadrilátero de Saccheri' (Saccheri 2014 [1733]). Argumento que essa proposta fornece elementos que permitem aclarar o papel 'multitarefa' que um mesmo diagrama pode ter em uma prova, como ocorre no caso de estudo aqui proposto.

3.2 Diagramas euclidianos: signos de tipo amostra

A concepção avançada por Lassalle Casanave (2013) tem entre suas bases a influente análise de Manders (2008a, 2008b) sobre o papel cooperativo entre a parte textual e gráfica nas provas euclidianas. O trabalho de Manders aclara sob que condições Euclides usa as figuras como recurso da demonstração, a saber, apenas com respeito àqueles aspectos que são invariantes a deformações do diagrama, os quais se denominam 'co-exatos'. Estes são, de modo geral, aspectos mereológicos e topológicos que resultam da inter-relação entre as sucessivas entradas diagramáticas.[2] Os aspectos métricos do diagrama, por outro lado, pouco resilientes a mínimas deformações do desenho, devem sempre ser textualmente justificados.[3] Sendo assim, para estabelecer igualdades ou proporcionalidades entre segmentos, ângulos ou figuras, deve-se sempre basear-se nas definições, postulados, noções comuns e/ou estipulações textuais da prova em questão. Também a informação de que uma linha é reta ou que uma região do diagrama é um círculo deve ser baseada nas entradas textuais que acompanham o diagrama. Esses aspectos são denominados 'exatos'. Em resumo, a parte textual da prova justifica informações exatas, enquanto a parte diagramática autoriza passos acerca de aspectos co-exatos.

Como ilustra Lassalle Casanave na prova III.6 (por *reductio*) – a qual estabelece que dois círculos que se tocam não podem ter o mesmo centro –, as entradas textuais na prova envolvem traçar no diagrama duas formas circulares que dividem o espaço em interno e externo, cujo centro esteja em seu interior. Aplicando o primeiro postulado de Euclides, são realizadas construções auxiliares no

---

[2]As entradas diagramáticas nas provas euclidianas são permitidas – e também limitadas – pelos postulados de construção e pelos problemas provados anteriormente na sequência dedutiva. Uma discussão sobre esse ponto pode ser encontrada em Ferreirós (2016, cap. 5).

[3]Exceto quando se seguem diretamente de um aspecto co-exato, como, por exemplo, quando pode-se deduzir que uma região do diagrama é menor que outra a partir do aspecto mereológico de que uma é parte da outra.

diagrama. Da inter-relação entre as entradas diagramáticas, emerge no diagrama o aspecto mereológico que é utilizado na demonstração, a saber, que uma linha é parte própria da outra e, portanto, menor. Essa informação extraída do diagrama contradiz a informação textual (métrica) que estipulava que as duas retas em questão eram iguais, levando à conclusão de que a menor é igual a maior, o que é absurdo. A informação mereológica de que uma linha é própria da outra trata-se de um aspecto co-exato, pois ela é estável a uma grande gama de deformações do diagrama (por exemplo, se o desenho houvesse sido realizado displicentemente por uma mão destreinada). Uma análise semelhante é oferecida também para a relação entre diagrama e parte textual no caso de provas diretas, ilustrada por Lassalle Casanave com a prova I.1 – neste caso, a informação topológica de que as formas circulares se intersectam é inferida a partir do diagrama.

A distinção entre aspectos exatos e co-exatos no contexto inferencial euclidiano está diretamente relacionada aos recursos que a prática euclidiana possui para controlar a aparência do diagrama, cuja construção é sujeita ao que Manders chama de disciplina diagramática: padrões de produção de diagramas suficientemente bons que evitem a emergência de "co-exatos" espúrios. Quando uma estipulação textual pede que se trace uma linha reta ou um círculo, não se espera que a linha traçada seja perfeitamente reta ou uma figura perfeitamente circular; ainda assim, há um limite para a deformação do desenho que consiste em não introduzir ou omitir aspectos co-exatos indevidamente. Por exemplo, seria inaceitável que uma reta fosse desenhada como uma curva pronunciada, pois sua prolongação poderia levar a co-exatos impróprios como intersecções com outras linhas; também seria inaceitável que o desenho de um círculo não encerrasse uma região de forma tal que leve à distinção interior/exterior. Os elementos diagramáticos que emergem da construção e que autorizam passos na prova são inelimináveis não só por deformação, mas também por refinamento do diagrama:

> Quando a disciplina diagramática está em vigor com respeito a uma afirmação exata [...] dizemos que 'o diagrama é *sujeito à*' atribuição exata; por exemplo, que a linha AB é reta. O termo 'sujeito à' sublinha que, embora o diagrama sob essas circunstâncias não necessita (e em geral não o faz) satisfazer essa condição de maneira inequivocamente legível, ele deve ser submetido a certos padrões em relação à sua função no argumento, padrões que podem requerer a substituição do diagrama em qualquer momento. [...] Qualquer condição explicitamente co-exata que possa ser propriamente atribuível a um diagrama, isto é, que não é eliminável por refinamento com respeito às condições exatas a que o diagrama é sujeito, diremos ser *indicada no* diagrama. (Manders, 2008b, p. 99, grifos no texto original)

Uma vez apresentada a análise de Manders, a seguinte pergunta motiva a tese avançada por Lassalle Casanave – e em sua resposta reside a principal contribuição do autor à discussão – qual é a natureza representacional dos diagramas euclidianos? Uma resposta que é prontamente descartada pelo autor é a de que os diagramas seriam instâncias (mesmo que aproximadas) dos conceitos geométricos. Essa concepção teria dificuldades em explicar o uso de diagramas em provas por *reductio* como a III.6, pois não parece plausível defender que se parta, nem por aproximação, de círculos que se tocam mas que possuem um mesmo centro (Lassalle Casanave, 2013, p. 24).

A alternativa proposta é a de que as figuras devem ser concebidas como amostras. A noção de amostra deve ser compreendida em seu sentido usual, "a saber, aquele que utilizamos quando falamos do mostruário de tecidos de um alfaiate, por exemplo" (p. 25). A peculiaridade de uma amostra enquanto signo reside justamente no fato de que ela possui as propriedades que está sendo usada para representar, isto é, uma amostra usualmente é um exemplo paradigmático daquilo que ela representa. Assim, um retalho de tecido em um mostruário pode ser concebido como amostra de uma cor ou de uma textura justamente porque ele, o retalho, possui esta cor ou esta textura.

Outra característica das amostras é que seu conteúdo é necessariamente geral: um retalho de tecido em um mostruário pode ser usado como amostra da cor ou da textura do tecido, por exemplo, mas não faria sentido concebê-lo como amostra do pedaço de tecido em particular de onde foi recortado. Também, como sublinha Lassalle Casanave, não entenderíamos sua condição de amostra se, ao ser concebida como amostra de uma textura, a rejeitássemos por possuir uma cor ou uma forma em particular.

Levada ao contexto dos *Elementos*, a pergunta seria: de que seriam os diagramas euclidianos amostras? Não parece plausível considerar que diagramas seriam amostras de propriedades métricas, uma vez que as críticas à concepção instancial poderiam ser outra vez recolocadas; por exemplo, em que sentido um diagrama em uma prova por *reductio* poderia ser amostra dos arranjos geométricos impossíveis estipulados textualmente, como é o caso da prova III.6 (mas também de outras, como a III.10 – que parte de dois círculos que se cruzam em mais de dois pontos – e III.13 – que parte de dois círculos que se tocam em mais do que um ponto)? A tese de Lassalle Casanave é a de que diagramas representam como amostras de um conjunto restrito de propriedades, a saber, de seus aspectos co-exatos. Entre as virtudes dessa concepção está justamente sua adequação ao papel das figuras nas provas por *reductio,* que é onde residem algumas das dificuldades da concepção instancial. Nesses casos, os diagramas geométricos, por definição, não podem instanciar os conceitos envolvidos. Entretanto,

> Ainda que não possamos instanciar dois círculos (geométricos) com o mesmo centro (geométrico), sim podemos instanciar *qua* predicado físico uma forma circular dentro de outra com um ponto interior a ambas, de forma tal que

serão as propriedades topológicas de tal meio de representação aquelas cuja consideração fará dessa instância uma amostra da qual se poderá concluir que um segmento é parte de outro. Mas isso não é acerca da figura desenhada, e sim acerca dos conceitos geométricos assim representados com as figuras *qua* signos. (p. 27)

Assim, de acordo com essa concepção, os diagramas não instanciam círculos ou triângulos geométricos (e nem haveria a necessidade de instanciá-los, já que a justificação de informações exatas se dá exclusivamente pelo texto). O que está em jogo são as propriedades co-exatas. Nesse sentido, as formas triangulares ou circulares em um diagrama representam como amostra apenas as propriedades topológicas/mereológicas do arranjo. Além dessa noção poder ser aplicada facilmente aos casos das provas diretas (ver Lassalle Casanave, 2013, p. 26), ela mostra que não há nada de misterioso com relação ao uso dos diagramas em provas por *reductio*.

Com relação à generalidade no uso dos diagramas, um ponto chave para o autor é o de compreender a prova não como sendo *acerca da* figura (algo que parece implícito em uma concepção instancial), mas sim *com* a figura enquanto amostra. A generalidade da prova consiste em que a mesma prova possa ser repetida *com* outra figura. Embora a repetibilidade da prova não exija que a outra figura seja uma cópia fiel, a figura deve respeitar uma margem de deformação:

> Certamente, se a prova é com caneta vermelha e não azul, ainda poderíamos falar da mesma prova; mas não diríamos que a prova foi repetida de uma prova em que os signos utilizados já não sejam reconhecíveis (dentro de margens aceitáveis) como os signos correspondentes. Ao dizer que a prova é com a figura, dizemos que as figuras são signos que são utilizados dentro de margens de deformação aceitáveis. (p. 26)

Conceber as figuras como signos *qua* amostras eliminaria também a crítica clássica sobre a imperfeição das figuras. De uma instância é possível exigir perfeição (e com relação a um conceito geométrico qualquer figura é imperfeita), mas de um signo tal exigência já não se faz presente, já que basta reconhecê-lo como signo adequado. A exigência de perfeição se vincula com as propriedades métricas que, como vimos, não são justificadas a partir dos diagramas.

Além das virtudes que apresentei seguindo a exposição de Lassalle Casanave (2013), argumento na próxima seção que a concepção dos diagramas como amostras possui a virtude adicional de aclarar o papel multitarefa que um mesmo diagrama pode ter em uma prova, como ocorre no caso da prova de Saccheri que analiso na próxima seção. Esse caso é particularmente interessante pois faz uso de um mesmo diagrama, um quadrilátero isósceles birretangular, para provar teoremas sobre três figuras radicalmente distintas. Uma compreensão dos diagramas como instâncias dos conceitos geométricos envolvidos teria dificuldade em acomodar o papel triplo de tal diagrama, pois não é claro como um mesmo diagrama poderia ser instância de três figuras distintas. Mostrarei a seguir que a teoria das amostras acomoda mais facilmente esse caso.

3.3 O caso do quadrilátero de Saccheri

Saccheri, em seu *Euclides ab omni naevo vindicatus* (2014[1733]), possui entre seus principais objetivos oferecer uma prova do quinto postulado de Euclides.[4] Usando a metodologia euclidiana *standard* – *protasis* (enunciação), *ékthesis* (exposição), *diorismos* (especificação), *kataskeué* (construção), *apoidéxis* (demonstração) e *sumperasma* (conclusão) –, a estratégia de Saccheri envolve investigar as propriedades de um quadrilátero isósceles birretangular (conhecido como quadrilátero de Saccheri), a saber, um quadrilátero com dois lados iguais perpendiculares à base. Um aspecto interessante do quadrilátero de Saccheri é o de que as magnitudes dos ângulos da base são dadas, mas não aquelas dos ângulos superiores. No curso da demonstração, Saccheri parte do mesmo diagrama (fig. 1), para demonstrar teoremas sobre cada uma dessas três figuras distintas: um quadrilátero de Saccheri cujos ângulos superiores são retos, um quadrilátero de Saccheri cujos ângulos superiores são obtusos e um quadrilátero de Saccheri cujos ângulos superiores são agudos. Esse uso triplo de um mesmo diagrama aparece na Proposição III, que será o foco desta discussão. Antes, Saccheri necessita provar duas proposições prévias (I e II), das quais falarei brevemente focando na interação entre seus aspectos exatos e co-exatos.

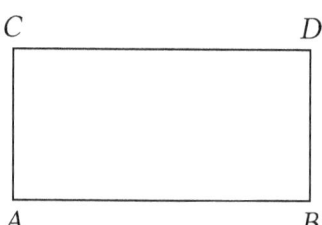

Figura 1: Quadrilátero de Saccheri

---

[4]A discussão sobre o quinto postulado de Euclides é bem conhecida desde a antiguidade. Proclo escreve, no século V, que Ptolomeu havia tentado (e falhado) provar o postulado no século II. Proclo também tentou atingir o mesmo objetivo chegando a uma 'falsa prova'. Muitas tentativas foram feitas no decorrer dos séculos para derivar o quinto postulado dos quatro primeiros – nenhumas delas bem-sucedida. O trabalho de Saccheri é usualmente visto como o pináculo dos trabalhos geométricos dentro dessa tradição, mas outros ainda tentaram atingir o mesmo objetivo nos séculos seguintes – até Lobachevsky, em 1892, explorar as geometrias possíveis que emergem quando se descarta o quinto postulado e se considera a cogência de teorias logicamente consistentes que seguem dessa rejeição. Isto marca o nascimento das geometrias não-euclidianas.

As primeiras duas proposições envolvem não mais que poucas construções auxiliares no diagrama apresentado na Fig. 1. A proposição I estabelece que, se ACDB é um quadrilátero de Saccheri, os ângulos superiores ∠C e ∠D são iguais. Na *kataskeué* são unidas as diagonais AD e CB (Fig. 2):

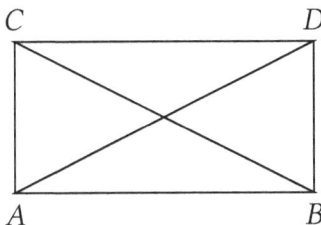

Figura 2: Quadrilátero de Saccheri + construções auxiliares (Proposição I)

A demonstração de Saccheri da proposição I emprega dois teoremas euclidianos de congruência: I.4 e I.8. Os passos são os seguintes: uma vez que os triângulos CAB e DBA possuem dois lados iguais (a base AB é comum, e AC=BD) e os ângulos contidos por esses lados também iguais (uma vez que ∠A = ∠B), logo, *via* proposição euclidiana I.4, seus lados restantes também são iguais (AD = CB). Então, uma vez que os triângulos ACD e BDC possuem três lados iguais (pois a base CD é comum, AC = BD, e AD = CB), *via* proposição euclidiana I.8, os ângulos contidos pelos lados iguais, incluindo ∠C e ∠D, também são iguais. A proposição I prova, portanto, que os ângulos superiores de um quadrilátero de Saccheri são iguais entre si. Ainda assim, não estabelece nenhuma informação sobre suas magnitudes.

A proposição II envolve diferentes construções auxiliares no diagrama original. Em vez de se traçar diagonais do quadrilátero de Saccheri como na proposição anterior, agora é requerido bissectar os lados AB e CD nos pontos médios M e H; o passo seguinte é juntar as diagonais dos dois quadriláteros ACHM e MBDH que emergem da construção (Fig. 3):

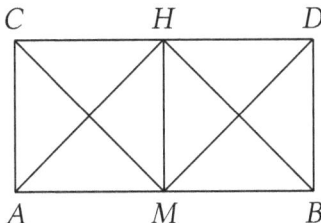

Figura 3: Quadrilátero de Saccheri + construções auxiliares (Proposição II)

Na proposição II, Saccheri prova que MH é perpendicular a AB e CD. A metodologia é a mesma empregada na prova anterior, mas agora aplicada aos dois quadriláteros que emergem da bissecção do quadrilátero original. Em resumo, esta prova emprega novamente a proposição euclidiana I.4 junto à proposição I de Saccheri a fim de mostrar que CM = DM e AH = BH. Então, empregando novamente a proposição euclidiana I.8 tomando em consideração os triângulos CHM, DHM e AMH, BMH, Saccheri mostra que os dois ângulos formados no ponto M são iguais entre si, assim como os dois ângulos formados em H. Pela décima definição Euclidiana – de acordo com a qual *quando uma reta é levantada sobre outra reta forma ângulos adjacentes iguais entre si, cada um dos ângulos iguais é reto, e a reta levantada se chama perpendicular àquela sobre a qual está* – segue-se que os quatro ângulos são retos e que MH é perpendicular a ambas AB e CD.

Como pode ser visto, as provas de Saccheri das proposições I e II não envolvem nenhum passo desconhecido para alguém familiarizado com o Livro I dos *Elementos*. Podemos também ver claramente a interação entre aspectos e exatos e co-exatos no decorrer dessas demonstrações. Por um lado, o diagrama é sujeito ao que é dito textualmente acerca da magnitude dos ângulos da base, bem como da igualdade de alguns lados do quadrilátero. Por outro lado, temos os aspectos co-exatos que emergem na construção diagramática e que são inferidos a partir do diagrama como, por exemplo, as regiões formadas a partir das intersecções das linhas, tais como os triângulos que emergem quando as diagonais são traçadas, ou os quadriláteros que emergem a partir da bissecção dos lados AB e CD nos pontos M e H, assim como o fato de que alguma destas regiões possuem um lado em comum. É a combinação das estipulações textuais com essas informações co-exatas que permite a Saccheri chegar às conclusões das duas provas. Finalmente, quando Saccheri introduz a proposição III e sua subsequente demonstração as coisas se tornam particularmente interessantes, especialmente com relação ao papel do diagrama.

Partindo do mesmo diagrama, Saccheri prova que: (a) o lado superior CD de um quadrilátero de Saccheri cujos ângulos superiores são retos é igual à base AB; (b) o lado superior CD de um quadrilátero de Saccheri cujos ângulos superiores são obtusos é menor que a base AB; (c) o lado superior CD de um quadrilátero de Saccheri cujos ângulos superiores são agudos é maior que a base AB.[5] Para provar (a), primeiro supõe-se que os ângulos superiores são retos e que CD é maior que AB. Logo, pede-se que se trace AK, dado um ponto K em CD tal que DK seja igual a AB (Fig. 4). Uma vez que, pela proposição I de Saccheri, os

---

[5]Após demonstrar que o quinto postulado euclidiano é equivalente à hipótese de que os ângulos dos vértices superiores do quadrilátero de Saccheri são retos, Saccheri tentou mostrar que o quinto postulado pode ser derivado de sua própria negação a partir do método de prova conhecido como *consequentia mirabilis*. Em qualquer caso, Saccheri nunca logrou derivar a hipótese reta a partir da hipótese aguda. Alguns destes resultados foram posteriormente reavaliados como precursores das geometrias não-euclidianas desenvolvidas nos séculos XIX e XX (ver Saccheri G. (2014 [1733]), p. 36-41).

ângulos BAK e DKA são iguais, se segue, pela proposição I.16 de Euclides, que o ângulo DKA é maior que o ângulo DCA, pois o primeiro é externo ao triângulo KCA e não-adjacente ao segundo. Mas tal resultado não pode ser o caso, já que o ângulo DKA é igual ao ângulo BAK, e este segundo é, nas palavras de Saccheri, 'por construção' menor que um ângulo reto (p. 73). Dito de outro modo, através do diagrama podemos saber que BAK é parte do ângulo reto BAC e, portanto, menor. Uma prova análoga permite provar que AB tampouco pode ser maior que CD. Então, se os ângulos superiores do quadrilátero são retos, AB é igual a CD.

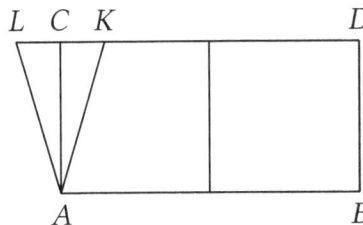

Figura 4: quadrilátero de Saccheri + construções auxiliares (Proposição III)

Até aqui, a prova de Saccheri apresenta similaridades com provas por *reductio* dos *Elementos* (como, por exemplo, a prova I.6). A colaboração entre aspectos exatos e co-exatos nessa parte da prova de Saccheri também é tipicamente euclidiana. O texto nos dá informações sobre as magnitudes dos ângulos e a igualdade entre alguns lados do quadrilátero, mas é o diagrama que nos permite saber, por exemplo, que o ângulo DKA é externo ao triângulo KCA e não-adjacente ao ângulo DCA, ou que o ângulo BAK é parte do ângulo BAC. Externalidade, adjacência e relações de inclusão são relações topológicas e mereológicas altamente resilientes a deformações e aperfeiçoamentos no diagrama e, por isso, aspectos co-exatos do mesmo.

No passo seguinte da prova, Saccheri pede algo curioso: sem fazer nenhuma modificação no diagrama, deve-se agora descartar a suposição de que os ângulos superiores do quadrilátero são retos, assumir que são obtusos, e então provar resultados sobre essa nova figura (mais especificamente, provar que nesse caso a base AB seria então maior que CD). Em outras palavras, sem modificar o diagrama, Saccheri o submete a distintas estipulações métricas e, assim, o objeto da prova é transformado. Essa transformação não ocorre apenas uma vez, pois logo após provar alguns resultados sobre o quadrilátero de Saccheri cujos ângulos superiores são obtusos, Saccheri descarta essa assunção métrica e assume que esses ângulos são agudos, para então recomeçar a demonstrar as propriedades dessa terceira figura – a saber, que nesse caso a base AB seria menor que CD. Em suma, Saccheri usa o mesmo diagrama para provar resultados sobre figuras incompatíveis entre si.

Quero sugerir que a distinção de Manders (2008b) entre aspectos exatos e co-exatos, aliada à proposta de Lassalle Casanave (2013) de que diagramas euclidianos representam como amostras de relações mereológicas e topológicas, permite explicar o papel multitarefa que um mesmo diagrama pode realizar em uma demonstração. Na prova da proposição III de Saccheri, por exemplo, o diagrama inicial que é empregado nas três partes da demonstração apresenta sempre os mesmos aspectos co-exatos (como, por exemplo, que a região ACDB é encerrada por quatro curvas ou que, ao traçar a linha AK, um triângulo emerge como resultado da construção etc.). A estabilidade dos aspectos co-exatos do diagrama contrasta com as três estipulações métricas incompatíveis a que o quadrilátero de Saccheri deve ser submetido. O diagrama é utilizado enquanto fonte de informação topológica e mereológica, mas não das informações métricas necessárias para Saccheri completar a demonstração.

Um ponto crucial para compreender esse papel multitarefa do diagrama é o de que, mesmo que aspectos métricos possam algumas vezes ser sugeridos no diagrama, estes não podem ser inferidos por meio dele. No caso do quadrilátero de Saccheri, mesmo que o desenho possa sugerir alguma informação sobre as magnitudes dos ângulos ou sobre o tamanho dos lados (os diagramas utilizados por Saccheri – apresentados anteriormente – poderiam sugerir que os ângulos superiores são retos), somente o que é dito textualmente sobre esses aspectos é considerado. Portanto, é perfeitamente possível que o mesmo diagrama seja utilizado nas demonstrações sobre as três figuras cujos ângulos superiores variam de uma para outra. O diagrama é, para utilizar as palavras de Manders, *sujeito às* estipulações textuais com respeito aos seus aspectos métricos.

Ainda assim, há um sentido em que o diagrama está representando os mesmos aspectos em todas as três partes da demonstração: ele está sendo empregado como amostra das mesmas relações co-exatas; e é aqui que a sugestão de Lassalle Casanave se mostra pertinente. Aquilo que o diagrama representa como amostra não sofre alteração quando o submetemos às distintas estipulações com respeito às magnitudes dos ângulos e lados do quadrilátero. Um ângulo não deixa de ser parte de outro, ou adjacente a outro, quando tomamos este diagrama como sujeito a esta ou àquela estipulação textual. Esses aspectos, que não são elimináveis nem por deformação, nem por aperfeiçoamento, são aqueles que Manders diz ser *indicados no* diagrama.

Conceber os diagramas como amostras ajuda a esclarecer a distinção traçada por Manders entre a que tipo de informação o diagrama é sujeito e qual tipo de informação pode ser indicada nele. A maneira como o diagrama apresenta aspectos co-exatos é, portanto, distinta da maneira como este se relaciona com as informações métricas dadas pelo texto: o diagrama é amostra do primeiro tipo de informação, mas não do segundo.[6] Fica claro também que a prova não é *acerca da* figura particular, mas sim *com a* figura enquanto amostra das relações co-exatas e sujeita aos distintos aspectos métricos estipulados e justificados textualmente. Essa concepção, portanto, ilumina por que um mesmo diagrama pode ser utilizado em provas sobre figuras geométricas incompatíveis.

Referências

[1] FERREIRÓS, J. 2016. *Mathematical knowledge and the interplay of pratices.* Princeton: Princeton University Press.

[2] GOODMAN, N. 1968. *Languages of Art: An Approach to a Theory of Symbols.* Hackett Publishing.

[3] LASSALLE CASANAVE, A. 2013. "Diagramas en pruebas geométricas por *reductio ad absurdum*", in O. M. Esquisabel & F. T. Sautter (eds), *Conocimiento simbólico y conocimiento gráfico*, 21-28. Buenos Aires: Centro de Estudios Filosóficos Eugenio Pucciare.

[4] MANDERS, K. 2008a. "Diagram-based geometric practice", in P. Mancosu (ed), *The philosophy of mathematical practice*, 65-79. New York: Oxford University Press.

[5] ____ 2008b. "The Euclidean diagram", in P. Mancosu (ed), *The philosophy of mathematical practice*, 80-133. New York: Oxford University Press.

[6] PROCLUS. 1970. *A commentary on the first book of Euclid's Elements* (translated by Glenn R. Morrow). Princeton University Press.

[7] PUERTAS CASTAÑOS, M. L. 2000, *Los Elementos de Euclides.* Madrid: Gredos.

[8] SACCHERI, G. G. 2014 [1733]. *Euclid Vindicated from Every Blemish.* Edited and Annotated by Vincenzo De Risi. Translated by GB Halsted and L. Allegri. Birkhäuser/Springer.

---

[6] Agradeço a André Porto, Abel Lassalle Casanave e Oscar Esquisabel pelos comentários iluminadores com respeito a tal distinção.

Capítulo 4

La matemática en los *Principia*: ¿era Newton un platónico?

María DE PAZ

> *Para Abel, con quien, más allá de las ciencias formales, compartimos, a veces, una visión de mundo.*

La definición de *platonismo* en matemáticas tiene, probablemente, tantas acepciones como matemáticos hayan existido, existan, y existirán en la historia de esta disciplina. Sin embargo, ha de haber algún *lugar común* que permita etiquetarlos bajo dicha identificación. Así, elegiremos la acepción de David Mumford (2008), según la cual "hay un cuerpo de *objetos matemáticos, relaciones y hechos sobre ellos* que es independiente de y no es afectado por los esfuerzos humanos para descubrirlos", es decir, que los objetos matemáticos son invariables y existen con independencia de la mente que los descubre o que cree inventarlos. La invariancia e inmutabilidad que caracteriza a los objetos matemáticos se identifica así con la de las ideas platónicas, eternas y situadas fuera del mundo corruptible de las sombras en que habitamos los humanos.

Dado este lugar común, tendría sentido atribuir una posición platonista al autor del cálculo de fluxiones y de los *Philosophiae Naturalis Principia Mathematica*, pensando, así, que responden a descubrimientos de ideas inmutables, imperfectibles y eternamente ciertas. Sin embargo, pese a las pretensiones de Newton de construir un edificio definitivo para la interpretación de los fenómenos naturales a partir de la matematización de los mismos, cabe discrepar que dicha construcción se haga desde un planteamiento platónico o platonista. Dos son las cuestiones que nos llevan a poner en duda una concepción platonista de la matemática en Newton. En primer lugar, esta afirmación en el 'Prefacio del autor al lector': "Se funda, pues, la *Geometría* en la práctica mecánica [...]" (Newton 1687 [1987], 98); y, en segundo, su tratamiento de las leyes del movimiento en tanto que axiomas ("axiomata sive leges motus").

Es bien sabida la influencia de los 'platónicos de Cambridge', en especial Henry More y su discípulo Joseph Glanvill, en algunos aspectos de la obra de Newton a partir de las lecturas de estos que habría realizado en sus años de formación. Sin embargo, esta influencia no se deja traslucir en el estatuto o el papel que la matemática jugará en los *Principia*, pues pese a que More y los otros platónicos de Cambridge reverencian la filosofía de Platón como una alternativa al marco aristotélico-escolástico para las explicaciones acerca de la naturaleza, el estatuto de los objetos matemáticos no se encuentra entre sus preocupaciones. Tampoco es esta una cuestión que el propio Newton discuta de manera explícita, sin embargo, que la matemática juega un papel epistemológico en la constitución de su filosofía natural es algo que queda fuera de toda duda, dado el lugar fundamental que tiene en su obra.

En efecto, frente a la física cartesiana descrita en los *Principios de Filosofía* y en *El Mundo o Tratado de la Luz*, que responde de manera descriptiva y sin cálculos a propiedades geométricas de los cuerpos, Newton construye una filosofía natural matematizada que encuadra el sistema del mundo en un marco abstracto, permitiendo la predicción de los fenómenos a partir de las mismas herramientas desde la Tierra hasta los confines del sistema solar.[1] Ese marco abstracto define las leyes que unifican y predicen el mundo natural, dando así lugar a lo que conocemos como 'la gran síntesis newtoniana'. Esa síntesis tiene la estructura axiomática de la geometría euclidiana y utiliza ese lenguaje para calcular las predicciones, por lo que en verdad reverencia la geometría – o al menos la estructura de presentación *more geometrico* –, reina de las ideas en el mundo platónico. Y, sin embargo, la geometría no responde a una caracterización en términos de ideas a las que se llega a partir de la contemplación, sino más bien a una práctica de trazar líneas rectas y curvas. Para Newton, la geometría se origina a partir de la mecánica: "los trazados de las líneas rectas y curvas en que se apoya la *Geometría* pertenecen a la *Mecánica*" (1687 [1987], 97). Esto significa que la constitución de esta disciplina como exacta es posterior a la elaboración práctica de los elementos que se constituyen como objetos geométricos invariables. Así, el origen de la geometría dependería de la posibilidad de construir físicamente sus objetos, en primer lugar.

El recurso al origen práctico de nuestras concepciones científicas tiene algo del Newton historiador de la ciencia, que nos indicaría la génesis del conocimien-

---

[1] Sobre la contraposición entre Descartes y Newton, también en los métodos matemáticos, cf. Guicciardini 2009.

to geométrico en dos sentidos complementarios: primero, en un sentido cronológico; y, segundo, en un sentido arqueológico. En sentido cronológico, la práctica de realizar movimientos o bien con nuestra mano, o bien con un instrumento para dibujar líneas sería anterior en el tiempo a la elaboración de un cuerpo abstracto de conocimiento al que llamamos 'Geometría'. Esta práctica estaría posibilitada por la constitución de nuestro cuerpo, sus características físicas y, el entorno en que vivimos. En definitiva, por la posibilidad de dibujar *de facto* una línea. Ni que decir tiene que Newton no hace referencia alguna a la estructura del ser humano *qua* dibujante de líneas, y pretender que lo hace sería no solo forzar su pensamiento, sino aplicarle un cognitivismo anacrónico. Pero sí refiere a las 'artes manuales', las cuales "se cifran ante todo en mover los cuerpos", lo que hace alusión tanto a características físicas de los cuerpos como de quien los mueve. Entre estas artes manuales se encuentra la mecánica, en particular, aquella que se denomina mecánica práctica, opuesta a la racional "que procede por demostraciones exactas". No obstante, la mecánica práctica no lo es por proceder de modo impreciso, pues "los errores no pertenecen a las artes sino a los artífices". Así, las artes no se oponen a las ciencias por su falta de precisión, sino por su enfoque, siendo el de estas teórico – racional, en palabras de Newton – y práctico el de aquellas (cf. Whiteside 1967-1981, vol. VIII, p. 179). ¿Qué sería entonces la mecánica práctica? Sería la que propone problemas y utiliza los postulados teóricos – racionales – de la geometría para resolverlos: "trazar rectas y círculos es cuestión *problemática* pero no geométrica".

Nos queda por caracterizar el sentido arqueológico. Este sentido implica una mirada al pasado que revele las condiciones de producción de una disciplina sin recurrir al punto final como explicación causal. Es decir, la génesis de una disciplina en sentido arqueológico sería opuesta a su génesis en sentido teleológico, que la contemplaría desde el punto de vista de su estado actual. Cuando decimos que Newton recurre a la práctica para mostrar el origen de la geometría en sentido arqueológico, nos referimos a que no trata de mostrarla como un cuerpo de conocimiento exacto y abstracto, a saber, el corpus euclídeo reinante en su tiempo, sino que alude a las condiciones primeras de producción, o sea, a la constitución de su objeto de estudio – las figuras y las relaciones geométricas entre cuerpos – las cuales tienen un origen en una práctica específica, la práctica mecánica de dibujar esas figuras. De esta manera, el Newton historiador al que hemos referido define, en realidad, una posición filosófica, aquella que marca el énfasis en los aspectos prácticos del conocimiento científico, en este caso, del conocimiento matemático, siendo así un *filósofo de la práctica matemática*.[2]

---

[2]Precisamente, a este respecto afirma Guicciardini que para Newton el objeto matemático solo se entiende a partir de su génesis mecánica, lo que implica un método para construir dicho objeto (cf. Guicciardini 2009, 315).

En resumen, el sentido cronológico y el arqueológico coinciden para mostrar los orígenes prácticos y, en cierto modo, empíricos – en el sentido de proceder de nuestra experiencia de realizar figuras –, de una disciplina que no tiene en sí un estatuto empírico-práctico, pero que se muestra práctica en la resolución de problemas cuando las soluciones geométricas se aplican a la mecánica: "Desde la *Mecánica* se postula su solución, mientras en *Geometría* se enseña el uso de las soluciones" (Newton 1687 [1987], 97-98). Es así como la geometría forma parte de la '*Mecánica universal*', pues tiene su origen en la práctica mecánica y forma parte de esa práctica al proporcionarle soluciones, creando de esta forma una relación de ida y vuelta con la mecánica. Pero solo puede proporcionar soluciones una vez se ha constituido como cuerpo teórico o racional, previo a lo cual acontece su origen en la práctica.

Teniendo en cuenta la génesis del cuerpo abstracto de la geometría en la práctica concreta de dibujar rectas y curvas, difícilmente puede aplicarse la existencia platónica y apriorista a esta concepción de la geometría. Pues la caracterización newtoniana de la geometría como parte de una mecánica universal trastorna el orden platónico de las ideas para traerlo al mundo de las sombras, donde los artífices dibujan.

Aún así, la estructura de los *Principia* continua siendo geométrica en el sentido euclídeo, comenzando con definiciones y siguiendo con axiomas, elementos estos que permiten la caracterización del marco matemático abstracto en el que encuadrar los fenómenos. Esta preeminencia de las construcciones matemáticas respecto al mundo natural podría inclinar la balanza a favor de un cierto platonismo en el sistema newtoniano. Sin embargo, una cuestión dificulta ese paso: los axiomas no son solo axiomas, también son leyes. ¿Qué significa 'axiomata sive leges motus'? ¿Por qué proponer dos etiquetas diferentes para un solo principio (tres, en este caso)? La cuestión es, por tanto, aclarar no que las leyes de la naturaleza sean leyes, sino que los axiomas de un sistema matemático sean también leyes naturales, con la plausible incerteza que las imprecisiones del mundo natural puedan traer a la exactitud del mundo matemático.

Ahora bien, sabemos que uno de los objetivos de Newton era la elaboración de un sistema del mundo que gozara de certeza, de ahí la importancia de la matematización de los fenómenos naturales, es decir, de la aplicación de la certeza matemática al dominio variable de la naturaleza. Es decir, Newton utiliza la exactitud procedente de la disciplina matemática y su poder de preservación de verdad a través de una cadena demostrativa, para crear una ciencia de la naturaleza que tenga los mismos estándares de rigor. Por eso las leyes naturales han de ser axiomáticas. Es decir, es la estructura deductiva procedente del modelo geométrico el garante de la certeza cuando ese modelo se proyecta sobre el mundo natural, transmitiendo las propiedades formales de la matemática a los fenómenos. La idea de rigor, exactitud y certeza son características que encajan bien con el ideal platónico de la matemática, y la solución de Newton parecería constituir la aplicación de ese ideal a la naturaleza. Sin embargo, hay algo muy poco platónico en esa aplicabilidad.

En efecto, la presuposición de que al valerse de la matemática en la constitución del sistema de la naturaleza, este sistema gozará de la misma precisión que la reina de las ciencias es una presuposición metafísica. Y esa metafísica está lejos de ser platónica. La presuposición es simple y ni siquiera es original del propio Newton, la encontramos ya en Galileo, y su famosa afirmación de que la naturaleza está escrita "en caracteres matemáticos", es decir, que la naturaleza tiene una 'naturaleza matemática', o dicho de otro modo, que el mundo natural *es* matemático. Por eso la aplicabilidad de la matemática a los fenómenos no es un problema planteado por los autores de la revolución científica y no lo será hasta, al menos, finales del siglo XVIII, porque el orden de la ciencia, que es matemático, coincide con el orden de la naturaleza, que es también matemático (cf. Pulte 2001).

Esta presuposición metafísica justifica el doble estatuto del que gozan los tres principios del movimiento de Newton, a saber, el de axiomas y el de leyes. En tanto que axiomas, son proposiciones autoevidentes a partir de las cuales en cadenas de inferencia demostrativa preservaremos la verdad del sistema en su conjunto – esto es lo que se denomina como el 'euclidianismo' en la tradición de la mecánica (cf. Pulte 2001, 62-63). En tanto que leyes, prescriben el comportamiento de los cuerpos, las trayectorias que estos han de seguir bajo ciertas condiciones, los cambios que en ellas se producen ante ciertas acciones, etc. Su formulación, sin embargo, está hecha en el lenguaje descriptivo propio de los teoremas y no en el prescriptivo de los problemas[3]. Es decir, la enunciación de las leyes, así como la de sus corolarios pertenece al "lenguaje teorético proposicional" (cf. Lassalle-Casanave 2006, 66), pero con frecuencia su explicación nos invita a *hacer* de una manera prescriptiva. Si pensamos, por ejemplo, en el Corolario V a las leyes del movimiento – el famoso principio de relatividad –, Newton utiliza un experimento para ilustrarlo: "Esto se comprueba con un experimento clarísimo: todos los movimientos se comportan de modo igual entre sí en una nave tanto si se halla en reposo como si se halla en movimiento uniforme y rectilíneo" (1687 [1987], 145). Este recurso al experimento, pese a lo descriptivo del lenguaje en el que se enuncia, invita en realidad a realizar la propia experiencia, a subir a un barco y comprobar lo que el corolario enuncia y prescribe. Su exposición responde a ese intento de reducción de lo prescriptivo a la noción de demostración, por eso el lenguaje es expositivo, pero su intención, incita más a una realización, cuyo resultado es prescrito por las leyes del movimiento, que a una demostración formal. Así, el doble juego entre el lenguaje expositivo propio de la axiomática y la

---

[3]Sobre la distinción entre lenguaje descriptivo y prescriptivo, cf. Lassalle-Casanave 2006.

normatividad prescriptiva de las leyes de la naturaleza permite la elaboración de un sistema que al mismo tiempo demuestra y prescribe cómo se comportan los fenómenos.

Pero este doble juego no es posible sin la presuposición metafísica enunciada más arriba y, como hemos dicho, esta metafísica está lejos de ser platónica. Recordemos el lugar común del que partimos, de ese mundo de objetos matemáticos independientes de la mente humana. De acuerdo con la metafísica dual platónica ese mundo de perfección es el mundo de las ideas, y este mundo en el que habitamos es el mundo de las sombras sensibles. La metafísica newtoniana (y la galileana) estaría poniendo el mundo de la naturaleza como mundo también matemático al nivel de ese mundo ideal, desdibujando así la distinción entre un mundo de las ideas imperfectible y un mundo de las sombras imperfecto. En definitiva, la matematización de los fenómenos naturales hecha por Newton anticipa la famosa 'historia de un error' nietzscheana del *Crepúsculo de los ídolos*, pues al desdibujar la distinción entre ambos mundos, el mundo verdadero se volvió fábula. La idea platónica del mundo verdadero se vuelve superflua, pues cuando el mundo natural es tan cierto como el matemático, no hay necesidad de postular dos mundos. La metafísica newtoniana arroja luz sobre la sombra platónica. No en vano Alexander Pope escribió como epitafio:

> "La naturaleza y sus leyes yacían,
> escondidas en la noche.
> Dios dijo: «¡Que Newton sea!»
> Y todo fue luz.[4]

Indudablemente, una metafísica en la que no hay sombras, no puede ser platónica.

Es cierto que en nuestra argumentación en este último punto cabría objetar que hemos equiparado 'platónico' y 'platonista', y muchos matemáticos y filósofos de la matemática dirían, con seguridad, que se puede ser lo uno sin ser lo otro, dada la cantidad de variedades de platonismo que puede haber. En cierto modo, cabe en realidad también preguntarse si esto es así, si comprometerse con la existencia de objetos matemáticos inmutables no es también comprometerse con la existencia de un mundo en el que ellos están, pero eso es una cuestión que nos llevaría demasiado lejos y alargaría innecesariamente este texto.

Afirmamos así, que Newton no es platónico en su concepción de la matemática por dos razones. Primero, porque la geometría surge de la *práctica* mecánica, una práctica que consiste en hacer, en trazar, en dibujar figuras y líneas, lo cual no impide que después se constituya como un corpus de conocimiento exacto,

---

[4]Nature and Nature's Laws lay hid in Night: God said, "Let Newton be!" and all was light. A. Pope, 1727.

preciso y riguroso, pero que no procede de la contemplación de figuras ideales. Al fundamentar la geometría en una práctica concreta de la mecánica, Newton se coloca en una tradición que va de Arquitas de Tarento, hasta Mach al menos pasando por Arquímedes.[5] Una tradición que separa la práctica de la mecánica o las experiencias mecánicas, de la ciencia de la mecánica (cf. Mach 1883 [1901], 1) en el mismo sentido en que Newton separa la mecánica práctica de la mecánica racional, pero insiste en la imposibilidad de que una exista sin la otra. Y, segundo porque Newton no concibe la matemática como un dominio aparte, sino como parte del dominio de la naturaleza, porque esta *también* es matemática. Así, se unifican nuestras dos razones. La matemática, a partir de la práctica, surge de la naturaleza y vuelve sin problemas a ella porque la naturaleza es matemática, por eso las leyes pueden ser axiomas y por eso el sistema del mundo puede gozar de exactitud, precisión y rigor, características, en definitiva, propias de la matemática.

Referencias

[1] Guicciardini, N. 2009. *Isaac Newton on Mathematical Certainty and Method*. Cambridge (MA), MIT Press.

[2] Lassalle-Casanave, A. 2006. "Matemática elemental, cálculo y normatividad", *O que nos faz pensar*, 20, 65-72

[3] Mach, E. 1883 [1901] *Die Mechanik in ihrer Entwickelung historisch-kritisch Dargestellt*. Leipzig: Brockhaus,

[4] Mumford, D. 2008. "Why I am a Platonist", *EMS Newsletter*, December 2008, 27- 30.

[5] Newton, I. 1687 [1987] *Philosophiae naturalis Principia Mathematica*, Londres, Jussu Societatis Regiae ac Typis Josephi Streater. Trad. esp. E. Rada García, *Principios matemáticos de la filosofía natural*, 2 vol. Madrid, Alianza Editorial.

[6] Pulte, H. 2001. "Order of nature and orders of science", en Lefèvre, W. *Philosophy and Science in the Eighteenth Century. Between Leibniz, Newton and Kant*, Dordrecht, Springer, 74-92.

---

[5]En Mach 1883 [1901], 9 se describe cómo Arquitas habla de la necesidad de construir máquinas para *dibujar* ciertas curvas. Igualmente destaca el papel de Arquímedes y su práctica científica de construir máquinas para demostrar principios (cf. Mach 1883 [1901], 11 y ss.). Recordemos que Arquímedes es un matemático de primera importancia para muchos de los actores de la revolución científica, Galileo incluido. De hecho, al citar a Papo al inicio del Prefacio, el propio Newton se está colocando en esa tradición.

[7] Whiteside, D. T. 1967-1981. *The Mathematical Papers of Isaac Newton*, 8 vol. Cambridge, Cambridge University Press.

Capítulo 5

Semejanza, identidad de forma e indiscernibilidad en Leibniz[1]

Oscar Miguel ESQUISABEL

> Suave, mari magno turbantibus aequora ventis
> E terra magnum alterius spectare laborem;
> Non quia vexari quemquamst iucunda voluptas,
> Sed quibus ipse malis careas quia cernere suavest.
> Suave etiam belli certamina magna tueri
> Per campos instructa tua sine parte pericli;
> Sed nihil dulcius est, bene quam munita tenere
> Edita doctrina sapientum templa serena
>
> *Lucrecio, De rerum natura* II, 1-8

Con Abel, amigo querido y linceo, hemos discutido frecuentemente el problema de la semejanza, especialmente en lo que respecta a la concepción leibniziana del conocimiento simbólico. En efecto, la idea central de Leibniz es que entre las fórmulas y lo que ellas representan tiene que existir algún tipo de semejanza estructural y eso es, en lo fundamental, lo que Abel acepta como hermenéutica de Leibniz, pero rechaza como concepción del simbolismo. Pues bien, me gustaría desarrollar aquí mi interpretación acerca de la manera en que Leibniz concibe el papel central del concepto general de semejanza, al que le proporcionaba un alcance "metafísico". Quizás así logremos en lo futuro aclarar un poco más la

---

[1]Se presentaron versiones preliminares de este trabajo en las Jornadas Internacionales Leibniz's Principle of Identity of Indiscernibles and its Repercussion in Physics and Mathematics, Buenos Aires, 25 a 27 de abril de 2019 y en el XXIII Colóquio Conesul de Filosofia das Ciências Formais, Rio de Janeiro, 28 a 30 de octubre de 2019. Esta contribución se realizó en el marco del proyecto ANPCyT PICT 2017-0506.

cuestión.

La motivación inicial para investigar el concepto leibniziano de semejanza surgió del interés por precisar la naturaleza de la ciencia de las formas, cuya proyecto Leibniz enuncia desde una época relativamente temprana, en conexión con su plan de formular un arte o ciencia de las notaciones o, como vulgarmente se la conoce, la característica general. No pocas veces, esta ciencia también aparece asociada, sino identificada, con el arte combinatorio. Ahora bien, es común que Leibniz caracterice la ciencia de las formas como una ciencia acerca de la semejanza y la desemejanza. De esta forma, el análisis de la concepción leibniziana del concepto de semejanza podría aclararnos un poco más la naturaleza de esa ciencia.[2]

> Sin embargo, hay un arte combinatorio muy diferente, a saber, la Ciencia de las formas, es decir, acerca de lo semejante y lo desemejantes, así como el álgebra es la ciencia de la magnitud, es decir, de lo igual y lo desigual. Y por cierto, la combinatorio parece ser apenas diferente de la ciencia característica general, con cuya ayuda han sido creados o pueden crearse caracteres aptos para el álgebra, la música y ciertamente para la lógica.
>
> Leibniz a Tschirnhaus, 1678, A II 1 412

El interés de Leibniz por obtener un concepto riguroso de semejanza resulta de su proyecto de formular una característica geométrica, en el sentido de un *calculus situs* o también de un *analysis situs*. Por esa razón, el análisis leibniziano de la semejanza muestra una fuerte influencia de la geometría. Sin embargo, es posible mostrar que la semejanza tiene un alcance que va mucho más allá de la geometría, hasta el punto de que Leibniz la considera como una pieza fundamental de la metafísica. Sea como fuere, si bien no lo abordaremos en el presente contexto, este alcance general del concepto leibniziano de semejanza constituirá el marco general de nuestra indagación.[3]

De esta forma, nuestro propósito consistirá en abordar la noción de semejanza en términos de la "identidad de forma". Así, trataremos de mostrar que Leibniz intenta elucidar dicho concepto apelando al principio de sustituibilidad *salva veritate*, tal como aparece en algunos escritos de fines de la década de 1680. Nuestra propuesta es que es posible interpretar la semejanza en conexión con la noción de indiscernibilidad, en la medida en que se la aplica no a individuos, sino a formas generales u "objetos ideales" o "incompletos.

---

[2] Sobre la cuestión de la matemática general y la ciencia de las formas, ver Couturat 1901, cap. VII, Schneider, 1988, 162-182; Esquisabel, 2000, 241-276; Michel-Pajus & Rabouin, 2017, 309-330; Rabouin, 2018, 7-70.

[3] Sobre el concepto de semejanza en general en Leibniz ver Breger 1990 224-232; De Risi 2007 cap. 2

Las primeras formulaciones del concepto de semejanza aparecen en el marco de las investigaciones de la característica general hacia 1677. Se trata de la semejanza como co-percepción o co-presencia. Asimismo, la semejanza como discernibilidad por co-percepción o co-presencia es una consecuencia de una concepción más radical que se funda en la idea de identidad formal (o estructural). Nuestro propósito es reconstruir, al menos en parte, el camino que va de la geometría a la noción más general de semejanza como identidad formal.

De esta manera, el análisis tendrá así tres partes: la semejanza como discernibilidad por co-percepción o co-presencia, como identidad formal entendida desde el punto de vista de la indiscernibilidad epistémica y como identidad formal desde el punto de la intercambiabilidad *salva veritate*. Finalmente, a partir de algunas ideas leibnizianas, trataremos de superar las limitaciones de la fundamentación de Leibniz, sobre la base de una interpretación estructural del concepto investigado.

5.1 El concepto geométrico de semejanza como discernibilidad por co-percepción o co-presencia y su versión cognitiva.

La propuesta leibniziana de formular un nuevo concepto de semejanza su funda en su insatisfacción con el concepto usual, en la medida en que carece de la generalidad que se requiere para las demostraciones geométricas, en particular porque Leibniz considera que el concepto usual depende del concepto de magnitud o al menos de proporcionalidad. Sin embargo, para Leibniz, se dan relaciones de semejanza, aunque no necesariamente de proporcionalidad.[4]

De esta manera, Leibniz formula hacia 1677 su noción de semejanza como discernibilidad por co-presencia o co-percepción y así se lo comunica a Gallois en una fallida carta de 1677:

> "...Después de haber buscado mucho, he hallado que dos cosas son perfectamente semejantes, cuando no se las podría discernir más que *per compraesentiam*, por ejemplo, dos círculos desiguales de la misma materia no podrían discernirse más que viéndolos juntos, pues entonces se ve bien que uno es mayor que el otro..."[5]

Dado que esta noción de semejanza involucra un procedimiento de comparación y reconocimiento, la denominaremos noción "cognitivo-procedimental"

---

[4] *De analysi situs*, 1693, GM 5 181; *Elementa nova matheseos universalis*, A VI 4 515-516.
[5] Leibniz a Gallois, 1677, GM 1 180

de semejanza, para diferenciarla de las restantes versiones que analizaremos luego. Evidentemente, se trata de una noción aplicable a formas geométricas, por lo que no se ve, de manera inmediata, de dónde surge la generalidad y alcance que le otorga Leibniz en esa misma carta, dado que de ella se siguen importantes consecuencias tanto para la metafísica como para la matemática.[6]

En todo caso, las aclaraciones que brinda Leibniz tienen un sesgo claramente cognitivo, en la medida en que para la determinación de la semejanza se requiere de la realización de determinadas actividades cognitivas, tales como la percepción conjunta de dos objetos, el recuerdo y la imaginación. El argumento de Leibniz es que, si el sujeto de la cognición sólo puede discernir dos objetos mediante su percepción conjunta y simultánea, entonces son semejantes. Así, ni la memoria ni la imaginación son capacidades cognitivas aptas para discernir objetos semejantes, al menos desde el punto de vista geométrico. En definitiva, la discernibilidad de los objetos semejantes depende de las diferencias de dimensión, que puede establecerse por comparación mediante una percepción conjunta (o co-presencia).

El fundamento del concepto procedimental consiste, precisamente, en dos tesis que, hasta cierto punto, son solidarias. La primera de ellas es que la memoria "imaginativa" es de carácter cualitativo, es decir, no retiene por sí misma magnitudes,[7] sino sólo formas o cualidades y, por esa razón, para comparar dimensiones mediante su intervención se requiere escoger una unidad de medida que pueda ser constantemente comparada (como, por ejemplo, lo es implícitamente nuestro propio cuerpo o partes de él). Por esa razón, la comparación de dimensiones implica siempre una co-presencia o co-percepción, ya que nuestro cuerpo nos acompaña siempre.[8] La segunda tesis es que la magnitud no caracteriza la forma de los objetos geométricos en sí misma, sino que es relativa a la unidad de medida que se escoja. A su vez, dicha unidad de medida es relativa al estado actual del mundo en que nos encontramos:

> "[...]Empero, si imaginásemos que Dios ha reducido todas las cosas que se presentan en nosotros y en torno de nosotros en una habitación, conservando las mismas proporciones, todas las cosas se nos aparecerían del mismo modo y no podríamos discernir el estado anterior del posterior, a no ser que saliésemos del ámbito de las cosas proporcionalmente reducidas, es decir, de nuestra habitación. Pues entonces sería manifiesta la diferencia, al realizar la co-percepción con las cosas que no han sido reducidas.[...]"[9]

---

[6]Leibniz a Gallois, GM 1 180.
[7]*Characteristica geométrica*, GM 5 154; *De analysi situs*, GM 5 180.
[8]Leibniz a Gallois, GM 1 180, *Characteristica geométrica*, 10 de agosto de 1679, GM 5 154, *De analysi situs*, 1693, GM 5 180, *De artis combinatoriae usu in scientia generalis* (1683) A VI 4 512.
[9]*Characteristica geométrica*, GM 5 154. Un problema: pese al cambio de magnitud, los ángulos deberían conservarse. Se aplica o no el concepto de magnitud a los ángulos (grados)?

El argumento ilustra la diferencia que existe, según Leibniz, entre la forma geométrica de un objeto y su magnitud. Así, mientras la forma está determinada por las relaciones internas entre sus elementos, que pueden permanecer constantes a pesar de un cambio de escala, la magnitud es un predicado relativo que sólo puede determinarse distintamente mediante la comparación perceptiva con una unidad de medida, por lo que siempre requiere, de una u otra forma, la co-presencia y la co-percepción.[10]

El argumento del cambio de escala revela también un aspecto importante del concepto de semejanza. Si los estados del mundo antes y después del cambio proporcional de dimensiones son indiscernibles es porque el conjunto de relaciones entre sus elementos geométricos se conserva inalterado, es decir, poseen una forma idéntica o, indiscernible. Así, el concepto procedimental-cognitivo de semejanza implica e concepto de identidad o indiscernibilidad de la forma.

5.2 La semejanza como identidad formal

Podríamos decir que el concepto cognitivo-procedimental se funda en una noción sustantiva de semejanza, basada en la identidad de forma. En este sentido, Leibniz mismo sostiene la conexión entre ambas maneras de entender la semejanza, a saber, la sustantiva y la cognitivo-procedimental:

> Son semejantes las cosas que consideradas aisladamente por sí, no pueden discernirse, como dos triángulos equiláteros: en efecto, no podemos encontrar ningún atributo, ninguna propiedad en uno que no pueda encontrarse también en el otro [...] Si, empero, se los percibiese conjuntamente, aparecería inmediatamente la distinción de que uno es mayor que el otro [...] Por consiguiente, suelo decir que los semejantes sólo se disciernen por co-percepción [...][11]

En *De Analysi situs* encontramos una afirmación todavía más categórica acerca de la relación entre semejanza e identidad formal:

> La figura en general contiene la cualidad, es decir, la forma, además de la cantidad, y así como son iguales aquellas cosas cuya magnitud es idéntica, así también semejantes son aquellas cosas cuya forma es idéntica. Además, la consideración de las semejanzas, es decir, de las formas, tiene un alcance mucho más amplio que la matemática y hay que derivarla de la Metafísica, aunque sin embargo también en la matemática tiene una utilidad múltiple y resulta de provecho en el mismo cálculo algebraico [...][12]

---

[10] *Characteristica geométrica*, GM V 154.
[11] *Characteristica geométrica*, GM 5 153.
[12] *De analysi situs* GM 5 179.

Para la elucidación de la noción de semejanza como identidad formal será necesario que analicemos la noción de forma, de identidad formal y de indiscernibilidad, en concordancia con una exigencia que Leibniz asume como parte de su investigación.[13]

5.3 Identidad formal como indiscernibilidad epistémica

Como veremos, una primera forma de caracterizar la identidad formal tiene lugar a través del concepto de indiscernibilidad epistémica. El punto de partida para esta conclusión nos lo procura la afirmación de *De analysi situs* según el cual "...la figura en general contiene la cualidad, es decir, la forma, además de la cantidad..."[14]. La misma tesis, a saber, que la forma es una cualidad, la encontramos en *Elementa ad calculum condendum*:

> [...]lo semejante es un tal idéntico, es decir, aquellos cuya cualidad es la misma.[15]

De este modo, la cuestión de la semejanza se dirime en relación con el problema de la identidad de la cualidad y de su reconocimiento. Para aclarar dichas cuestiones, Leibniz recurre a una vía epistémica, fundada en conceptos cognitivos. Así, Leibniz define la cualidad o la forma como aquello que puede ser retenido por la memoria y reconocido por la acción conjunta de la memoria y la intelección, a diferencia de la magnitud, que requiere, como vimos, de la percepción:

> La cualidad, es decir, un tal, es un predicado que por sí puede ser retenido por la memoria. La cantidad, el tanto, es un predicado que no puede retenerse sin un adminículo externo.[16]

> [...] la cantidad se reconoce únicamente por la percepción, la cualidad, en cambio, por la memoria y la inteligibilidad [...] La cualidad es una distinción que se lleva a cabo al pensar y que se extrae de la cosa [...] La cantidad es una distinción que se lleva a cabo al percibir y que se extrae de la cosa.[17]

Otra característica de la cualidad es que puede ser concebida por sí misma, es decir, sin requerir una comparación con otra cosa. A diferencia de la magnitud, reconocemos la cualidad de manera autónoma:

---

[13] *De analysi situs* GM 5 180.
[14] Cfr. 10.
[15] *Elementa ad calculum condendum*, A VI 4 154
[16] *Elementa ad calculum condendum*, A VI 4 155
[17] *Definitiones: Ens, possibile, existens*, A VI 4 867

> A saber, la cualidad es, en sentido general, todo predicado que puede ser concebido acerca de algo que se considera por sí mismo. La cantidad, por su parte, es lo que se percibe en una percepción conjunta con alguna otra cosa.[18]

Por esa razón, la cualidad o forma es un discriminante de las cosas considerado por sí mismo:

> [...]las cualidades o formas son aquello por lo que las cosas se disciernen por sí.[19]

En conclusión, reuniendo todo lo anterior en una única formulación, resulta ser que la cualidad o forma puede caracterizarse de una manera epistémica como aquello que puede ser concebido y retenido por sí mismo, permite discriminar una cosa de otra y es una propiedad intrínseca de ella. Es fácil ver que si se puede caracterizar el concepto de identidad formal o cualitativa, se obtiene por su intermedio el concepto cognitivo-procedimental de semejanza del que partimos, ya que, en efecto, si dos cosas tienen una forma idéntica, sólo serán discernibles mediante la magnitud, es decir, por co-percepción o co-presencia. Por esa razón, nos dedicaremos ahora a reconstruir una primera versión de la identidad formal en términos de indiscernibilidad epistémica. Llegaremos a esta conclusión por medio del concepto de sustituibilidad *salva conditione*. La tesis central es que lo idéntico en general se caracteriza por la sustituibilidad recíproca, cuya condición, finalmente, es la conservación de una condición cuya naturaleza, en principio, queda indeterminada y sujeta a diferentes interpretaciones. En un desarrollo posterior, la sustituibilidad estará sometida a la condición de la conservación de la verdad proposicional.

Comencemos entonces por la caracterización de la identidad a partir de la noción de sustituibilidad o intercambiabilidad recíproca. A diferencia de otras formulaciones, en las que se especifica la condición de conservación de la verdad, en la presente formulación no se añade condición alguna:

> [Tenemos] *lo idéntico* si una cosa puede sustituirse por otra en todas sus instancias. Si una cosa puede sustituirse por la otra en todas sus instancias, entonces, recíprocamente, también podrá sustituirse esta última por la primera.[20]

Leibniz parece pensar en la posibilidad de una sustitución de carácter general, en la que se preserva una condición que se especificará según el caso (por ejemplo,

---

[18] *Divisio terminorum ac enumeratio attributorum*, A VI 4 564-565.
[19] *Elementa nova matheseos universalis*, A VI 4 514
[20] *Definitiones*, A VI 4 406.

bajo la condición de la igualdad, lo que debe conservarse es la cantidad). Por eso lo hemos enunciado como principio de la identidad de los sustituibles *salva conditione*[21]. Si la condición es la conservación de la cualidad, entonces dos cosas son semejantes si tienen una forma idéntica, y tienen una forma idéntica si son sustituibles *salva qualitate*:

> Semejantes son aquellas cosas que pueden sustituirse recíprocamente, conservando la cualidad, es decir tal que no puedan discernirse, a no ser que se las considere conjuntamente.[22]

Por cierto, en esta caracterización de la semejanza se conectan entre sí la identidad de la forma, la conservación de la cualidad, la indiscernibilidad y la consideración de cada cosa por sí misma o "separadamente". La indiscernibilidad, por su parte, se funda en la caracterización epistémica de la cualidad. En efecto, la cualidad es concebible y retenible por sí misma, constituye un discriminante de la cosa respecto de otra y le es intrínseca. Por esa razón, si como resultado de la mutua sustitución de dos cosas en cualquiera de sus instancias, son indiscernibles desde el punto de vista de la intelección y la memoria, es decir, "consideradas por sí mismas", resulta entonces que se preserva la cualidad, es decir, son formalmente idénticas.

No obstante, aunque hemos dado una fundamentación de la noción de semejanza como discernibilidad por co-percepción a partir de la identidad de forma, en el fondo no hemos ido mucho más allá de esa primera noción. En efecto, la indiscernibilidad respecto de la forma apela a consideraciones epistémicas referidas a qué es lo que podemos conocer de las cosas mediante la memoria, la intelección y la percepción. Asimismo, interviene también el requisito de "considerar una cosa de manera aislada o separadamente", que necesita también de alguna aclaración. Por esa razón, sostenemos que una primera versión de la identidad formal se funda en la *indiscernibilidad epistémica*.

Sea como fuere, esta caracterización epistémica de la identidad formal provoca una cierta insatisfacción, puesto que, en última instancia, no aclara en el fondo en qué consiste que dos cosas tengan una misma forma, sino que suplanta esta respuesta con la indicación del modo en que reconocemos que tienen la misma forma. Al fin y al cabo, lo que nos gustaría saber es qué condiciones tienen que cumplir los objetos semejantes, independientemente de que los conozcamos o no, para tener la misma forma. En efecto, si la indiscernibilidad es una caracterización de la identidad, ¿podría haber un criterio de indiscernibilidad de las

---

[21] Si la condición es la verdad, será la identidad de los sustituibles *salva veritate*. Por otra parte, se trata del recíproco de la sustituibilidad de los idénticos. La versión "fuerte" de este principio es reciprocable, es decir, es un bicondicional.

[22] *Definitiones*, A VI 4 406.

propiedades formales y, por tanto, de su identidad, que no fuese epistémico? En suma, la cuestión se reduce a la siguiente pregunta: ¿qué significa que dos cosas tengan la misma forma, independientemente de la intervención de nociones epistémicas? Obsérvese que el problema gira en torno de la indiscernibilidad e identidad de formas (o propiedades formales), no de la de los objetos que las poseen.

No podemos decir que en Leibniz se encuentren reflexiones explícitas sobre estas dificultades. En cambio, algunas anotaciones de fines de la década 1680 nos procuran algunos indicios de que intentó reformular la noción de semejanza y de identidad formal desde una perspectiva más lógica que epistémica. En esta nueva versión juega un papel central el principio de sustituibilidad *salva veritate*. Por esa razón, abordamos a continuación el tratamiento de la noción lógica del concepto de identidad formal a partir de la sustituibilidad *salva veritate*.

5.4 La identidad formal como indiscernibilidad lógica: la sustituibilidad *salva veritate*

Enunciaremos los principios en los que se sustenta la reformulación leibniziana, comenzando por el principio de identidad de los indiscernibles, del cual el principio de sustituibilidad de los idénticos *salva veritate* puede verse como una versión lógica (o metalógica). Aunque no discutiremos aquí si hay algún tipo de relación de fundamentación entre ellos, lo cierto es que ambos pueden ser considerados como una elucidación de la identidad y, si es así, se encuentran en una estrecha conexión. Otro principio que tendremos en cuenta para la semejanza es el de razón suficiente.[23]

Veamos la conexión entre identidad de los indiscernibles y sustituibilidad *salva veritate*. En efecto, sea la formulación del principio de identidad de los indiscernibles (fuerte):

1. A = B *ssi* para toda P (P(A) ssi P(B)) (siendo P una propiedad cualquiera)

> ...son idénticas aquellas cosas que no pueden discernirse de modo alguno.[24]

> Sequitur etiam hinc non dari posse in natura duas res singulares solo numero diferentes. Utique enim oportet rationem reddi posse cur sint diversae, quae ex aliqua in ipsis differentia petenda est.[25]

---

[23]Para una discusión del principio de identidad de los indiscernibles y de su relación con el principio de sustituibilidad salva veritate, ver Lorenz 1969: 136-159; Rodríguez-Pereyra 2014; Ishiguro 1990: cap. 2

[24]*Definitiones: aliquid, nihil, non-ens, ens*, A VI 4 931

[25]*Principia lógico-metaphysica*, A VI 4 1645

> Il n'y a point deux individus indiscernables... Ces grands príncipes de la rasión suffisante et de l'identité des indiscernables, changent l'etat de la Metaphysique.²⁶

Y sea la formulación del principio de sustituibilidad de los idénticos (fuerte)

2. A = B *ssi* para toda fórmula $\mathcal{P}(\mathcal{P}\,(A/B))$ *salva veritate* (siendo $\mathcal{P}$ una fórmula no saturada que expresa una propiedad cualquiera P). ("A/B": mutuamente sustituibles en cualquiera de sus instancias).

> Si A y B pueden sustituirse recíprocamente en todas sus instancias, de modo tal que no resulte de ello falsedad alguna, se dice que uno es Idéntico con el otro.²⁷

Tenemos

3. Para toda P (P(A) ssi P(B)) *ssi* para toda fórmula $\mathcal{P}((A/B))$ *salva veritate*

> Si *A* y *B* pueden sustituirse recíprocamente en todas sus instancias, de modo tal que no resulte de ello falsedad alguna, se dice que uno es *Idéntico* con el otro, de otro modo serán *Diversos*, es decir, son idénticas aquellas cosas que no pueden discernirse de modo alguno.²⁸

De esta forma y en principio, si dos cosas son indiscernibles por sus propiedades, son también intercambiables *salva veritate* en todas las proposiciones (verdaderas) que describen sus propiedades.

La idea de Leibniz, así lo proponemos, es llegar a la indiscernibilidad de la forma por medio de la sustituibilidad *salva veritate*. En consecuencia, si dos objetos son sustituitibles *salva veritate* en enunciados respecto de su forma, entonces son formalmente indiscernibles y, por tanto, semejantes. Es importante destacar, sin embargo, que estos principios, en particular, el de sustituibilidad de los idénticos *salva veritate*, debería aplicarse, en el caso de la semejanza, no a los objetos en cuanto tales, sino a sus formas (o propiedades formales). No obstante, y aquí está la fuente de los problemas, Leibniz aplica el principio a los objetos con fin de determinar qué es lo que permanece idéntico en ellos, a pesar de las diferencias, y los hace así indiscernibles respecto de la forma. Dicho de otra forma, son los objetos semejantes los que se deben sustituir recíprocamente en las proposiciones que tienen que conservar su valor de verdad.

Esto conlleva problemas, porque, como veremos, algunos casos de semejanza, reconocidos por Leibniz como tales, no cumplen con los requisitos lógicos de la semejanza, tal como los reformula Leibniz . En efecto, o bien los objetos son trivialmente idénticos (porque tienen exactamente las mismas propiedades) o bien

---

[26] GP 7 372
[27] *Definitiones: aliquid, nihil, non-ens, ens,* A VI 4 931
[28] *Definitiones: aliquid, nihil, non-ens, ens,* A VI 4 931.

son idénticos en especie (un caso de semejanza claro), haciendo abstracción de otras propiedades, especialmente las métricas, o bien no siempre se puede conservar la verdad, aunque se los pueda considerar semejantes (inadecuación del concepto de semejanza).

En el paso de la indiscernibilidad epistémica a la lógica (podríamos hablar también de indiscernibilidad ontológica, en la medida en que se requiere un fundamento *in re* de la primera) juega un papel importante el principio de razón suficiente. En efecto, en la cosa misma debe haber un fundamento por la cual sea epistémicamente discernible o indiscernible de otra. Así, debe haber un fundamento de la semejanza:

> Semejantes son aquellas cosas cuya diversidad no puede probarse *a priori*, en cuanto son eso que se dice que son. Así, las figuras son semejantes, cuando su diversidad no puede probarse en cuanto son figuras, sino tan sólo por la situación y la magnitud.[29]

El hecho de que se requiera una prueba *a priori* significa que debe encontrarse una razón de la diversidad o identidad en la naturaleza de la cosa y las notas que la constituyen como tal. De este modo, el fundamento de la discernibilidad o indiscernibilidad entre las cosas debe consistir en una razón intrínseca. De esta exigencia de fundamentación de la semejanza en la esencia resulta el intento de elucidación lógica de la identidad de forma y, por tanto, de la semejanza. Dicha estrategia se encuentra esbozada en un escrito de fines de la década de 1680, publicado con el título *Definitiones: aliquid, nihil, non-ens, ens*[30]. En dicho escrito, que constituye básicamente una lista de definiciones, Leibniz reelabora sucesivamente diferentes caracterizaciones de la semejanza con la clara intención de formularla en términos de sustituibilidad *salva veritate*.

En lo que respecta al concepto de forma, Leibniz la concibe como el conjunto de propiedades esenciales de una cosa:

> La *forma* es el agregado de los atributos de una cosa, anteriores a todos los restantes, y suficientes para deducir todos los predicados restantes de aquélla.[31]

De esta manera, la forma es la naturaleza o esencia de la cosa. Por esa razón, las propiedades esenciales constituyen requisitos del objeto en cuanto tal. A su vez, esta noción de forma constituye la base de la formulación lógica del concepto de semejanza, en términos de deducción de proposiciones verdaderas acerca de los objetos:

---

[29] *Elementa ad calculum condendum*, A VI 4 154
[30] (1688-1689), A VI 4 930-934
[31] *Definitiones: aliquid, nihil, impossibile, possibile*, A VI 4 941.

> Son semejantes aquellas cosas que no pueden discernirse, tomadas separadamente, mediante elementos conectados necesariamente, es decir, mediante verdades demostrables acerca de las mismas, dicho de otro modo, tales que no se les puedan asignar predicados demostrables diferentes. Así, toda parábola es semejante a cualquier otra, y un círculo a cualquier otro.[32]

Reaparece el concepto de "consideración por sí misma" o separadamente que en este contexto se entiende en el sentido del análisis de la forma en sí misma del objeto con el fin de deducir a partir de ella sus respectivos atributos. Leibniz lo enuncia más claramente así:

> Entiendo '*considerar una cosa por sí misma*' en el sentido de que sólo se consideran aquellos predicados que se siguen necesariamente de aquellos que están contenidos en la cosa.[33]

Por otra parte, la indiscernibilidad se aplica a las propiedades deducibles en cuanto tales. Por esa razón, y teniendo en cuenta el principio de identidad de los indiscernibles, la semejanza se funda, finalmente, en la identidad de la forma, es decir, en su indiscernibilidad, si se la entiende como el conjunto de los atributos esenciales y los deducibles de ellos. La cuestión se reduce, entonces, al modo en que se determina la identidad de la forma y de los atributos en cuanto tales.

El núcleo fundamental para establecer dicha identidad está dado, justamente, por el hecho de que los objetos semejantes no pueden discernirse mediante "predicados demostrables diferentes". En la medida en que un predicado es un componente proposicional, se establece aquí una relación implícita entre propiedades y proposiciones. De esta forma, se conectan indiscernibilidad y sustituibilidad *salva veritate*. Una primera formulación introduce explícitamente la sustituibilidad *salva veritate* como caracterización de la semejanza. Según esta primera formulación, lo que se intercambia son los objetos semejantes y lo que resulta idéntico (o indiscernible) son los atributos de sus respectivas formas:

> Son semejantes aquellas cosas cuyos predicados internos son los mismos, es decir, tales que no pueden discernirse por sí, tomadas aisladamente, dicho de otro modo, tales que una puede sustituir a la otra sin desmedro de la verdad en las proposiciones en las que la cosa se considera por sí misma, es decir, en las proposiciones acerca de aquellos atributos que están contenidos en la cosa.[34]

De acuerdo con este principio, son los objetos los que deben sustituirse recíprocamente conservando la verdad. Un requisito fundamental de la aplicación

---

[32] *Definitiones: aliquid, nihil, non-ens, ens,* A VI 4 931.
[33] *Definitiones: alquid, nihil, non-ens, ens,* A VI 4 932.
[34] A VI 4 931.

del principio es el de que las proposiciones deben referirse a las propiedades de los objetos "considerados por sí mismos". Este tipo de "consideración" consiste en deducir las propiedades que se siguen de la forma del objeto tomado en sí mismo. Desde el punto de vista geométrico, ello supone tomar en cuenta las relaciones internas entre los componentes de un objeto geométrico, haciendo abstracción de su dimensión. Un ejemplo más o menos claro de que lo que Leibniz pretende con este principio lo encontramos en *De analysi situs*, donde Leibniz aplica, a modo de ejemplo, el concepto de semejanza a la comparación de triángulos.[35]

Si bien el concepto parece ser claro a primera vista, las dificultades aparecen cuando pretendemos darle una formulación más rigurosa. En primer lugar, Leibniz entiende las propiedades que se siguen de la forma en términos de las notas o atributos comunes que ella contiene. En ese caso, la semejanza es trivial, en el sentido de que dos cosas que contienen predicados comunes son semejantes.[36]

No obstante, la impresión que uno se lleva es que Leibniz no está hablando solamente de este caso trivial de semejanza, donde la identidad de la propiedad no produce mayores problemas, porque los objetos involucrados comparten *las mismas notas o atributos*, al menos en parte. En efecto, ocurre que en algunos casos leibnizianos de semejanza no es tan sencillo establecer la identidad de las propiedades por medio de la sustituibilidad *salva veritate*, porque estrictamente hablando no se trata de "las mismas" propiedades, en el sentido de "los mismos predicados".

El problema se verá más claro si reformulamos el concepto de semejanza por sustituibilidad *salva veritate* de esta manera, siguiendo una indicación de Leibniz:

> Si muchas cosas se pueden intercambiar recíprocamente en las proposiciones que pueden formarse acerca de cada una de ellas considerada por sí misma, esas cosas son *semejantes*. Entiendo 'considerar una cosa por sí misma' en el sentido de que sólo se consideran aquellos predicados que se siguen necesariamente de aquellos que están contenidos en la cosa. Es decir, son semejantes las cosas que no pueden discernirse por sí tomadas aisladamente.[37]

Nuestra reformulación:

> Sean dos cosas designadas por los términos A y B, sean los conjuntos de predicados de A y B, $\mathbf{F} = (f_1, f_2, f_3...)$ y $\mathbf{G} = (g_1, g_2, g_3...)$, respectivamente y sean $\mathbf{F} = (f_1(A), f_2(A), f_3(A)...)$ y $\mathbf{G} = (g_1(B), g_2(B), g_3(B)...)$ los conjuntos de proposiciones verdaderas acerca de A y B, respectivamente; se dice que A es semejante a B, si toda instancia de A en las proposiciones de $\mathbf{F}$ puede ser sustituida por una instancia de B y a la inversa, conservando siempre la verdad de la proposiciones.

---

[35] *De analysi situs*, GM 5 181-182.
[36] A VI 4 932. Cfr. A VI 4 1645.
[37] A VI 4 932.

Naturalmente, el principio funciona si los $f_1, f_2, f_3, ...$ significan lo mismo que los $g_1, g_2, g_3, ...$ pero eso es precisamente lo que el principio debía garantizar. Evidentemente, algo falla aquí. Dicho de otra manera, las propiedades "intrínsecas" de los objetos geométricos no cumplen exactamente el mismo papel que las notas o propiedades generales. Nuevamente, para que el principio se aplique, necesitamos un criterio de identidad de propiedades (y predicados). Leibniz proporciona algunos ejemplos de semejanza geométrica en los que este problema se hace manifiesto, si intentamos reconstruirlos de acuerdo con este principio.[38] A los fines de la brevedad, permítasenos proporcionar un ejemplo algebraico, que está en consonancia con las ideas de Leibniz acerca de la semejanza. Sean las siguientes ecuaciones:

1) $3^2 + 4^2 = 5^2$

2) $6^2 + 8^2 = 10^2$

Ambas poseen la misma forma: $a^2 + b^2 = c^2$ y, por tanto, son semejantes según el criterio de Leibniz. Sin embargo, si A = 5^2 y B = 10^2, su intercambio recíproco en 1) y 2) no conserva el valor de verdad.

Ahora bien, Leibniz parece haber tenido en cuenta esta dificultad, puesto que ofrece una nueva versión del principio, que contiene el requisito de "sustitución total", por decirlo de alguna manera. Dicho de otra forma, para que se conserve la verdad, lo que se requiere no es la mera sustitución de los objetos semejantes, sino los objetos con todos sus predicados, lo que equivale a decir que la operación de sustitución recae ahora sobre las proposiciones como tales:

> Son semejantes aquellas cosas que, consideradas separadamente, no pueden discernirse mediante aquellos predicados que están contenidos en cada una de ellas, es decir, si en lugar de *A* y los predicados que están contenidos en él puede ponerse siempre *B* y los predicados que están contenidos en él, sin desmedro de la verdad.[39]

Volviendo a nuestra reconstrucción del principio, podríamos adaptarlo para esta nueva versión de la definición de semejanza:

> Sean dos cosas designadas por los términos *A* y *B*, sean los conjuntos de predicados de *A* y *B*, **F** = $(f_1, f_2, f_3...)$ y **G** = $(g_1, g_2, g_3...)$, respectivamente y sean **F** = $(f_1(A), f_2(A), f_3(A)...)$ y **G** = $(g_1(B), g_2(B), g_3(B)...)$ los conjuntos de proposiciones verdaderas acerca de *A* y *B*, respectivamente; se dice que *A* es semejante a *B*, si los conjuntos de proposiciones de **F** y **G** son mutuamente sustituibles, conservando la verdad.

---

[38] *De analysi situs*, GM 5 181.
[39] A VI 4 932.

Si esto es lo que Leibniz pretende reformular, se ve claramente que no es mucho lo que se avanza, porque sólo se requiere que ambos conjuntos estén formados por proposiciones verdaderas acerca de *A* y *B*. Es posible que tenga en mente otra cosa, a saber, que *A* y *B* son mutuamente sustituibles justamente porque cada una de las propiedades deducibles de la forma de uno de ellos es sustituible por una *determinada* propiedad de la forma del otro. Si esto es así, estamos en problemas, porque deberíamos saber en qué sentido los predicados son sustituibles. En efecto, la identidad de predicados o de "elementos" no siempre se cumple en casos relevantes de semejanza. Para volver al ejemplo de las ecuaciones, es como si quisiésemos reemplazar en la ecuación 1) el término '3^2' por el término '6^2' de la ecuación 2). Dicho de otro modo, 1) y 2) comparten algo, pero no precisamente sus "elementos". Sea como fuere, todo indica que mediante este principio de sustitución "total" Leibniz pretende dar cuenta de que en la sustitución de un objeto por otro considerado "por separado" junto con todas sus notas (o de una proposición por otra) hay algo que se conserva, aunque no logra captarlo por el camino de la elucidación de la forma o "cualidad" como un conjunto de atributos analizables. A lo sumo, llega a la idea de que una proposición verdadera es sustituible por cualquier otra proposición verdadera, pero eso no es decir mucho, a no ser que las proposiciones verdaderas hablen de o *nos muestren* algo relevante respecto de la semejanza de los objetos.

5.5 Conclusión

Nuestra intención ha sido presentar la noción leibniziana de semejanza en términos de identidad de la forma, para lo cual recurre a la noción de indiscernibilidad. El punto de partida para nuestro análisis fue la noción de semejanza en términos de discernibilidad por co-percepción. Como hemos visto en nuestra exposición, Leibniz trata de justificar la indiscernibilidad de la forma de los objetos semejantes mediante la sustituibilidad *salva veritate*. No obstante, esta vía no parece proporcionarnos el resultado buscado. En efecto, para algunos casos relevantes de semejanza (como ocurre con las figuras geométricas), la sustituibilidad *salva veritate* no capta adecuadamente la idea de identidad formal o "conservación de la forma".

Las razones del fracaso, creemos, se encuentran vinculadas con los objetos a los que se les aplica el principio de sustituibilidad *salva veritate*. Dicho de otra manera, Leibniz aplica el principio a los objetos considerados semejantes, así como a sus notas o predicados, cuando, en realidad, debería aplicarlo a las propiedades de sus respectivas formas. En otras palabras, la reconstrucción pasa por alto el que las propiedades relativas a la identidad formal son más bien propiedades de segundo orden, no de primer orden. Para decirlo de otro modo, lo que debería conservarse en la *sustituibilidad salva veritate* no son las propiedades particulares de los respectivos objetos, sino las propiedades de sus formas. Sintéticamente, la semejanza, especialmente en el caso de los objetos matemáticos, se basa en una cierta invariancia de las propiedades estructurales de los objetos involucrados. En este sentido, mediante la aplicación de la sustituibilidad *salva veritate* al concepto de semejanza, Leibniz está tratando, a nuestro entender, de capturar nociones estructurales tales como la de isomorfía, estructura abstracta y modelo de una estructura abstracta. No es nuestra intención desarrollar esta tesis, pero nos bastará como conclusión, mostrar mediante algunas referencias, que Leibniz se aproximó a estas nociones. Así, por ejemplo, en lo que respecta a la idea de estructura abstracta y modelo, puede citarse, entre otros, el siguiente pasaje:

> Son semejantes aquellas cosas de cuya diversidad no puede darse una razón mediante algún elemento principal. Por ejemplo, sea *A* igual a *BCD* y *B* igual a *FG* y *C* igual a *GH* y *D* igual a *HL*; del mismo modo, sea *M* igual a *NPQ*, *N* igual a *RS*, *P* igual a *ST* y *Q* igual a *TU*, digo que *ABCDFGHL* y *MNPQRSTU* son semejantes, en la medida en que *FGHL* y *RSTU* no se distinguen, pues si no se aplica una distinción entre ellos, es decir, si no se tienen en cuenta en el cálculo la diversidad de requisitos, no podrá demostrarse que hay una diferencia entre uno y otro.[40]

Si analizásemos en detalle este ejemplo (que no es el único que podamos señalar), veríamos claramente que los "objetos" A = BCD y M = NPQ son semejantes porque ejemplifican un mismo orden de elementos. En efecto, los elementos componentes de A y B son sus "requisitos". Precisamente, cuando se hace abstracción de los requisitos en cuanto tales y sólo se conserva su orden (por ejemplo, mediante sustitución de parámetros) resulta entonces el orden en cuanto tal, que es idéntico en ambos objetos.

Respecto de la relación de isomorfía, que implica la idea de una correspondencia preservadora de relaciones, encontramos el siguiente pasaje de *Elementa nova matheseos universalis*, entre muchos otros:

> Si dos cosas son semejantes, entonces dentro ellas no puede establecerse ninguna otra comparación que la Razón de ellas entre sí y la proporción, es decir, la razón idéntica de sus elementos correspondientes. Una cosa tomada de entre muchas de una parte es correspondiente con otra cosa tomada de entre muchas de la otra parte, si la primera se relaciona con la multitud de la que forma parte, de acuerdo con una cierta relación, del mismo modo en que la última lo hace con su propia multitud.[41]

Reformulada:

---

[40] *Calculus ratiocinator*, A VI 4 278.
[41] A VI 4 515.

Sean los conjuntos **F**, **K**, la relación **R** definida en **F** y **K** y una función *g* biunívoca de **F** en **K**, se dice que *a* ε **F** y *b* ε **K** son *correspondientes*, si para todo *x* ε **F** y para todo *y* ε **K**, si *g*(*a*) = *b* y *g*(*x*) = *y* entonces *a***R***x* si y sólo si *b***R***y*.

Independientemente de que entra aquí en consideración la semejanza en relación con las nociones de proporción y razón, nos interesa destacar la caracterización de correspondencia como una correlación entre elementos que, perteneciendo a distintos objetos o "conjuntos", se relacionan entre sí de la misma manera. Si añadiésemos la noción de transformación biunívoca, tendríamos como resultado una noción próxima a la de isomorfía. En resumidas cuentas, y para concluir, mediante la reconstrucción de la semejanza en términos de sustituibilidad *salva veritate*, Leibniz está tratando de capturar, a nuestro entender, la idea de que los objetos semejantes son ejemplos o "modelos" preservadores de verdad de una misma estructura. Podríamos desarrollar aún más esta aseveración, pero lo dejaremos para otra ocasión.

Referencias bibliográficas

[1] Breger, Herbert (1990). 'Der Ähnlichkeitsbregriff bei Leibniz', en *Mathesis Rationis. Festschrift für Heinrich Schepers* (Münster: Nodus Publikationen), pp. 223-232

[2] Couturat, Louis (1901). La logique de Leibniz (Paris) (repr. fot. Hildesheim: Olms 1961)

[3] De Risi, Vincenzo (2000). *Geometry and Monadology. Leibniz's Analysis Situs and Philosophy of Space* (Basel/Boston/Berlin: Birkhäuser)

[4] Esquisabel, Oscar M. (2000). 'El algebra y el arte combinatorio leibniziano', *Revista Latinoamericana de Filosofía* 26: 241-276

[5] Ishiguro, Hidé (1990^2). *Leibniz's Philosophy of Logic and Language* (Cambridge: Cambridge University Press)

[6] Leibniz, Gottfried W. (1849-63). *Mathematische Schriften*, C. I. Gerhardt (ed.), vols. 1-7: Berlin (reimp. Hildesheim: Olms 1962) (citado como GM)

[7] Leibniz, Gottfried W. (1875-90). Die philosophischen Schriften, C. I. Gerhardt (ed.), 7 vols. (Berlin) (reimp. Hildesheim: Olms 1960-61) (citado como GP)

[8] Leibniz, Gottfried W. (1923). *Sämtliche Schriften und Briefe*. Deutschen Akademie der Wissenschaften zu Berlin (ed.) (Darmstadt, Berlin) (citado como A)

[9]   Lorenz, Kuno (1969). 'Die Begründung des *principium identitatis indiscernibilium*' , *Studia Leibnitiana Supplementa* 3: 136-159

[10] Michel-Pajus, Anne y Rabouin, David (2017). 'Logica Mathematica: Mathematics as Logic', in Leibniz en Raffaele Pisano, Michel Fichant, Paolo Bussotti, Paolo, and, Agamenon R. E. Oliveira, eds., *The Dialogue between Sciences, Philosophy and Engineering. New Hitorical and Epistemological Insights. Homage to Goffried W. Leibniz 1646-1716* (London: College Publications), pp. 309-330

[11] Rabouin, David (2018) 'Introductión', en Leibniz, G.W. *Mathesis Universalis. Écrits sur la mathématique universelle*, textes introduits, traduits et annotées sous la direction de David Rabouin (Paris: Vrin), pp. 7-72

[12] Rodríguez-Pereyra, Gonzalo (2014*). Leibniz's Princple of Identity of Indiscernibles* (Oxford: Oxford University Press);

[13] Schneider, Martin (1988). 'Funktion und Grundlegung der Mathesis Universalis im Leibnizschen Wissenschaftsystem', en: Albert Heinekamp. ed., Leibniz: *Questions logique. Symposium organize par la Gottfried-Leibniz-Gesellschaft e. V. Hannover*. Studia Leibnitiana Sonderheft (Stuttgart: Franz Steiner Verlag), pp. 162-182

[14] Timmermans, Benoît (2012). 'Prehistory of the Concept of Mathematical Structure: Isomorphism between Group Theory, Crystalography, and Philosophy', *The Mathematical Intelligencer* 3: 41-54 (DOI 10.1007/s00283-012-9290-3)

Capítulo 6

Kant, Raggio e GL

Paulo Estrella FARIA

> *Entre el petirrojo y el mamboretá existe uma antigua divergencia temperamental.*
>
> (Simpson 1993: 2)

No Prefácio ao *Arquipélago Gulag*, Solzhenitsyn evoca um provérbio russo que diz, aproximadamente: 'Quem olha para trás perde um olho; quem não olha perde os dois'. O lema pode ser tomado como emblemático das relações entre a filosofia e sua história, e de uma das lições preciosas que podemos aprender com a trajetória filosófica exemplar de Abel Lassalle Casanave: a história da filosofia, quando desacompanhada do esforço de *pensar de novo* os problemas filosóficos, é, na melhor das hipóteses, mera historiografia; mas, em contrapartida, os que não querem aprender com a história da filosofia estão fadados a repeti-la. De sua parte, Abel nunca se deixou enredar no falso dilema, que tanta discussão inútil continua a suscitar entre nós, e não apenas entre nós: 'fazer filosofia ou fazer história da filosofia?' Suas investigações sobre a tradição do conhecimento simbólico de Leibniz a Hilbert, cujo clímax (até aqui) encontra-se no esplêndido livro recente sobre a filosofia da matemática de Kant (Lassalle Casanave 2019), não apenas modificaram duradouramente nossa compreensão dos pensadores de que se ocupou; modificaram, também (eu falo em meu próprio nome, mas estou seguro de estar falando por muitos), nossa compreensão filosófica da matemática, de sua natureza e, em particular, do caráter e das peculiaridades de seus procedimentos de prova.

Eu havia concebido contribuir para este volume comemorativo com uma reconsideração, à luz dos escritos de Abel sobre a filosofia da matemática de Kant (em particular, de 2007, 2012 e 2019), de certa interpretação da teoria da prova filosófica exposta por Kant na 'Doutrina Transcendental do Método' que tive a oportunidade de divulgar há quase três décadas (Faria 1992). O núcleo da proposta era a ideia de que o esquematismo dos conceitos puros do entendimento cumpre, nas provas das 'proposições transcendentais' da filosofia, uma função análoga à que cumprem a ostensão empírica na prova de um juízo sintético *a posteriori* e o que Kant chama a 'construção' de um conceito (a apresentação *a priori* da intuição que lhe corresponde: Kant 1787, A 713/B 741) na prova de uma proposição matemática. Rapidamente dei-me conta de que toda emenda que me ocorria introduzir, nessa discussão já antiga de tópicos sobre os quais não voltei a trabalhar desde então, podia resumir-se no gesto de acrescentar, a cada ocorrência da palavra 'construção', a qualificação 'ostensiva ou simbólica', de forma a abrir espaço, ao lado das provas por construção ostensiva, fundadas nas formas da intuição (na forma do sentido externo, caso da geometria; na forma do sentido interno, caso da aritmética), que eram as únicas que eu havia considerado, as provas matemáticas fundadas nessa forma peculiar de construção que consiste (é o caso da álgebra) na substituição de conceitos por signos. Eu poderia então dizer, ao mestre cujo ensinamento e exemplo celebramos com este livro: 'Aprendi a lição, viu?' Mas, como se vê, isso pode ser feito em um parágrafo.

Foi assim que me ocorreu, alternativamente, oferecer a Abel um convite para refletir sobre um tópico menos frequentado em suas investigações, nem por isso alheio aos interesses mais profundos que as têm motivado. Refiro-me à concepção kantiana das modalidades – e, mais especificamente, à interpretação que dela foi proposta pelo grande lógico e filósofo argentino Andrés Raggio, a quem tantos de nós devemos tanto.

Em poucas palavras, a tese de Raggio é que a concepção kantiana das modalidades é uma antecipação – que 'constitui uma cesura, talvez a mais importante, em todo o pensamento modal de Aristóteles a Kripke' (Raggio 1984: 264) – do que hoje chamamos 'lógica da demonstrabilidade'. Ao caracterizar as modalidades em termos de relações dedutivas entre conjuntos de proposições (já veremos o que Raggio quer dizer com isso), Kant teria dado o primeiro passo decisivo para 'desontologizar' os conceitos modais, substituindo a compreensão metafísica das modalidades por uma concepção funcional.[1]

Como se sabe, a ideia de tratar a lógica modal como metateoria de sistemas formais foi introduzida no século XX por Gödel (1933), e desenvolvida por Löb,

---

[1] Anotemos desde logo, como evidência *prima facie* em favor de Raggio, que para Kant a modalidade dos juízos 'possui o caráter distintivo de nada contribuir para o conteúdo do juízo (pois, além da quantidade, qualidade e relação, nada mais há que constitua o conteúdo de um juízo), mas de dizer respeito apenas ao valor da cópula com referência ao pensamento em geral. Juízos *problemáticos* são aqueles em que se toma o afirmar ou negar como meramente *possível* (opcional), juízos assertóricos aqueles em que se o considera atual (verdadeiro), e juízos *apodíticos* são aqueles em que se o encara como necessário.' (A 74-5/B 100)

Solovay e outros.[2] Seu ponto de partida é a interpretação do operador de necessidade ('□') como 'é demonstrável que...', e de seu dual ('◇') como 'é consistente que...' É certo que há antecipações dessa ideia: Raggio nota, com razão, que para Frege essa era a única interpretação admissível das noções modais (como, aliás, pode ser verificado em Frege 1879: 4-5); e Boolos (1993: xviii) chama atenção para as notórias hesitações do fundador da lógica modal, Clarence Irving Lewis, acerca da caracterização correta da noção de implicação. Com efeito, o único ponto fixo para Lewis era a crítica à 'implicação material': quando dizemos que p implica q, não queremos dizer que ou p é falso ou q verdadeiro (*Principia Mathematica*, ∗1·01); de onde a definição do que Lewis chamou 'implicação estrita': p implica estritamente q sse não é *possível* que p seja verdadeiro e q falso (Lewis 1918: 293, definição 1.02). Mas, quando se trata de explicar o recurso às modalidades para definir a implicação estrita, Lewis (como outros lógicos de seu tempo) transita com desenvoltura entre o sentido em que chamamos 'implicação' a relação entre antecedente e consequente em um *condicional* (um 'juízo hipotético', no sentido de Kant) e aquele em que essa palavra caracteriza uma propriedade de *argumentos*: a consequência lógica. Assim, no ensaio em que pela primeira vez formula seu programa, Lewis escreve: 'No sentido ordinário e "próprio" de implica [*sic*], certas conclusões podem ser inferidas validamente de suposições contrafactuais, enquanto certas outras não podem. Hipóteses cuja verdade é problemática têm consequências lógicas *que são independentes de sua verdade ou falsidade*. Essas são as distinções vitais entre o significado comum de "implica" – para o qual 'p implica q' é equivalente a 'q pode ser validamente inferido de p' – e aquela implicação que figura na álgebra.' (Lewis 1912: 529)[3]

Vamos a Kant. Os 'Postulados do Pensamento Empírico em Geral' definem: '1. Aquilo que concorda com as condições formais da experiência (segundo a intuição e os conceitos) é *possível*. 2. Aquilo que se interconecta com as condições materiais da experiência (da sensação) é *atual* (*wirklich*). 3. Aquilo cuja interconexão com o atual está determinada segundo condições gerais da experiência é (existe) *necessariamente*.' (A 218/B 266-7). O núcleo da leitura de Raggio reside na ideia de expressar a possibilidade como não-dedutibilidade da negação e a necessidade como dedutibilidade 'sem mais'. De onde as definições:

(1) $\Diamond p =_{df} \neg(\Sigma_1 \vdash \neg p)$

(2) $\Box p =_{df} \Sigma_2 \vdash p$

---

[2]A sigla 'GL' é formada pelas iniciais de 'Gödel' e 'Löb'. George Boolos chamou assim o sistema de lógica da demonstrabilidade apresentado em Boolos 1993; por extensão, a sigla veio a ser empregada como abreviatura de 'Lógica da Demonstrabilidade', e é assim que eu a emprego.

[3]A palavra 'álgebra' ocorre aí como uma abreviatura de 'álgebra da lógica'.

Possibilidade e necessidade deixam, assim, de ser concebidas como 'modalidades absolutas, em si, que corresponderiam a propriedades das coisas' (Raggio 1984: 264-5), e passam a ser pensadas como relações entre conjuntos de enunciados. 'Este é o sentido da desontologização das modalidades efetuada pela primeira vez por Kant.' (Raggio 1984: 265)

O leitor tem todo o direito de perguntar o que foi feito do segundo postulado, e como Raggio representaria a noção modal de atualidade. Afinal, Kant observa escrupulosamente, ao longo de toda a Analítica dos Princípios, a tese, tornada explícita nos comentários da Segunda Edição à dedução 'metafísica' dos conceitos puros do entendimento, de que 'a terceira categoria surge sempre da ligação da segunda com a primeira de sua classe' (B 100). Assim, 'a necessidade não é senão a atualidade dada pela própria possibilidade' (B 111).[4] Em segundo lugar, é uma tese distintiva da filosofia modal de Kant que *todo* juízo tem uma modalidade. A modalidade de um juízo, em outras palavras, é independente da ocorrência, em sua expressão, desses advérbios que chamamos 'operadores modais'. O projeto kantiano de 'desontologizar' as modalidades deve respeitar as restrições impostas por essas duas teses. Concretamente, isso significa que essa não é uma tarefa da 'lógica geral', que 'abstrai (...) de todo conteúdo do conhecimento, isto é de toda referência ao objeto, e considera apenas a forma lógica na relação dos conhecimentos entre si, isto é, a forma do pensamento em geral' (A 55/B 79), mas dessa outra lógica que Kant chama 'transcendental' porque 'se ocupa só com as leis do entendimento e da razão, mas unicamente na medida em que são referidas *a priori* a objetos, e não, como a lógica geral, indistintamente tanto aos conhecimentos empíricos quanto aos conhecimentos da razão' (A 57/B 81-2).

E é assim que chegamos à censura que Raggio endereça ao modo como, na *Crítica da Razão Pura*, Kant pretende ter-se desincumbido de seu projeto de 'desontologizar' as modalidades: a execução teria sido parcial, uma tarefa inacabada, em razão da subsistência, no sistema da filosofia crítica, de um "resquício metafísico" não liquidado – nada menos que a distinção entre forma e matéria da experiência (Raggio 1984: 265). Essa é uma de duas ideias de Raggio que quero discutir no restante desta nota. A outra, como veremos estreitamente relacionada, é a aversão de Raggio ao emprego generalizado, nas semânticas da lógica modal que têm origem no trabalho de Kripke, da noção (para ele, irremediavelmente confusa) de 'acessibilidade entre mundos'.

---

[4] Apresso-me a assinalar que Raggio examina, breve mas iluminadoramente, essa tese de Kant em uma nota publicada dez anos antes do artigo de que estou tratando (cf. Raggio 1974). Até onde alcanço perceber, a sugestão de que a melhor representação formal do sistema kantiano das modalidades (como, diga-se de passagem, das concepções modais de Leibniz e do primeiro Wittgenstein) é o sistema S5 de Lewis (Raggio 1974: 258) não tem, com uma única ressalva que menciono adiante, consequências para a discussão que suscito aqui.

Retornemos às definições regimentadas por Raggio: os índices subscritos às duas ocorrências de 'Σ' estão aí para assinalar a distinção entre os dois conjuntos de condições que Kant chama, respectivamente, condições *formais* e *materiais* da experiência. Ora, protesta Raggio, essa especificação e duplicação do conjunto de condições relativamente às quais algo é possível ou necessário compromete a pureza lógica das definições. Com essa dualidade de condições, 'traslada-se para a área da experiência a dicotomia metafísica de forma e matéria que Kant recusa veementemente (B 283-4) como fundamento das modalidades' (Raggio 1984: 265) O leitor poderá se perguntar (como eu me perguntei) o que tem a ver com a 'dicotomia metafísica de forma e matéria' a crítica de Kant à concepção do atual como o resultado de um acréscimo ao domínio do meramente possível.[5] A resposta está num artigo publicado quinze anos antes:[6] ao rejeitar o hilemorfismo da tradição metafísica, Kant rejeita a compreensão do ente como 'uma união de algo acidental e algo necessário, de matéria e forma. O primeiro componente é apenas o possível, que pelo sobrevir do segundo torna-se atual.' (Raggio 1969: 154) Mas não se trata de que Kant simplesmente rejeite (veemente ou suavemente) esse dualismo: como escreve o próprio Raggio, o que se opera na filosofia crítica é uma transposição do dualismo para o domínio da experiência. É assim, como sabemos, que 'o orgulhoso nome de uma ontologia (...) deve dar lugar à denominação modesta de uma simples analítica do entendimento puro' (A 246/B 303). É nisso que consiste, propriamente, 'funcionalizar', para falar como Raggio, as categorias metafísicas.

De onde, por isso mesmo, a impropriedade desta afirmação, perfeitamente defensável em seus próprios termos, mas inadmissível como uma objeção a Kant: 'Na definição lógica das modalidades, Σ deve ser um parâmetro que varia irrestritamente sobre a família de todos os conjuntos de enunciados. Apenas dessa maneira definimos uma estrutura lógica pura.' (Raggio 1984: 265) Com certeza: mas definir o que Raggio está chamando (com toda propriedade) 'uma estrutura lógica pura' é, para Kant, uma tarefa da lógica *geral*; a breve discussão das modalidades na *Lógica de Jäsche* (Kant 1800: A 169-70) não contém, por isso mesmo, qualquer menção às 'condições da experiência'. E o mesmo acontece com a Reflexão 4298 (anotação marginal à *Metafísica* de Baumgarten), em que Raggio celebra, em troca, 'a expressão mais perfeita, mais cristalina e livre de toda interferência metafísica, da concepção kantiana das modalidades' (1984: 266). Ali Kant escreve:

---

[5]'Pois o que devesse ser ainda acrescentado além do possível seria impossível. Fora da concordância com as condições formais da experiência, ao meu entendimento pode ser acrescentado somente algo, a saber, a conexão com uma percepção qualquer; mas o que com ela é conectado segundo leis empíricas é atual (*wirklich*), ainda que não seja percebido imediatamente.' (A 231/B 284)

[6]Quisera eu ter lido esse artigo quando escrevi o ensaio mencionado acima! (Pensando bem, talvez não o tivesse escrito).

'Possibilidade: a concordância (*non repugnantia*) com uma regra (...) Necessidade: a posição segundo uma regra.'[7] Nem uma palavra ocorre aí sobre o conteúdo da regra em questão, o que asseguraria a 'máxima universalidade' (Raggio 1984: 266) das definições – cuja regimentação ao estilo de Raggio consistiria, como se vê, em reescrever (1) e (2) *sem os índices subscritos*. Σ é simplesmente, então, se nos atemos à letra da Reflexão, 'um parâmetro que varia irrestritamente sobre a família de todos os conjuntos de enunciados'. Mas essas são, como assinalei, definições que pertencem à lógica geral – definições que a filosofia transcendental, parafraseando Kant, 'concede e pressupõe' (A 58/B 82), mas que estão longe de fornecer condições suficientes do emprego das noções definidas.

E é, em última instância, por essa mesma razão que eu não posso acompanhar Raggio em seu projeto de purgar a lógica modal de considerações sobre acessibilidade entre mundos (situações, domínios). Sua queixa, como vimos, é que essa noção é confusa: 'Às vezes nos dizem que são leis físicas que determinam a acessibilidade. Mas quais e como. Outras vezes, numa perigosa guinada subjetivizante, dizem-nos que um mundo possível é acessível a partir de outro quando homens que "vivem" no segundo podem representar-se ou imaginar o primeiro. Mas que significa que alguém se imagina ou se representa um mundo.' (1984: 264)[8]

É certo que, na literatura filosófica dos últimos 60 anos, toda sorte de estranhas fantasias foram tecidas em torno dessa noção de acessibilidade. Mas não é menos certo que fantasias ainda mais estranhas foram ocasionalmente tecidas, justamente, para evitá-la: o "realismo modal" de David Lewis, com sua doutrina das "contrapartidas", é apenas o exemplo mais notório dessa segunda classe de sonhos da razão.

Em sua origem, porém, a noção nada tinha de misterioso ou confuso: tratava-se de conferir um sentido preciso à interpretação de cálculos modais em que, desde C. I. Lewis, diferentes conjuntos de axiomas caracterizam diferentemente as propriedades dos operadores intensionais.[9] Em S5 (o sistema que Raggio sugere, implausivelmente a meu ver, que seria a expressão formal da doutrina kan-

---

[7] A citação de Raggio omite, em consonância com sua regimentação dos 'Postulados', a definição intermediária: 'Atualidade (*Wirklichkeit*): a pura e simples posição' (Kant 1926: 499)

[8] A omissão do ponto de interrogação no enunciado de uma pergunta retórica é um brilhante achado estilístico de Raggio. Devo ressalvar que ele reconhece pelo menos um caso em que a noção de acessibilidade não seria problemática: o da lógica dinâmica, em que aquela noção é definida pelas operações de um programa (*loc. cit.*) Como se vê, Raggio toma partido por um projeto que ele concebe, analogamente a sua interpretação preferida de Kant, como consistindo em purgar a lógica modal de 'resquícios metafísicos' indesejáveis.

[9] Eis como Kripke explica a noção: 'Uma estrutura-modelo (e.-m.) é uma trinca ordenada (**G,K**, *R*) onde **K** é um conjunto, *R* é uma relação reflexiva sobre **K**, e **G** ∈ **K**. Intuitivamente, consideramos as coisas assim: **K** é o conjunto de todos os "mundos possíveis"; **G** é o "mundo real". Se H_1 e H_2 são dois mundos, $H_1 R H_2$ significa intuitivamente que H_2 é "possível relativamente a" H_1; *i.e.* que toda proposição *verdadeira* em H_2 é *possível* em H_1.' (1963: 64) Nada mais.

tiana das modalidades), tudo que é possível é necessariamente possível: e o que isso quer dizer é que tudo que é possível em cada "mundo" (situação, domínio), é possível em qualquer outro "mundo" (situação, domínio) – em outras palavras, que a relação de acessibilidade é, além de reflexiva, simétrica e transitiva.

Ora, isso pode ser uma explicação da noção de possibilidade *lógica* (embora Wittgenstein, nas *Investigações Filosóficas*, a rejeite até mesmo como uma explicação da possibilidade lógica). Mas essa explicação é certamente inadequada para dar conta, por exemplo, da possibilidade *física*: a anisotropia do tempo é incompatível com essa sobranceira autonomia do possível em relação ao atual. Na ocasião em que escrevo estas palavras, é possível que eu vá ao Rio de Janeiro em outubro participar do colóquio comemorativo dos 60 anos de Abel. Mas se, daqui até lá, sobrevier um imprevisto (caso fortuito ou força maior, para falar como os juristas), não será mais possível *então* que eu vá ao Rio de Janeiro em outubro. O colóquio de outubro, acessível da situação em que me encontro hoje, não é mais acessível das situações imprevistas que imaginei, as quais, em troca, são (infelizmente) acessíveis daquela em que me encontro. E o passado é imutável: nenhuma situação passada é fisicamente acessível do presente ou do futuro. Assim, a acessibilidade física é (como todas) reflexiva, mas não-transitiva e antissimétrica.

Como vimos, a explicação lógico-transcendental das modalidades é orientada por uma meditação, a que Raggio alude *sotto voce* para melhor contorná-la, sobre as relações entre o atual e o possível – precisamente a espécie de considerações que, como agora vemos, motivaram a introdução, na semântica da lógica modal, da noção de acessibilidade.

Nada disso é, estritamente, falando, uma objeção a Raggio, para quem nada do que eu disse poderia ser novidade. Mas filósofos discordam não apenas nas teses que defendem, mas também, e às vezes de maneira ainda mais decisiva, na distribuição da ênfase – naquilo que escolhem proclamar 'veementemente', em alto e bom som, em contraste com o que se permitem mencionar suavemente, *sotto voce*.

Num escrito famoso, William James apresentou os desacordos filosóficos mais fundamentais como a expressão de diferenças de temperamento. Essas diferenças, que pesam decisivamente na adoção de doutrinas filosóficas explícitas, são raramente reconhecidas. O resultado, assinalava James, é 'uma certa insinceridade em nossas discussões filosóficas: a mais poderosa de nossas premissas nunca é mencionada' (1907: 489). Pessoalmente, creio que há muito a dizer em favor da tese de James, mesmo se não posso discuti-la aqui. A primeira condição, em qualquer caso, é preservar a distinção fundamental entre uma *doutrina* filosófica e a *atitude* que a motiva – e não diluí-la, como o faz, por exemplo, Russell, que lê 'escola' onde James escreve 'temperamento' (1910: 113). A tese de James *pressupõe* essa distinção, sem a qual é reduzida (na melhor das hipóteses) a uma tautologia – e o essencial de sua crítica à 'insinceridade' das discussões filosóficas consiste em uma exortação aos filósofos a assumirem a responsabilidade, em sua filosofia, por seu temperamento (Conant 1987: 208). Foi o que tentei fazer nesta nota.[10]

Referências

[1] Boolos, George (1993). *The Logic of Provability* (Cambridge: Cambridge University Press)

[2] Conant, James (1987). 'The James / Royce Dispute and the Development of James's "Solution"', em Ruth Anna Putnam, ed., *The Cambridge Companion to William James* (Cambridge: Cambridge University Press), pp. 186-213

[3] Faria, Paulo (1992). 'Provar e mostrar', em Valerio Rohden, org., *Racionalidade e Ação* (Porto Alegre: Editora da Universidade/UFRGS), pp. 179-206

[4] Frege, Gottlob (1879). *Begriffsschrift, eine der aritmetischen nachgebildete Formelsprache des reinen Denkens*, em *Begriffschrift und andere Aufsätze*, Zweite Auflage, mit E. Husserls und H. Scholz' Anmerkungen, her. Ignacio Angelelli (Hildesheim: G. Olms, 1993), pp. 1-88

[5] Gödel, Kurt (1933). 'Eine Interpretation des intuitionistischen Aussagenkalküls', *Ergebnisse eines mathematischen Kolloquiums* 4: 39–40, reimpresso em Kurt Gödel, *Collected Works, I: Publications 1929–1936*. S. Feferman, S. Kleene, G. Moore, R. Solovay & J. van Heijenoort, eds. (Oxford: Oxford University Press, 1986), pp. 300-302

---

[10] Agradeço a Sílvia Altmann e Roberto Horácio de Sá Pereira os generosos comentários a uma versão preliminar deste escrito. Sou igualmente grato aos participantes do *XXIII Colóquio Conesul de Ciências Formais*, em particular a Luiz Carlos Pereira, que ressaltou as discrepâncias entre as lógicas modais comuns e GL ao lembrar que (por exemplo) a factividade da necessidade ('□p → p') não tem contrapartida em GL (Nota dentro da nota (dentro desta Nota): o leitor interessado encontrará uma lista dessas discrepâncias em Boolos 1993: xvii.); a Frank Thomas Sautter, que observou (levando água ao moinho de Raggio) que um sistema que incorporasse a duplicidade de condições Σ_1 e Σ_2 não preservaria a dualidade dos operadores modais; e a Javier Legris, que assinalou que, bem antes do Kant de Raggio, Leibniz já explicava as noções modais em termos de demonstrabilidade. Limitações de espaço impedem-me de comentar em detalhe essas contribuições, pelas quais fica aqui registrada minha gratidão, assim como minhas escusas a quem eu possa, eventualmente, estar esquecendo. O que, em troca, não esquecerei tão cedo são a emoção e a alegria com que vivi o reencontro entre o pintarroxo e o louva-deus. Registro, por fim, que o trabalho neste escrito foi apoiado por uma bolsa de produtividade em pesquisa do CNPq (Processo nº 313405/2018-2).

[6] James, William (1907). *Pragmatism: a New Name for Some Old Ways of Thinking*, em *Writings 1902-1910* (New York: The Library of America, 1987), pp. 489-624

[7] Kant, Immanuel (1787). *Kritik der reinen Vernunft, Werkausgabe* Bd. III/IV, her. Wilhelm Weischedel (Frankfurt: Suhrkamp, 1974). [Procurei seguir, tanto quanto possível, a tradução de Valerio Rohden e Udo Baldur Moosburger: *Crítica da Razão Pura* (São Paulo: Abril Cultural, 1980)]

[8] Kant, Immanuel (1800). *Logik*, em *Schriften zur Metaphysik und Logik, 2, Werkausgabe* Bd. VI, her. Wilhelm Weischedel (Frankfurt: Suhrkamp, 1977)

[9] Kant, Immanuel (1926). *Reflexionen zur Metaphysik*, em *Handschriftlicher Nachlaß: Metaphysik Erster Teil*, her. Erich Adickes, *Akademie Ausgabe* Bd. VII (Berlin: Walter de Gruyter)

[10] Kripke, Saul A. (1963). 'Semantical Considerations on Modal Logic', *Acta Philosophica Fenica* **16**: 83-94, reimpresso em Leonard Linsky, ed., *Reference and Modality* (Oxford: Oxford University Press, 1977), pp. 63-72

[11] Lassalle Casanave, Abel (2007). 'Conhecimento simbólico na *Investigação* de 1764', *Analytica* **11**: 53-71

[12] Lassalle Casanave, Abel (2012). 'Kantian avatars of symbolic knowledge: the role of symbolic manipulation in Kant's philosophy of mathematics', in Lassalle Casanave, ed., *Symbolic Knowledge from Leibniz to Husserl* (London: College Publications), pp. 51-77

[13] Lassalle Casanave, Abel (2019). *Por construção de conceitos: em torno da filosofia kantiana da matemática* (Rio de Janeiro: Ed. PUC-Rio / São Paulo: Edições Loyola)

[14] Lewis, Clarence Irving (1912). 'Implication and the Algebra of Logic', *Mind* **21**: 522-31

[15] Lewis, Clarence Irving (1918). *A Survey of Symbolic Logic* (Berkeley: University of California Press)

[16] Raggio, Andrés R. (1969), 'Was heisst "Bedingungen der Möglichkeit"?', *Kant-Studien* **60**: 153-65

[17] Raggio, Andrés R. (1974). 'Eine Bemerkung zum Kantischen System der Modalitäten', *Kant-Studien* **65**: 301-303, reimpresso em Raggio 2002, pp. 257-60

[18] Raggio, Andrés R. (1984). 'La concepción kantiana de las modalidades', *Análisis Filosófico* **4**: 1-5, reimpresso em Raggio 2002, pp. 263-7

[19] Raggio, Andrés R. (2002). *Escritos completos (1927-1991)*, eds. Alberto Moreno & Mercedes Doffi (Buenos Aires: Editorial Universitaria de Buenos Aires)

[20] Russell, Bertrand (1910). 'William James's Conception of Truth', em *Philosophical Essays* (London: Longmans, Green; reprint: London, Routledge, 1994), pp. 112-30

[21] Simpson, Thomas Moro (1993). *Dios, el mamboretá y la mosca: investigaciones de um hombre curioso*, Edición aumentada y corregida (Madrid: Siglo XXI de España)

Capítulo 7

Hilbert y Kant en lo alto del monte

José FERREIRÓS

> *Dedicado no a Monterrey, ni a Königsberg o Kaliningrado,[a]
> sino al buen Quijote que es Abel.*

---

[a] *Ni tampoco al barqui-reloj de Harrison.*

Se trata de subir, llegar a lo alto, ascender a un lugar desde el que pueda divisarse el panorama entero de la región. Esa montaña desde la que puede dominarse un territorio, como los montes en que solían nuestros antepasados instalar castillos. Y si fuera posible adivinar, de algún modo, incluso aquello que no podemos ver directamente... Eso sería lo ideal.

No importa que comencemos en un amplio valle fluvial, el valle de algún Río Grande, que algún otero encontraremos, o en terrenos pantanosos y de escasas montañas como los de Königsberg: la vieja capital de Prusia Oriental, hoy Kaliningrado, el lugar donde nacieron Immanuel Kant y David Hilbert en un espacio de 138 años (1724 uno, el otro 1862). El gran filósofo Kant, hijo de artesanos pietistas, partisanos de una educación estricta, disciplinaria, algo asfixiante; y el gran matemático Hilbert, familia de juristas, en un ambiente bastante más libre y mundano.

Imaginamos a estos dos sabios caminando juntos, ascendiendo a lo alto, en el camino del conocimiento; una senda que comienza sin duda con experiencias básicas, observaciones, y que avanza hacia el saber conceptual, para en ocasiones plantearse metas incluso más ambiciosas: ideas, estructuras, quién sabe qué. "En efecto, conocer por los sentidos es una facultad común a todos, y un conocimiento que se adquiere sin esfuerzos no tiene nada de filosófico", dice Aristóteles. Pero "el que puede llegar al conocimiento de las cosas arduas, aquellas a las que no se llega sino venciendo graves dificultades, ¿no le llamaremos filósofo?"

Filósofos pues los dos. Pero ¿a qué viene todo esto? ¿Por qué imaginar a los dos filósofos-científicos caminando en compañía? Es bien sabido que Hilbert comienza sus *Fundamentos de Geometría* (1899, p. 1) con la cita de Kant:

> «*So fängt denn alle menschliche Erkenntnis mit Anschauungen an, geht von da zu Begriffen und endigt mit Ideen.*»

Traducido: "Así, todo conocimiento humano comienza con intuiciones, pasa de éstas a los conceptos, y termina en las ideas." (*KrV* B 730) Las razones de por qué apela al filósofo coterráneo no son demasiado claras, entre otras cosas porque el enfoque axiomático y abstracto de los *Fundamentos* parece muy lejano de la epistemología geométrica kantiana.

Según Kant, la geometría se funda siempre en la intuición espacial pura, no hay demostración geométrica que no descanse en lo visual y visualizable (*anschaulich*), tal como sucede en las pruebas de Euclides basadas siempre en diagramas. La matemática se caracteriza por su intuitividad, su *Anschaulichkeit*, por el recurso a construcciones. Y sin embargo, Hilbert es célebre como proponente de una geometría del todo abstracta, cuyas estructuras conceptuales se estudian al margen de cualquier anclaje intuitivo o empírico. Un autor más kantiano, como era Gottlob Frege, conjeturaba en una carta a Hilbert que éste pretendía desligar la geometría completamente de la intuición del espacio y hacer de ella una ciencia puramente lógica como la aritmética (Frege 1980, 70).[1]

Sin embargo, afirma Hilbert que cada uno de sus cinco grupos de axiomas expresa "ciertos hechos básicos, ligados entre sí, de nuestra intuición" visuoespacial (Hilbert 1899, p. 2). ¿Será posible entonces hallar un punto de encuentro entre los dos sabios monterrealinos?[2] Creo que sí, y eso es lo que quisiera comentar en esta breve nota.

Es muy cierto que, según piensa Hilbert, la tarea del matemático puro es explorar libremente los entramados conceptuales (*Fachwerke von Begriffen*) que configuran sus teorías. Dichas teorías, esos entramados que interrelacionan conceptos, se pueden analizar en forma axiomática; y de hecho, Hilbert entiende que el enfoque axiomático permite el mejor control posible de los contenidos de la teoría. La presentación axiomática permite por ejemplo investigar con precisión qué resultados dependen esencialmente de un axioma determinado y cuáles no. También permite investigar otros aspectos (independencia, consistencia), determinando así lo que su amigo Hermann Minkowski llamó la "matemática de los axiomas". Esto es algo característico del siglo XX, una novedad histórica cuyos

---

[1] Algo contra lo que se manifestará Felix Klein (*Gesammelte mathematische Abhandlungen*, Vol. 2, 1895/1921, 232-240).

[2] De Königsberg, Monterrey en alemán.

orígenes podemos ver en autores como Bolzano, Pasch, Dedekind o Peano, y de la que Hilbert será maestro.

Pero el enfoque puramente matemático, ya sea axiomático o no, está lejos de serlo todo. Hilbert gustaba de enfatizar que hay dos campos del saber especialmente próximos al conocimiento matemático: se trata de las ciencias naturales (ante todo la física) y, menos previsiblemente, una rama de la filosofía, la epistemología. Una comprensión plena del sentido de las matemáticas no se puede obtener sólo con la visión del matemático puro. Es necesario atender a un triángulo, una tríada de saberes. Debe complementarse dicha visión con una idea adecuada del papel de las matemáticas en la ciencia natural (algo en lo que Kant insistió) y con la reflexión sobre aspectos epistemológicos que van más allá del tratamiento matemático.

Hilbert es célebre por su propuesta de resolver mediante métodos matemáticos una serie de cuestiones, más bien epistemológicas, como son las de la consistencia o la completitud de teorías matemáticas completas. ¿Es consistente por ejemplo –libre de contradicciones– la teoría de los números reales? Para estudiar este problema diseñaron Hilbert y Bernays la *metamatemática*, que reduce las teorías matemáticas a castillos (de naipes) de fórmulas, y que investiga las propiedades de las demostraciones por métodos formales y combinatorios. Ahora bien, la metamatemática no resuelve todos los asuntos epistemológicos relevantes: Hilbert fue muy claro a este respecto.[3] De ahí su interés por colaborar con filósofos como Edmund Husserl, Leonard Nelson, o con el matemático-filósofo que era Paul Bernays.

Para volver al problema de la geometría y del sentido de la cita de Kant, con su tríada de *intuición-conceptos-ideas*, hay primero que despejar otro punto del camino. La comprensión de dicha cita se ve estorbada por la idea común de que Hilbert fue un defensor acérrimo del formalismo. Esto es simplemente falso: Hilbert propuso el formalismo como *método* para desarrollar la metamatemática, pero nunca lo defendió como *filosofía* de las matemáticas (Lassalle Casanave 2016). En diversos lugares se afirma que la siguiente es una cita suya: "Mathematics is a game played according to certain simple rules with meaningless marks on paper."[4] Pero esto es falso, la cita no consta en ninguna parte; de hecho sabemos que se trata de una reconstrucción espuria que surge en el libro de E. T. Bell, *Men of Mathematics*. En realidad, Hilbert afirmó exactamente lo opuesto:

> *There is no talk of arbitrariness here. Mathematics is not like a game in which the problems are determined by rules invented arbitrarily, but a conceptual*

---

[3] Ver el libro de Peckhaus 1990.
[4] El MacTutor de St Andrews, por ejemplo (http://www-history.mcs.st-andrews.ac.uk/Quotations/Hilbert.html; visto el 31/1/19). Dejo en inglés la cita, ya que en inglés se inventó.

> *system [endowed] with inner necessity, that can only be this, and not any other way.*[5]

Si aceptamos que esta es la visión epistemológica de Hilbert, nada menos que una *necesidad interna* en el desarrollo del conocimiento matemático, ya resulta algo menos artificial la pretensión de que haya puntos de contacto con Kant.

Despejado así el camino, podemos imaginar que nuestros sabios Kant y Hilbert comienzan la ascensión. Y su ascenso al alto va a empezar en jugosos terrenos de la intuición, para subir a los aires más puros y secos de lo conceptual, y finalmente llevarnos a entrever el reino de las ideas. Pues, ¿de dónde viene el conocimiento geométrico? Su origen está en la experiencia, en concepciones que nos resultan intuitivamente evidentes.[6] En este punto, Kant y Hilbert no están en desacuerdo. La cuestión puede hacerse más espinosa, claro está, si añadimos que Kant enfatiza (platónicamente) el carácter *puro* e independiente de lo empírico de dicha intuición matemática. Es probable que Hilbert no estuviera dispuesto a seguirle ahí y se atuviera a la intuición *empírica*, de lo dado aquí y ahora ante mí, en el signo o en el diagrama. *Am Anfang war das Zeichen*, "En el principio fue el signo", ya se sabe.

Ahora bien, ese conocimiento que comienza en lo intuitivo alcanza, llegado el momento, un carácter plenamente conceptual. Para ello, es preciso que la ciencia en cuestión (la geometría, aquí) abandone su primer estadio ingenuo, y ascienda hacia un estadio ya elaborado, formal.[7] La matemática elemental, la exploración matemática de problemas, métodos y resultados, puede sin duda avanzar mucho en ese plano. Pero el terreno conceptual sólo se alcanza cuando se da un salto cualitativo hacia lo formal. Cuando el análisis formal se desarrolla plenamente, el contenido entero de la teoría geométrica queda destilado y rarificado, identificando los *conceptos primitivos* que bastan para enunciar todos sus resultados, así como las relaciones entre ellos: las *proposiciones primitivas* o *axiomas* que encierran todo el contenido relevante de la teoría. Tal análisis quedó completo en 1882, cuando Moritz Pasch publicó su estudio axiomático de la geometría proyectiva.

Aquí entramos en la *Matemática Conceptual*, una especialidad de las escuelas de matemáticos de habla alemana en los siglos XIX y XX. Dicha expresión, "matemática conceptual", quedó fuertemente asociada con nombres como los de Dirichlet, Riemann, Dedekind, Hilbert y Emmy Noether.[8] El slogan era: *reemplazar los cálculos por conceptos* (Dirichlet), evitar "un gran aparato calculístico"

---

[5]Hilbert 1920, 14.
[6]Ver Corry 2006 para la evolución de esta idea en Hilbert.
[7]Una idea que Hilbert expresó muy pronto, pero que le acompañó a través de los años, es que las teorías matemáticas suelen atravesar "tres estadios de desarrollo: ingenuo, formal, y crítico" (*Gesammelte Abhandlungen* Vol. 2).
[8]Así por ejemplo, el ruso Alexandrov habla de "*begriffliche Mathematik*" (en alemán en el original) al comentar la obra de Noether en su obituario.

para que las demostraciones "se fuercen no a través del cálculo, sino mediante pensamientos".[9] Cuando esto se logra, es posible trabajar matemáticamente la teoría en cuestión olvidándose por completo de sus posibles orígenes. El trabajo matemático deviene *autónomo* y resulta natural considerar *interpretaciones* de la teoría en todo tipo de ámbitos, por alejados que estén del material intuitivo que ocasionó sus primeros pasos. Es posible también explorar variaciones en los axiomas, tal como Hilbert mostró de manera magistral precisamente en sus *Fundamentos* de 1899 (así, por ej., con las geometrías no euclidianas y las geometrías no arquimedianas).

Con esto, Kant y Hilbert a mitad del monte, creo que hemos entendido perfectamente una parte importante del sentido de la cita que inicia los *Fundamentos*. Entendemos ya a qué remiten las 'Intuiciones' y los 'Conceptos', por qué Hilbert ve algún paralelismo con su trabajo. ¿Hubiera Kant admitido semejantes ideas? De hecho, no fue ajeno a la posibilidad de un tratamiento puramente conceptual de la geometría, donde por ejemplo se consideraran más dimensiones que las tres dadas a nuestra intuición: "Una ciencia de todas estas posibles formas espaciales [*Raumformen*] sería sin duda la geometría suprema que pueda acometer un entendimiento finito".[10] No en vano estaba Kant en contacto con el gran sabio Johann Heinrich Lambert, que fue el primero en esbozar el proyecto que completaría Pasch.[11]

Pero, ¿y las 'Ideas'? Aquí mi respuesta tiene que ser más conjetural, qué remedio. Pero es posible al menos lanzar un *informed guess*, una conjetura bien informada. Con el giro conceptual y el pleno desarrollo de la axiomática, es posible incluso más de lo ya apuntado, y Hilbert se encargará de resaltarlo. Cabe hacer preguntas sobre los sistemas teóricos *como un todo*, y convertir en objeto de teorización matemática la propia noción de demostración (*proof theory, Beweisstheorie*, teoría de la demostración) y las mismas *teorías*, que se llaman ahora teorías-objeto. Al hacer esto, se abre la posibilidad de investigar rigurosamente

---

[9]Cito aquí la introducción al Zahlbericht (Hilbert 1897). Ver también, entre otros, mi libro de 1999, *Labyrinth of Thought*, cap. 1.

[10]Texto de la segunda *Dissertatio*, 'Sobre la verdadera estimación de las fuerzas vivas' (Kant 1747); en esta época temprana Kant estaba dispuesto a vuelos especulativos que luego rechazaría por vacíos. Luego, en la etapa crítica, se esforzará por mantenerse "sin rebasar nunca los límites de esa misma naturaleza, fuera de la cual no hay *para nosotros* más que espacio vacío" (*KrV* B 730).

[11]"[Here] one can abstract from everything that I earlier called *representation of the thing*. And since Euclid's *postulata* and other axioms have been expressed in words, it can and should be demanded that the proof never appeal to the thing itself [*sich nirgends auf die Sache selbst berufe*], but that the proof should be carried out purely symbolically—when this is possible. In this respect, Euclid's *postulata* are as it were like so many algebraic equations which one already has in front of oneself and from which one is to compute x, y, z, etc. without looking back to the thing itself" (Lambert 1786, Sect. 11, traduc. de Ewald 1996, vol. 1).

las nociones más básicas, convirtiendo en asunto de análisis matemático-formal cuestiones que parecían puramente epistemológicas. Y al alcanzar estas alturas, ya tan enrarecidas y andinas,[12] nos encontramos con la posibilidad de investigar nociones sumamente generales como las de *consistencia* o *completitud*, de la mano de las cuales viene la *verdad* en la "matemática libre" que predica Hilbert.

Surge también la cuestión de la *resolubilidad* de todo problema matemático – artículo de fe para el optimista monterrealino–, el tema de la *existencia* de objetos matemáticos, e incluso la justificación definitiva del *infinito* y su necesidad para el pensar matemático (Hilbert 1925).

¿No merecen todas estas nociones ser llamadas Ideas, por su máximo alcance? Hilbert las investiga *qua* matemático y en relación a contenidos matemáticos, pero son ideas cuyo alcance supera con mucho ese ámbito, pudiendo aplicarse a cualesquiera objetos de conocimiento. La consistencia (posibilidad lógica), la verdad, la existencia y la infinitud son asuntos que encontramos también en las páginas de la *Crítica* de Kant. Las investiga también en relación con lo que supera los límites del conocimiento humano, en relación con las Ideas regulativas de la razón. En cuanto a Hilbert, al adentrarse en estos terrenos ofrecía un enfoque integrador que afirmaba su convicción en la unidad última del saber matemático; y más allá, extendía el ideal regulativo de la unidad a todo el conocimiento humano, desde lo científico a lo epistemológico.

Referencias

[1] Corry, L. 2006. 'Axiomatics, Empiricism, and Anschauung in Hilbert's Conception of Geometry: Between Arithmetic and General Relativity', en J. Ferreirós & J. Gray (eds.), *The Architecture of Modern Mathematics*. Oxford Univ. Press.

[2] Ewald, W. (ed.) 1996. *From Kant to Hilbert*. Oxford Univ Press, 2 vols.

[3] Frege, G. 1980. *Philosophical and Mathematical Correspondence*, G. Gabriel, H. Hermes, et al. (eds.). Oxford: Blackwell Publishers.

[4] Hilbert, D. 1897. [*Zahlbericht*] *The theory of algebraic number fields*, Springer, Berlin, 1998 (traduc. I. T. Adamson, introd. de F. Lemmermeyer y N. Schappacher).

[5] _____ 1899. *Grundlagen der Geometrie* (2ª edn. 1903, etc.). *Fundamentos de Geometría* (Madrid, CSIC, 1996) es una traducción de la 7ª edn. alemana (1930).

---

[12]Bueno, cierto que Hilbert hubiera dicho alpinas, pero podemos evitar el eurocentrismo en esto.

[6] _____ 1900. Mathematische Probleme. En *Gesammelte Abhandlungen* 3 vols., Berlin, Springer, 1932, 1933, 1935. Traducción en Hilbert 1993.

[7] _____ 1920. *Natur und mathematisches Erkennen, lectures delivered in 1919-1920*, ed. D. Rowe (Basel, Birkhäuser, 1992). Texto de curso impartido en Göttingen en 1919/20.

[8] _____ 1925. Über das Unendliche. Traduc. en apéndice a *Grundlagen der Geometrie* y en Hilbert 1993.

[9] _____ *Fundamentos de las matemáticas*. México, UNAM, 1993. Colección Mathesis.

[10] Kant, I. 1747. *Pensamientos sobre la verdadera estimación de las fuerzas vivas* Peter Lang, Berna/Berlin, 1988.

[11] _____ 1787. [*KrV*] *Crítica de la razón pura*. Madrid, Alfaguara, 1988.

[12] Lambert, J. H. 1786. Die Theorie der Parallel-Linien. En P. Staeckel, F. Engel (eds.), *Die Theorie der Parallellinien von Euklid bis auf Gauss*, Leipzig, Teubner, 1895.

[13] Lassalle Casanave, A. 2016. Conocimiento simbólico y aritmética en Hilbert. En J. Ferreirós & A. Lassalle Casanave (eds.), *El árbol de los números*, Editorial Univ de Sevilla, p. 219-234.

[14] Peckhaus, V. 1990. *Hilbertprogramm und Kritische Philosophie: Das Göttinger Modell interdisziplinärer Zusammenarbeit zwischen Mathematik und Philosophie*. Vandenhoeck und Ruprecht, Göttingen.

Capítulo 8

Música e Signos em Rousseau[1]

FABRÍCIO PIRES FORTES

Rousseau não é sequer remotamente conhecido como uma referência nos estudos acerca das funções dos signos no pensamento ou das relações entre os sistemas semióticos e aquilo que eles representam. Pelo contrário, o autor genebrino via a mediação das relações entre o humano e o mundo através de signos como um dos elementos nocivos que nos conduziram à desnaturalização denunciada em diversos momentos de sua obra como um tipo de decadência. Há, no entanto, um eixo de sua produção que se vincula, mesmo que indiretamente, a essas questões: o seu projeto de um novo sistema de notação musical. Esse projeto, apresentado pela primeira vez à *Académie des Sciences de Paris* em 1742, em uma leitura publicada posteriormente sob o título *Projet Concernant des Nouveaux Signes pour la Musique*,[2] consiste em estabelecer um sistema linear de notação numérica em

---

[1]Este trabalho se insere em uma pesquisa mais ampla, iniciada em 2007, sobre o papel cognitivo dos sistemas de representação visual na música. O tema geral, cuja investigação se desdobrou desde então em diferentes projetos, me foi originalmente sugerido pelo Professor Abel Lassalle Casanave, com quem tive o privilégio de contar, na condição de Orientador, nas pesquisas de mestrado e doutorado que se seguiram. A Abel devo os mais importantes ensinamentos que tive em meu percurso acadêmico, não apenas no tocante ao conteúdo teórico, enquanto conhecimento sobre a história das ideias filosóficas, mas também (e sobretudo!) no que diz respeito ao próprio significado de fazer filosofia. Trata-se de uma dívida impagável, para a honra da qual não seriam suficientes todos os dias de uma vida. Muito modestamente, todavia, apresento aqui este pequeno escrito sobre um tema para cuja importância a atenção me foi chamada por Abel anos atrás, e a cujas fontes principais apenas mais recentemente pude ter acesso.

[2]O projeto desse novo sistema de notação musical foi uma insistência de Rousseau até os últimos anos de sua vida. Logo após a apresentação do *Projet* à *Académie*, e de sua recepção negativa pelo comitê encarregado de sua avaliação, o autor publicou uma versão reformulada do texto, com pequenas modificações no sistema, sob o título *Dissertation sur la Musique Moderne* (1743). Nas décadas seguintes, retomou o tema em vários de seus artigos sobre a música na *Encyclopédie*, de Diderot e D'Alembert (1751-1765), no *Émile* (1762), no *Dictionnaire de Musique*

que a altura das notas é representada por numerais, e a sucessão temporal, pela sequência em que se dispõem esses numerais da esquerda para a direita. Trata-se de um modelo mais simples de representação simbólica em comparação com a notação tradicional. Seja pela reduzida quantidade de signos empregados, seja pela disposição puramente sequencial dos caracteres, ou ainda pela familiaridade que, em geral, temos com os signos utilizados, o sistema de Rousseau se mostra em diversos sentidos mais acessível, sobretudo aos iniciantes, tendo se tornado, aliás, muito popular como base para a iniciação ao canto em países como Inglaterra, Alemanha e China.[3] No entanto, justamente devido a essa simplicidade, o sistema mostra algumas limitações em seu poder expressivo, que o confinam em fronteiras demarcadas pelo tonalismo e pela simplicidade melódica.

Neste trabalho, a partir da análise do sistema de notação musical de Rousseau, por vezes em comparação com a notação musical tradicional, buscamos identificar algumas ideias gerais do autor acerca da música, e em especial, da relação entre o desenvolvimento histórico da música e os recursos representacionais disponíveis no sistema de notação empregado.[4]

É importante ter em vista que Rousseau, com seus novos signos, não se resumiu a apresentar uma nova maneira de representar simbolicamente a música, mas chegou até mesmo a propor reformulações, mesmo que parciais, ao próprio sistema de teoria musical. Um exemplo disso constitui um dos aspectos fundamentais de sua notação, a saber, a *solmização*, ou a atribuição de notas (dó, ré, mi, etc.) aos sons da escala musical, de maneira não-fixa, de acordo com a tonalidade de cada obra. Por exemplo, na tonalidade de dó maior, o primeiro grau da escala, ou seja, o som que tradicionalmente conhecemos por dó, é representado na notação de Rousseau pelo numeral 1, o ré, por 2, o mi, por 3, e assim por diante, até o sétimo e último grau da escala, o si, representado pelo numeral 7. Em outras tonalidades maiores, essa numeração passa a ser atribuída, segundo a ordem de sucessão da escala, a outros sons. Se a tonalidade em questão é a de mi maior, por exemplo, o numeral 1, assim como o nome "dó", é atribuído ao som que no sistema tradicional chamamos de mi, o 2 (ré) é atribuído ao fá sustenido e assim por diante. No caso das escalas menores, a sequência dos graus da escala (I a VII) é representada pela sequência de numerais 6, 7, 1, 2, 3, 4, 5. No entanto, para a

---

(1768), nas *Confessions* (1770), e nos *Dialogues* (1776), além de algumas cartas.

[3] Sobre a recepção da notação musical de Rousseau nos meios de ensino da música nos séculos XIX e XX, ver Dauphin, 2012.

[4] Em *O Sistema de Notação de Jean-Jacques Rousseau* (Fortes, 2019), apresentamos de maneira detalhada o sistema de notação criado pelo autor, em comparação com a notação musical tradicional. Essa última é também descrita pormenorizadamente e analisada sob diferentes perspectivas em *A Distinção Gráfico-Linguístico e a Notação Musical* (Fortes, 2018) e em *Representação e Pensamento Musical* (Fortes, 2014a). Desse modo, a caracterização aqui apresentada limita-se aos aspectos fundamentais do sistema de Rousseau.

designação da tonalidade de cada obra, que na notação tradicional é feita através da clave e de sua armadura, as notas são tomadas ainda segundo a solmização fixa tradicional.

Assim, no sistema de Rousseau, a tonalidade da obra é indicada textualmente no início da primeira linha da partitura pela sílaba (dó, ré, mi, etc.) que a indica. As notas (numerais) são posicionadas em uma sequência horizontal da esquerda para a direita, sendo que o zero indica os instantes de silêncio ou pausas. Para os sustenidos e bemóis, o numeral é atravessado por uma linha diagonal ascendente (para os sustenidos) ou descendente (para bemóis). A oitava na qual a obra inicia é apontada no início da primeira linha pelas primeiras letras minúsculas do alfabeto ("a" para a oitava mais grave, "b" para a segunda mais grave e assim por diante). No início de cada uma das outras linhas, a oitava na qual se encerrou a linha anterior é apontada da mesma maneira. Quando, no decorrer de uma mesma linha, a melodia alcança mais de uma oitava, as notas que se situam na oitava imediatamente mais aguda que a indicada no início da linha são marcadas com um ponto acima do numeral; quando a diferença de altura é de uma oitava abaixo, o numeral é assinalado com um ponto abaixo. No caso de uma diferença de duas oitavas, o numeral é assinalado com dois pontos, e assim sucessivamente.

Notação tradicional

Notação de Rousseau

dó‖c 1 3 5 1̇ 3 1 5̣ 3 1

Figura 1: uma comparação entre a notação musical tradicional e o sistema de Rousseau.

Este modo de representar a altura dos sons constitui uma radical simplificação em relação ao sistema tradicional. De um só golpe, o autor substitui todo o aparato constituído pelo pentagrama, clave, armadura, notas, pausas, pontos de aumento, etc., pela sucessão linear dos numerais naturais de 1 a 7, que representam os sete graus da escala diatônica, além de uns poucos signos complementares.

No que diz respeito à representação da duração, a simplificação é ainda maior. O autor reduz todos os possíveis compassos, representados na notação tradicional por "fórmulas" como 3/4, 4/4, 6/8, etc.,[5] a apenas dois tipos: compassos de 2

---

[5] Uma fórmula 3/4, por exemplo, indica que o compasso é constituído por três tempos de valor 4 (semínima).

ou de 3 tempos.[6] A separação dos compassos por barras verticais, empregada na notação tradicional, é preservada. Assim, no início da primeira linha de uma obra, junto à designação da tonalidade, indica-se com o numeral 2 ou o numeral 3 se o ciclo temporal é em compassos de dois ou de três tempos. As unidades temporais são separadas umas das outras, no interior de um compasso, por vírgulas. A simples disposição dos numerais em sequências, separados por vírgulas, representa a sucessão de notas de tempos iguais à unidade de tempo fundamental do compasso. Quando duas ou mais notas em sequência têm juntas a mesma duração de uma dessas unidades de tempo, tais notas não são separadas por vírgulas. Assim, num compasso de 3 tempos, uma sequência de notas que na notação tradicional se representa com uma semínima seguida por duas colcheias e quatro semicolcheias recebe, no sistema de Rousseau (sem considerar as relações de altura), a seguinte representação:

$$3\| \, 1\,,\,1\,1\,,\,1\,1\,1\,1\,|$$

No caso de uma mesma unidade de tempo ser preenchida com notas de durações diferentes, aquelas que têm a mesma duração devem ser distinguidas das outras por uma linha horizontal grafada sobre os numerais. Se, ainda em uma mesma unidade de tempo, aparecem notas de três ou mais durações diferentes, acrescenta-se uma linha paralela à primeira para cada subdivisão da unidade de tempo fundamental, agrupando-se sob uma mesma linha aquelas notas que têm durações idênticas. Por exemplo, uma sequência que na notação tradicional seria representada por uma colcheia seguida de uma semicolcheia e duas fusas em uma mesma unidade de tempo seria representada no sistema de Rousseau como o seguinte:

$$1\,1\,\overline{1\,1}\,,$$

Assim, toda a complexidade do sistema tradicional de divisão do tempo musical, com suas diversas figuras de duração, seus pontos de aumento e de diminuição, as fórmulas de compasso, etc., é substituída também por uns poucos elementos no sistema de Rousseau. Comparem-se, no exemplo abaixo, os primeiros seis compassos de *La Cumparsita* (1916), de Gerardo Matos Rodríguez, para piano, escritos no sistema tradicional e no sistema de Rousseau.

Notação tradicional

---

[6]"Sobre o compasso de quatro tempos – explica Rousseau – todos concordam que ele é apenas o conjunto de dois compassos de dois tempos: ele é tratado como tal na composição, e podemos contar que aqueles que pretendessem lhe encontrar alguma propriedade particular se reportariam bem mais a seus olhos que a seus ouvidos" (Rousseau, 2012b, p. 138-139, *minha tradução para todas as citações de Rousseau neste trabalho*).

Notação de Rousseau

Si ♭

Baixo contínuo

‖c 3 2̇, 7 5̆ | 0 3 4 3, 2̇ 3 | 3 3̇, 1 6̣ | 0 3 4 3, 2̇ 3 | 3 2̇, 7 5̆ | 0 3 4 3, 2̇ 3 |

2

♭3　　　|3　　　|6　　|6　　|3　　　|3　　　|

Figura 2: trecho inicial de *La Cumparsita* escrito em notação tradicional e na notação de Rousseau.

Uma comparação, mesmo que superficial, dessas duas escritas para o mesmo trecho musical permite identificar uma série de diferenças entre ambas. Um primeiro aspecto para o qual podemos novamente apontar é a maior simplicidade da notação de Rousseau em relação ao sistema tradicional. O uso de uma quantidade reduzida de signos, dispostos em combinações sequenciais lineares, faz da notação numérica um sistema mais facilmente acessível no que diz respeito ao aprendizado. Outro aspecto diretamente associado à maior acessibilidade do sistema para o público em geral vincula-se à própria escolha de signos com os quais as pessoas ordinariamente estão familiarizadas: numerais, vírgulas, pontos, etc. Associar signos já conhecidos a "significados" musicais seria, segundo Rousseau, menos dispendioso aos iniciantes do que aprender todo o complexo sistema posicional da notação tradicional.[7] Assim, esses dois primeiros aspectos diriam respeito mais diretamente ao caráter pedagógico do projeto de Rousseau. Como o próprio autor declara em diferentes pontos de sua obra, ele considerava que as dificuldades enfrentadas por aqueles que tentam se iniciar na música devem-se não a questões inerentes à própria música, mas à grande complexidade e confusão dos signos tradicionais, empregados na educação musical.

Outras diferenças entre essas duas notações apontam para questões de caráter prático, que podem ser consideradas secundárias do ponto de vista da investigação sobre os signos, mas que de forma alguma são irrelevantes, sobretudo do ponto de vista da prática musical da época. A notação numérica ocupa bem menos espaço em uma folha de papel que a notação tradicional. Isso resulta em vantagens como a possibilidade de escrever trechos mais longos da partitura em cada página, evitando assim, na execução, inconvenientes como a tarefa de virar

---

[7] "É vantajoso, além disso, que esses signos sejam já conhecidos, a fim de que a atenção seja menos dispersa" (Rousseau, 2012a, p. 18).

páginas com muita frequência. Além disso, os custos financeiros com impressões, que na época de Rousseau eram certamente bem mais significativos que no século XXI, poderiam ser radicalmente reduzidos pela adoção de um sistema de escrita musical que só exigia papel, tinta e uma pena.

Na *Dissertation sur la Musique Moderne*, Rousseau sintetiza a descrição dessas vantagens com a seguinte crítica à notação tradicional:

> Essa quantidade de linhas, claves, transposições, sustenidos, bemóis, bequadros, compassos simples e compostos, semibreves, mínimas, semínimas, colcheias, semicolcheias, fusas, diferentes pausas, etc., resulta numa confusão de signos e de combinações donde decorrem dois inconvenientes principais: um, o de ocupar um volume demasiadamente grande, e ou outro, de sobrecarregar a memória dos estudantes; de modo que, estando o ouvido formado, e tendo os órgãos adquirido toda a facilidade necessária muito tempo antes que estejamos em condição de cantar à primeira vista, segue-se que a dificuldade está toda na observação das regras, e não na execução do canto (Rousseau, 2012b, p. 19).

Com efeito, está claro que Rousseau atingiu com seu sistema o objetivo de simplificar a escrita musical. Em contrapartida, visto que esse sistema apresenta algumas deficiências ou limitações que não se observam na notação tradicional, é possível que o autor tenha ido longe demais em seu propósito. A primeira limitação que podemos destacar diz respeito à categoria de altura, e está vinculada a uma maior dificuldade para fazer sobreposições de notas. Obras musicais simples, constituídas de poucas melodias sobrepostas a uma linha de acompanhamento, como é o caso da música essencialmente melódica que Rousseau defendia,[8] são completamente adequadas ao seu sistema. No entanto, quando se faz necessário sobrepor na mesma pauta um número maior de vozes, como já era o caso, no século XVIII, de muitas partituras para órgão e para cravo, por exemplo, a notação numérica de Rousseau se mostra pouco adequada tanto à escrita quanto à leitura. É certamente possível conceder que, na notação de Rousseau, a representação de melodias simples seja facilitada em relação ao sistema tradicional,

---

[8] A discussão acerca da primazia da melodia ou da harmonia na música constitui um capítulo peculiar da história da relação de Rousseau com a música. Envolve, entre outros eventos, as trocas de críticas com o grande teórico musical da época, Jean-Philippe Rameau, e aquela que ficou conhecida como a querela dos bufões. Essa última teve lugar quando da chegada a Paris, em 1752, de uma companhia italiana que apresentou *La Serva Padrona*, de Pergolesi, e desencadeou uma fervorosa discussão na corte entre os partidários da música italiana, essencialmente melódica, e os defensores da música francesa, predominantemente harmônica. Rousseau, notório simpatizante da música italiana e grande defensor da melodia como "a música por excelência", encabeçou o primeiro grupo. Os ensaios *Lettre sur la Musique Française* (1753) e *L'Origine de la Mélodie* (1755) são particularmente exemplares quanto a esses episódios (cf. Rousseau, 2012c, 2012d; Kintzler, 1979; Baud-Bovy, 1974).

que exige a memorização de um "alfabeto" bem mais extenso e o domínio de uma sintaxe muito complexa. Contudo, no pentagrama tradicional, que faz um uso bidimensional do espaço, tarefas como escrever acordes ou sobrepor várias linhas melódicas, são facilmente realizadas sem sobrecarregar de signos o espaço da representação.

Ainda no que diz respeito à altura, cabe enfatizar o caráter essencialmente tonal do sistema de Rousseau. Com efeito, sem levar em conta o problema das sobreposições de notas, essa notação numérica funciona de maneira plenamente eficiente para a representação de obras cujas notas se mantêm nos limites de uma tonalidade determinada. Todavia, se quiséssemos empregar esse sistema para a representação de obras como as da música dodecafônica, que emprega igualmente as doze notas do sistema musical ocidental, surgem diversas dificuldades. Em primeiro lugar, uma vez que o sistema utiliza apenas os numerais naturais de 1 a 7, o uso das doze notas exigiria a utilização de um grande número de sinais de alteração. Algo semelhante ocorre com a notação tradicional, como pode ser observado nas partituras de obras dodecafônicas. No entanto, a solmização fixa da notação tradicional permite, ainda que com algumas dificuldades, a representação de obras alheias a qualquer tonalidade. No caso do sistema de Rousseau, isso sequer é possível, a menos que se façam adaptações para que se possa, de alguma maneira, fixar a designação das alturas.

Também a representação da duração temporal, no sistema de Rousseau, enfrenta problemas desse tipo. Ao reduzir todas as possíveis fórmulas de compasso a apenas dois tipos (dois tempos ou três tempos), essa notação dificulta, por exemplo, o uso de compassos compostos, e impossibilita os chamados compassos compostos irregulares.[9] Uma obra em compasso 5/4, por exemplo, simplesmente não poderia ser representada nesse sistema a menos que se lançasse mão de um artifício como a modificação da fórmula a cada compasso, alternando células de 2 e de 3 tempos. Se levamos em conta, para citar um só caso, uma obra como a *Marche Royale* em *L'Histoire du Soldat* (1918), de Stravinsky, temos uma mostra do quanto a exploração dos compassos compostos acrescenta em possibilidades poéticas à música. Ademais, mesmo no âmbito das limitações impostas pela redução dos compassos a dois tipos, certas combinações com muitas notas executadas rapidamente poderiam também tornar a representação mais "sintaticamente pesada" que na notação tradicional, exigindo um grande número de linhas sobre os caracteres.

Deve-se levar em conta, por outra parte, que essas limitações não chegavam a constituir problemas do ponto de vista daquilo que Rousseau conhecia e almejava musicalmente. Como se observa em diversas passagens de seus escritos, assim

---

[9]Isto é, aqueles cujas fórmulas contêm um número primo maior que 3.

como no que conhecemos de sua obra musical,[10] o autor tinha em mente uma concepção de música barroca, severamente limitada pelo tonalismo, segundo a qual a melodia é entendida como elemento central. Aliás, mesmo na notação musical tradicional da época, comumente os acordes do acompanhamento eram indicados de maneira aproximada, de modo que a construção das progressões harmônicas dependia em grande medida da habilidade criativa do músico e de seu domínio da arte do *baixo contínuo*.[11] Além disso, no que diz respeito à duração, a impossibilidade de representar compassos compostos irregulares seguramente não era vista por Rousseau como uma carência, uma vez que a música almejada pelo autor tampouco se organiza temporalmente segundo esse tipo de fórmula. Ao supor, em sua *Lettre sur la Musique Française*, uma língua completamente imprópria à "boa música", o autor declara que numa tal língua "as [sílabas] longas e as breves não teriam entre elas, em duração e em número, relações simples e próprias a tornar o ritmo agradável, exato, regular",[12] sinalizando assim qual poderia ser o seu sentimento acerca dos compassos irregulares caso os tivesse conhecido e discutido.

Desse modo, pode-se identificar como elemento norteador do sistema de notação musical de Rousseau uma concepção um tanto quanto conservadora da música. O tonalismo barroco era visto pelo autor como a formulação definitiva do sistema musical, e a possibilidade de a música chegar a estados de desenvolvimento que extrapolassem os limites diatônicos dessa tradição não parece ter sido tomada como digna de uma atenção mais detida de sua parte. Essa negligência à possibilidade de avanços futuros, um tanto espantosamente, é censurada na seguinte passagem da *Dissertation sur la Musique Moderne*, na qual Rousseau avalia de forma negativa a notação tradicional justamente por não ter sido capaz de acompanhar a evolução que a arte musical sofreria nos séculos seguintes à sua instituição.

> A música teve o destino das artes que não se aperfeiçoam senão sucessivamente: os inventores de seus caracteres se preocuparam apenas com o estado em que ela se encontrava em seu tempo, sem prever o estado em que ela poderia vir a estar posteriormente (Rousseau, 2012b, p. 55).

Ora, está claro que Rousseau considerava desejável que os sistemas de nota-

---

[10]Como compositor, Rousseau foi autor da ópera *Les Muses Galantes* (1743), do interlúdio pastoral *Devin du Village* (1752) e do melodrama *Pygmalion* (provavelmente 1762), além de uma série de fragmentos de ballet publicados postumamente (cf. FÉTIS, 1867, p. 336-337). Parte dessa obra, que não obteve o êxito esperado por Rousseau, pode ser encontrada hoje em plataformas de vídeos na internet.

[11]Sobre esse aspecto da música conhecida por Rousseau são esclarecedores, em seu *Dictionnaire de Musique*, os verbetes *Accompagnement* (Rousseau, 2012e, p. 149-164) e *Basse Continue* (p. 205-212).

[12]Idem, 2012c, p. 250.

ção musical ofereçam o máximo possível de recursos representacionais, de modo a facilitar a escrita de eventuais evoluções composicionais futuras. No entanto, seu sistema de notação musical é, ele mesmo, fortemente limitado à música de seu tempo. Assim, podemos concluir que toda a constituição do sistema de Rousseau, desde a opção pela solmização não-fixa, passando pela escolha dos signos e pelas regras sintáticas estabelecidas, está orientada por uma firme posição estética. Essa posição está espalhada por sua obra, nas diversas áreas do pensamento que receberam sua atenção, sob a designação geral do conceito de *natureza*. A música – ou, para falar mais precisamente, a melodia – estaria na origem de toda linguagem, enquanto código natural de comunicação. O emprego de linguagens articuladas em substituição a uma "linguagem cantada" primitiva estaria associado a uma espécie de "esquecimento" daquilo que seria a linguagem natural propriamente dita. A representação simbólica, por sua vez, seria o ponto mais baixo da decadência em que consistiria a gradual desnaturalização a que estaríamos submetidos na vida em sociedade.[13]

Nessa perspectiva, as regras da harmonia tonal eram tratadas por Rousseau como leis naturais, e a justificação disso reside na satisfação natural e espontânea que a "boa música" supostamente causaria na alma humana. No *Dictionnaire de Musique*, o verbete *Mélodie* recebe do autor uma elaborada caracterização, que inicia da seguinte maneira: "sucessão de sons ordenados segundo as leis do Ritmo e da Modulação".[14] Adiante na mesma obra, o autor caracteriza a música como a "arte de combinar os Sons de maneira agradável ao ouvido".[15] Assim, supondo uma naturalidade do gosto musical, Rousseau, tal como os "inventores" da notação tradicional e grande parte dos autores da época, não parece ter se preocupado em prever o desenvolvimento posterior da música (ou não fez boas previsões). Aparentemente confortável dentro dos limites do sistema tonal, Rousseau criou uma notação musical igualmente confinada em tais limites. E como entusiasta da música melódica que era, fez com que essa notação fosse perfeitamente eficiente para a representação linear de frases melódicas, mas pouco apta a representar sobreposições de vozes.

Bibliografia

[1] BAUD-BOVY, S. "Jean-Jacques Rousseau et la Musique Française". *Revue de Musicologie*, vol. 60, n° 1, 1974, p. 212-216.

---

[13] Cf. Rousseau, 2012d.
[14] *Idem*, 2012e, p. 521.
[15] *Op. cit.*, p. 571.

[2] CHARRAK, A. "Rousseau et la Musique: passivité et activité dans l'agrément". *Archives de Philosophie*, vol. 64, n° 2, 2001, p. 325-342.

[3] DAUPHIN, C. "Le Devenir du Système de Notation Musicale de Jean-Jacques Rousseau". *Orages*, n° 11, 2012, p. 79-98.

[4] FÉTIS, F-J. *Biographie Universelle des Musiciens et Bibliographie Générale de la Musique*, vol. VII. Paris: Firmin-Didot, 1867. Disponível em: <http://gallica.bnf.fr/ark:/12148/bpt6k697249/f341>. Acesso em: 14/02/2020.

[5] FORTES, F. P. "O Sistema de Notação Musical de Jean-Jacques Rousseau". *DoisPontos*, vol. 16, n° 1, 2019, p. 236-247.

[6] _____. "A Distinção Gráfico-Linguístico e a Notação Musical". *Revista Portuguesa de Filosofia*, vol. 74, n° 4, 2018, p. 1465-1492.

[7] _____. *Representação e Pensamento Musical*. Tese de Doutorado. Universidade Federal da Bahia, Programa de Pós-Graduação em Filosofia, 2014a.

[8] _____. "Representação Estrutural da Música Tonal". *Notae Philosophicae Scientiae Formalis*, vol. 3, n°. 1, 2014b, p. 8-22.

[9] KINZLER, C. "Rameau et Rousseau: le choc de deux esthétiques". In: ROUSSEAU, J-J. *Écrits sur la Musique*. Paris: Stock, 1979, p. IX-LIV.

[10] ROUSSEAU, J.-J. "Projet Concernant de Nouveaux Signes pour la Musique". In: ROUSSEAU, J-J. *Oeuvres Complètes, édition thématique du tricentenaire*, vol. XII. Paris: Éditions Champion, 2012a, p. 15-45.

[11] _____. "Dissertation sur la Musique Moderne". In: ROUSSEAU, J-J. *Oeuvres Complètes, édition thématique du tricentenaire*, vol. XII. Paris: Éditions Champion, 2012b, p. 55-166.

[12] _____. "Lettre sur la Musique Française". In: ROUSSEAU, J-J. *Oeuvres Complètes, édition thématique du tricentenaire*, vol. XII. Paris: Éditions Champion, 2012c, p. 247-307.

[13] _____. "L'Origine de la Mélodie". In: ROUSSEAU, J-J. *Oeuvres Complètes, édition thématique du tricentenaire*, vol. XII. Paris: Éditions Champion, 2012d, p. 543-565.

[14] _____. "Dictionnaire de Musique". In: ROUSSEAU, J-J. *Oeuvres Complètes, édition thématique du tricentenaire*, vol. XIII. Paris: Éditions Champion, 2012e.

[15] SNYDERS, G. *Le Goût Musical en France*. Paris: Vrin, 1968.

Capítulo 9

Uma nota sobre resultados de *speed-up* em complexidade e lógica[1]

EDWARD HERMANN HAEUSLER

9.1 Introdução

Esta nota apresenta e discute alguns resultados relacionados a expressividade e poder de concisão de modelos formais em computação e lógica. Os teoremas de aceleração (speed-up) descrevem resultados de melhora computacional em desempenho ou em armazenamento de dados na implementação de funções recursivas. Com relação a este último aspecto, i.e. o uso de memória (storage) durante uma computação, o speed-up aparece via a obtenção de provas menores via alguma modificação no sistema dedutivo original. Existem três resultados de speed-up na literatura de lógica e complexidade computacional. Os teoremas do speed-up linear, speed-up de Blum e o teorema do speed-up de Gödel, que serão enunciados e comentados nesta nota. Nossa intenção é detalhar como o conceito matemático de desempenho computacional é muito mais elaborado que aquele relativo ao de tamanho de provas lógicas de teoremas. O primeiro conceito, aparentemente motivado por questões envolvendo a aplicação de computação a outros domínios do conhecimento, tem sua primeira definição sistemática somente na década de 1960. Já o tamanho de uma prova lógica é assunto tratado seriamente desde a década de 1930, ou até mesmo desde os primeiros sistemas dedutivos motivados por questões de natureza conceitual, estéticas e principalmente relacionadas a expressabilidade de linguagens lógicas. Os modelos computacionais, conhecidos hoje, na sua maioria apareceram na década de 1930. Nesta mesma década temos os trabalhos de Gentzen (tradução em inglês em [Gen69]) que li-

---

[1] A principal motivação da nota é o agradecimento que fazemos ao líder do GCFCF, Prof. Abel Lasalle Casanave.

dam de forma muito precisa e específica com o tamanho de provas lógicas. É desnecessário comentar como foi grande o sucesso obtido por Gentzen com as suas provas de consistência da aritmética, obtidas por meio de argumentos combinatórios focados em provas lógicas. Naturalmente o tamanho de uma prova lógica é um conceito imediato em Gentzen. O teorema do speed-up de Gödel apresentado em 1936 ([Gö65]), é um resultado que demonstra que estendendo-se uma teoria, que possui sentenças indecidíveis, com alguma destas sentenças pode-se obter provas muito menores para certos teoremas já demonstrados na teoria antes da sua extensão. O tamanho de uma prova, i.e., a quantidade de símbolos usados no mesma, é um conceito mais simples do que o de desempenho computacional e/ou de uso de memória por um algoritmo. Entretanto, mesmo este conceito de tamanho de prova precisa ser refinado quando tratado sob o ponto de vista de classes de complexidade computacional. Exemplo disso ocorre quando procura-se investigar a existência de provas "gigantes" para tautologias das lógicas proposicionais Clássica ou Intuicionista.

Pode-se dizer da existência de um descompasso histórico entre as noções quantitativas de desempenho computacional e de tamanho ou complexidade de provas lógicas. Talvez isso possa ser explicado pelo fato do estudo do desempenho computacional de algoritmos ter tido que esperar o advento do projeto de computadores reais e seu uso em determinadas aplicações que, por sua vez, requeriam algoritmos mais eficientes e suas respectivas aferições por uma teoria mais elaborada de complexidade computacional ser necessária também.

Um dos objetivos desta nota é apresentar de forma breve, com ênfase histórica, alguns dos resultados que foram importantes para o desenvolvimento das noções centrais em complexidade computacional atualmente. Uma contagem pura e simples do número de passos executado por uma máquina de Turing, ou outra instância qualquer de modelo computacional, está bem distante do que se deve levar em conta para a comparação do tempo de execução de algoritmos e suas respectivas implementações em computadores reais. O mesmo vale com relação a comparação sobre a quantidade de memória usada nos algoritmos. Dois resultados que são muito importantes na moldagem do conceito de classe de complexidade que temos atualmente são dois teoremas de aceleração (speed-up) apresentados em [JR65] e [Blu67], que serão discutidos nesta nota. Concluímos esta nota com o exemplo de como abordar de forma adequada o conceito de tamanho de provas lógicas para análise de complexidade computacional dentro do escopo da conjectura NP=PSPACE.

Na seção 9.2 tecemos alguns comentários de natureza histórica e na seção 9.3 apresentamos e discutimos os teoremas de speed-up computacional e a definição atual de classes de complexidade. Na seção 9.4 analisamos a interação entre a complexidade computacional e o tamanho de provas lógicas, com um comentário breve sobre os teorema de speed-up de Gödel na seção 9.5. Finalmente, este texto procura homenagear o prof. Abel Lasalle Casanave, "comandante" do Grupo Conesul de Filosofia das Ciências Formais (GCFCF), através de um relato histórico-conceitual de versões do conceito de complexidade computacional que passa pela influência dos resultados de aceleração (speed-up) devidos a Gödel (1936), Manuel Blum (1967) e Hartmanis e Juris (1965). Concluímos a nota com uma aplicação desta análise a definição de conjunto de provas de tamanho super-polinomial em sistemas dedutivos proposicionais. Este relato é uma mensagem de agradecimento do autor ao prof. Abel e ao GCFCF pela oportunidade que tem tido de interagir com essa diversidade filosófica, produtiva e prazerosa tão característica de nossos encontros. Obrigado professor Abel.

9.2 Modelos de computação e medidas de desempenho computacional: Uma introdução histórica

A teoria da computação clássica, teoria de funções recursivas ou computabilidade, investiga, entre outras questões, que funções parciais $f : \mathbb{N} \longrightarrow \mathbb{N}$ possuem representação em uma máquina de Turing, são parcialmente recursivas ou passíveis de representação em algum modelo computacional, tais como λ-calculus, lógica combinatória, algoritmos de Markov, ou algum outro modelo computacional Turing-completo conhecido[2]. É nesta teoria clássica da computação, para alguns um ramo da Lógica Matemática, que encontramos a *Tese de Church* ou *Tese de Turing-Church*[3]. Alguns destes modelos de computação, tais como as funções recursivas gerais devidas a Kleene [Kle36] e as funções parcialmente recursivas devidas a Gödel [Gö86] podem ser vistas como abordagens axiomáticas. Algumas outras abordagens, tais como as máquinas de Turing [Tur36] e as máquinas com registros devidas a Shepherson-Sturgis, oferecem um modelo formal computacional, na forma de aplicação de instâncias de regras, que é capaz de representar cada uma das funções computáveis, assumindo a tese de Turing-Church. Nestes últimos, toda vez que uma função parcial f é representada por uma estrutura sintática P_f no modelo, a esta representação denominamos *programa*. Uma sequência de aplicações de regras em P_f a uma dada entrada w é denominada de computação de P_f sobre a entrada w e não é necessariamente uma sequência finita, lembramos que existem computações que nunca param. Nos modelos axiomáticos não há representação intrínseca de sequência de computações. Isso

---

[2]Nesta nota, não estamos interessados em abordar outros objetos matemáticos que não sejam passíveis de representação por funções parciais de $\mathbb{N}$ em $\mathbb{N}$

[3]Sobre estas denominações consulte [Kle52] pages 300, 301-307 e [Kle67], page 232, respectivamente

pode ser visto como consequência de considerar somente números naturais como dados, tanto de entrada, quanto de saída.

É importante observar que em modelos computacionais, tais como as máquinas de Turing, as entradas são cadeias[4] de caracteres ou símbolos. É necessário o uso de godelização para mostrar que certas operações sobre cadeias de caracteres são recursivas ou parcialmente recursivas, e, portanto computáveis. Por outro lado, as computações emergem naturalmente do modelo, que possui explicitamente o conceito de estado de computação e o conceito de configuração de computação como seu derivado. Em máquinas de Turing, uma configuração de computação é um retrato instantâneo do conteúdo da fita, a posição do cabeçote de leitura/gravação e o estado em que a máquina se encontra. Dada um máquina de Turing e um configuração de computação, a próxima configuração, caso exista, é computacionalmente determinada. Com o intuito de tornar mais intuitiva e concreta nossa discussão neste texto, considere os exemplos de máquinas de Turing da figura 9.2. Ambas somam 1 ao número que está armazenado na respectiva fita. A primeira máquina faz isso com números em representação unária e a outra em representação binária.

Exemplo 1. *Máquina de Turing para somar 1 em notação unária.*

$$\langle q_0, 1, q_0, 1, D\rangle \langle q_0, \square, , q_f, 1, P\rangle$$

Exemplo 2. *Máquina de Turing para somar 1 em notação binária.*

$$\langle q_0, 1, q_0, 1, D\rangle \quad \langle q_0, 0, q_0, 0, D\rangle$$
$$\langle q_0, \square, q_1, \square, E\rangle \quad \langle q_1, 0, q_f, 1, P\rangle$$
$$\langle q_1, 1, q_1, 0, E\rangle \quad \langle q_1, \square, q_f, 1, P\rangle$$

Figura 9.1: Dois exemplos de Máquinas de Turing

---

[4]Uma cadeia de caracteres sobre um certo alfabeto, conjunto finito e não vazio de símbolos, é uma justaposição de caracteres em quantidade finita, normalmente considerados em uma ordem para leitura.

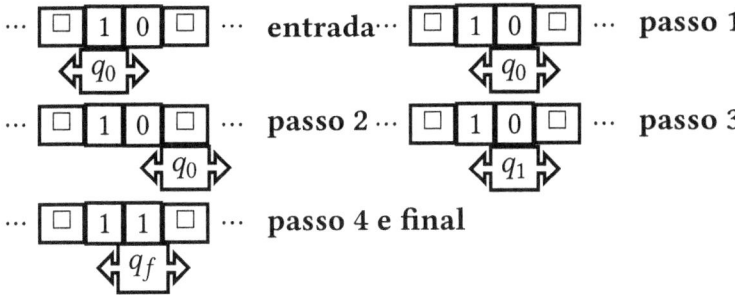

Figura 9.2: Execução da máquina de Turing do exemplo 2 sobre a entrada 10

Na figura 9.2, vemos 4 passos de execução da máquina de Turing do exemplo 9.2, figura 9.2. Em cada passo as respectivas configurações são compostas da fita e seu conteúdo, do estado atual da máquina e da posição em que se encontra o cabeçote de leitura/gravação. Estas configurações podem ser tomadas como cadeias de caracteres que agregam todas essas informações. Por exemplo, a configuração de entrada pode ser representada pela cadeia $q_0 10$, no passo 1 temos $1q_0 0$, depois $10q_0$, $1q_1 0$ e finalmente $1q_f 1$, que é a configuração final, levando-se em conta que q_f é o estado final da máquina do exemplo 2. Chamamos a atenção para o fato das máquinas em ambos os casos serem executadas sobre os numerais que representam os números. Números propriamente ditos são manipuláveis somente através de suas representações como numerais.

Seja $c_1, \ldots, c_k$ a sequência de configurações desde aquela iniciada por um determinado numeral n_e até a configuração final, aquela que possui o estado final. Ao comprimento desta sequência, i.e. k, é natural associar alguma medida de desempenho da máquina de Turing ao processar a tarefa de fornecer o numeral que representa o sucessor, soma 1, do número representado por n_e. Note que a escolha do alfabeto para representar numerais pode ser determinante nesta medida de desempenho. Por exemplo, se a notação unária for escolhida então $k = n_e + 1$. Em contrapartida, qualquer outra base b escolhida para numeração resulta em $k = 2 \times log_b(n_e)$ no pior caso. Este número k, de passos, é interpretado como o "tempo" requerido para realizar as respectivas tarefas. O tempo físico é claramente função deste número de passos requerido.[5] Outra medida de desempenho computacional importante é a quantidade de células de escrita e leitura utilizadas na computação, isto é, a quantidade de memória requerida pela máquina de Turing para realizar a tarefa, também em função da entrada. Nos exemplos 1 e 2 acima a memória máxima requerida nas respectivas computações é $n_e + 1$ e $log_b(n_e) + 1$, respectivamente.

---

[5]Em qualquer implementação concreta do algoritmo descrito pela respectiva máquina de Turing em um computador real cada passo terá uma duração previamente conhecida em unidades de tempo.

A teoria de complexidade computacional nasceu da necessidade ou desejo de se comparar algumas soluções computacionais projetadas para a resolução de determinados problemas. Mais especificamente, a teoria da complexidade teve seu nascimento motivado pela percepção que dois programas de computador que computam a mesma função, como no exemplo acima, podem ter desempenhos diferentes. Devemos notar que não se trata de uma tarefa trivial, visto que a comparação pode até incluir escolhas diferentes de representação intencional da função em questão, como nos exemplos 1 e 2. Apesar dos modelos computacionais terem sido, em sua maioria, definidos a partir de 1936, somente em 1965 é que a abordagem utilizada atualmente na comparação de desempenho de programas de computador foi definida no trabalho de Juris Hartmanis e Richard E. Stearns em [JR65].

Não parece haver dúvida que antes de 1965 a comunidade acadêmica, científica e industrial de ciência da computação e projeto de computadores tinha algum conhecimento de como avaliar o desempenho, em tempo, de uso de memória e até mesmo de uso de outros recursos computacionais por alguns algoritmos específicos. No entanto a noção precisa sobre como medir corretamente o desempenho de um algoritmo não estava estabelecida. Em 1960, Michael O. Rabin publica em [Rab60] o que parece ter sido o primeiro trabalho sistemático sobre o tema. Em linguagem moderna, Rabin define que uma função f é mais difícil de computar que uma função g, se existe uma implementação de g mais eficiente que qualquer implementação de f. Rabin utiliza sistemas de Post para representar as implementações para f e g, e, a quantidade de reescritas até obtenção do resultado, a partir de um mesmo dado de entrada para as respectivas implementações, como medida de eficiência entre implementações. As definições e resultados em [Rab60] são bastante influenciadas pela teoria clássica da computabilidade. As funções que mensuram o desempenho dos sistemas de Post em uma dada entrada são definidas como primitivas recursivas e aparentemente a riqueza combinatória devida a estrutura própria do sistema de Post é "achatada" (flattened) em um número. Finalmente, Rabin propõe princípios ou axiomas que devem reger qualquer noção de medida de desempenho computacional em modelos de computação. Essa proposta é acolhida por Blum em [Blu67], que inspirado na definição axiomática e abstrata de funções computáveis devida a Rogers [RJ87], apresenta uma axiomatização da noção de sistema computacional com axiomas para funções de medida de desempenho computacional (step-counting functions). Neste artigo de 1967 [Blu67], Manuel Blum apresenta sua axiomatização de complexidade computacional como uma noção independente de modelo computacional, prova alguns resultados auxiliares e apresenta o teorema do "speed-up", que tem como corolário o fato de que existem funções computáveis que não possuem implementações ótimas em nenhum modelo de computação. Uma versão mais restrita do teorema de *speed-up* é apresentada em 1965 no artigo [JR65]. Na próxima seção analisamos como estas versões do teorema de speed-up foram incorporadas no estudo da complexidade computacional como é feito atualmente.

9.3 Medindo o desempenho de funções recursivas

Com base no que foi discutido na seção 9.2 acima, levando em conta que TuringDet é o conjunto das máquinas de Turing determinísticas. Se M é uma máquina de Turing, então Σ_M é seu alfabeto e Σ_M^* é o conjunto das cadeias (palavras) sobre Σ_M. Considere que uma máquina de Turing implementa uma função f, se e somente se, para toda entrada $x \in \Sigma_M^*$ M executa com x inicialmente na sua fita resultando em $f(x)$ na fita após a parada de M. Temos as definições abaixo de acordo com [JR65], onde $\|x\|$ é o comprimento da palavra x. Seja $F : \mathbb{N} \longrightarrow \mathbb{N}$ uma função que aqui serve como um limite superior para alguma implementação de f.

Definição 1.

$$f \in \textbf{TIME}(F) \iff \exists M \in \text{TuringDet } \textit{que implementa } f \textit{ e}$$
$$\forall x \in \Sigma_M, \text{steps}(M, x) \leq F(\|x\|)$$

$$f \in \textbf{SPACE}(F) \iff \exists M \in \text{TuringDet } \textit{que implementa } f \textit{ e}$$
$$\forall x \in \Sigma_M, \text{space}(M, x) \leq F(\|x\|)$$

steps(M, x) é o número de passos executados por M até alcançar o estado final, quando inicialmente com x sobre sua fita. steps(M, x) é a maior quantidade de células não brancas durante a execução de M sobre x. Por exemplo, a definição acima implica que $f \in \textbf{TIME}(F)$ se e somente se a implementação mais eficiente de f executa, parando em no máximo $F(x)$ passos para toda palavra $x \in \Sigma_M^*$.

Uma primeira observação que podemos fazer é que geralmente não há necessidade de que todas as computações sejam limitadas por F. Suponha que exista uma só palavra x_0, tal que steps(M, x_0) > $F(\|x_0\|)$ e que $f(x_0) = y_0$. Se $n \leq F(n)$, para todo n, então pode-se construir, a partir da máquina M que implementa f, uma máquina de Turing M_{x_0} que quando tem x_0 na fita escreve y_0 e pára e quando tem qualquer outra palavra $x \neq x_0$ executa como M. Temos que steps(M_{x_0}, x_0) = $\|x_0\| \leq F(\|x_0\|)$ e steps(M, x) = steps(M_{x_0}, x) $\leq F(\|x\|)$. Portanto, toda computação de M_{x_0} é limitada superiormente por F. Finalmente, se existe somente um conjunto finito $\{x_0, x_1, \ldots, x_n\}$ de palavras cujas computações de M não são limitadas por F então basta iterar o processo descrito de construção de M_{x_0} a partir de M para cada elemento do conjunto $\{x_0, \ldots, x_n\}$ e obtém-se uma máquina de Turing $M_{\{x_0, \ldots, x_1\}}$ que tem todas as computações majoradas por F. Assim, quando comparamos eficiência ou desempenho de máquinas de Turing podemos desconsiderar o desempenho em uma quantidade finita de dados de entrada, não importando a quantidade destes. Dizemos então que uma máquina de Turing possui um certo desempenho em quase toda entrada (almost everywhere) Usamos a abreviação "a.e." desta expressão.

Todo subconjunto de palavras sobre um alfabeto Σ[6], ou seja, todo $L \subset \Sigma^*$ tem uma função característica f_L, tal que, $f(\omega) = 1$ se $\omega \in L$ e $f(\omega) = 0$ se $\omega \notin L$. Se f_L é recursiva dizemos que L é um conjunto recursivo (de palavras) Algumas vezes é mais fácil lidar com linguagens formais[7] do que com funções Por exemplo, um resultado relevante sobre hierarquia de complexidade é mais fácil de ser demonstrado do ponto de vista das linguagens formais. Vejamos antes uma argumentação relacionada com esta hierarquia e que é na realidade uma variante do paradoxo do barbeiro[8].

> Em uma cidade existe um barbeiro que barbeia todo homem que não se barbeia com no máximo a quantidade de lâminas de barbear que seu capital compra, e somente estes.

Este barbeiro se barbeia com no máximo o número de lâminas de barbear que seu capital compra? Se a resposta for "sim" então ele não pode ser o barbeiro do enunciado acima. Por outro lado se a reposta for "não" então ele se barbeia, pois cumpre a condição do enunciado acima. Portanto, temos um barbeiro que se barbeia com muitas lâminas se e somente se não se barbeia com muitas lâminas Em outras palavras tal barbeiro não existe. Vejamos então a seguinte analogia:

1. Máquinas de Turing são tomadas como homens;

2. Para cada homem h temos capital $c(h)$ de h. Assim, podemos associar a cada máquina de Turing M uma quantidade $c(M)$ de recurso que ela utiliza para ser barbeada, e;

3. Dadas duas máquinas de Turing M_1 e M_2, "M_1 barbeia M_2 com no máximo $c(M_2)$ de capital " se e somente se M_1 ao ter M_2 na sua fita de entrada executa e pára (alcança o estado final) em no máximo $c(\|M_2\|)$ passos. Caso contrário M_1 não barbeia M_2.

Claramente, não existe uma máquina de Turing que "barbeia" toda máquina de Turing que não se "barbeia" com no máximo capital c e somente estas. Isso significa que a linguagem formal $\{M : M$ é aceita por M em no máximo $c(\|M\|)$ passos$\} \notin \mathbf{TIME}(c)$.

---

[6]Um alfabeto é qualquer conjunto não vazio e finito (de símbolos)

[7]Uma linguagem formal L sobre Σ é tal que $L \subset \Sigma^*$.

[8]O paradoxo do barbeiro é uma antinomia muito usada em computação e fundamentos da matemática, conhecida também como diagonalização. A variação usada aqui com a adição de "no máximo a quantidade de lâminas que seu capital compra" tem o objetivo de aproximar linguisticamente um pouco mais o paradoxo de seu uso nesta nota.

Por outro lado, dado M, podemos adaptar uma máquina de Turing universal para que possua uma fita adicional que inicialmente contenha uma sequência de 1s de tamanho $c(\|M\|)$ e a cada passo da execução de M com M sobre a fita de entrada da máquina universal, apaga um 1 da fita adicional que contém 1s nesta máquina universal adaptada. Esta máquina universal adaptada que executa M sobre M, ao término de $c(\|M\|)$ ou terá alcançado o estado final e parado, ou saberemos que a máquina M não pára sobre M usando no máximo $c(M)$ passos. Temos então que esta máquina universal adaptada decide se $M \in \{M: M$ é aceita por M em no máximo $c(\|M\|)$ passos$\}$ ou não em no máximo $c^2(\|M\|)$ passos. Notamos, entretanto que o dado de entrada desta máquina universal é $M\$M$, pois executa M sobre M, com o $\$$ como separador. Concluímos então que:

Proposição 1. $\mathbf{TIME}(c(n)) \subsetneq \mathbf{TIME}(c^2(n\ div\ 2))$

A proposição 1 acima também vale quando consideramos o uso de memória consumida pela máquina de Turing. É importante observar o detalhe de que neste resultado a função $c : \mathbb{N} \longrightarrow \mathbb{N}$ tem uma propriedade que foi usada de forma implícita. Esta propriedade é o fato de que a fita de 1s preenchida pela máquina universal adaptada tem sempre $c(n)$ 1s, para cada n. Ou seja, uma implementação de c em máquina de Turing é tal que a máquina pára imprimindo $c(n)$ 1s para cada $n \in \mathbb{N}$. Não há "buracos". Chamamos este tipo de função de função de tempo construtível. Este conceito de função de tempo construtível foi negligenciado nas primeiras definições de complexidade computacional. Veremos isso na seção seguinte.

Um corolário importante da proposição acima é que o conjunto das linguagens que podem ser reconhecidas em tempo no máximo polinomial é um subconjunto próprio das linguagens que podem ser reconhecidas em tempo máximo exponencial. Isto é, temos que $\bigcup_{i \in \mathbb{N}} \mathbf{TIME}(x^i) \subsetneq \mathbf{TIME}(2^x)$.

9.4 Os teoremas de speed-up computacional

Em 1965, Hartmanis e Stearns [JR65] observaram que qualquer medida de complexidade computacional pode desconsiderar uma quantidade finita de dados. Isso já foi detalhado na seção 9.3. Outra observação importante é o seguinte teorema, também conhecido por teorema da aceleração linear (speed-up linear).

Teorema 1. *Se uma linguagem L é decidida em tempo $f(n)$ então, para qualquer $\epsilon > 0$, existe uma máquina de Turing M_ϵ que decide L em tempo $\epsilon f(n) + n + 2$*

Obviamente a leitura interessante do teorema é quando $0 < \epsilon < 1$. Os casos em que $\epsilon > 1$ são desinteressantes, uma vez que piorar o desempenho de um algoritmo (máquina de Turing) é uma tarefa trivial. Um caso particular e interessante pode ser visto assim, a seguir. Considere M a máquina de Turing do exemplo 2 e suponha que $\epsilon = \frac{1}{2}$. A máquina de Turing M_ϵ opera sobre pares de células da máquina original. M_ϵ tem por alfabeto símbolos que correspondem a pares de símbolos de M, isto é, $\Sigma_{M_\epsilon} = \{\sigma_{00}, \sigma_{01}, \sigma_{10}, \sigma_{11}\}$ a função de transição δ_ϵ é descrita pela tabela[9] abaixo e corresponde a realizar os pares de computações de M em um passo só.

	00	01	10	11	□
q_0	$\langle 00, q_0, D\rangle$	$\langle, 01, q_0, D\rangle$	$\langle, 10, q_0, D\rangle$	$\langle, 01, q_0, D\rangle$	$\langle □, q_1, E\rangle$
q_1	$\langle 01, q_f, P\rangle$	$\langle, 10, q_f, P\rangle$	$\langle, 11, q_f, P\rangle$	$\langle, 00, q_1, E\rangle$	$\langle 1, q_f, P\rangle$

Além da simulação eficiente de M por M_ϵ, ainda há o pré-processamento que transforma a palavra binária no novo alfabeto de pares de bits e a transformação da palavra já com a soma de 1 para o alfabeto binário. A prova do teorema leva em conta todos estes aspectos e pode ser consultada em [JR65] e [Pap94], ou [Ab09] como uma indicação mais didática.

O teorema 1 tem como corolário o fato de que a complexidade computacional de qualquer algoritmo é invariante por escala. Esta á a razão para que a definição de complexidade inclua esta invariância, assim, uma classe de complexidade é fechada por mudança linear de escala, ou seja, as funções que medem a complexidade de algoritmos são comparadas a menos de mudança de escala. Considerando o speep-up linear dizemos que um algoritmo é limitado superiormente em tempo (espaço) por uma medida (de complexidade) $f : \mathbb{N} \longrightarrow \mathbb{N}$ como a seguir:

Definição 2. *Seja M uma máquina de Turing que computa uma função total $g : \Sigma_M^* \longrightarrow \Sigma_M^*$. Dizemos que M é limitada superiormente em tempo por $f : \mathbb{N} \longrightarrow \mathbb{N}$ se e somente se existe $n_0, k \in \mathbb{N}$ tal que para todo $x \in \Sigma_M^*$ tal que $\|x\| > n_0$, temos que* $\text{steps}(M, x) \leq k \times f(\|x\|)$.

Neste caso podemos dizer que $g \in \textbf{TIME}(f)$. Há uma definição análoga para o uso de memória, ou seja $g \in \textbf{SPACE}(f)$.

Em 1967 Manuel Blum publicou, inspirado por Rabin [Rab60], uma abordagem para complexidade computacional independente de modelo computacional. O artigo estende o teorema de Rogers, que nos fornece uma axiomatização de modelos computacionais como famílias abstratas de algoritmos[10] e uma evidência forte para a tese de Church-Turing na forma de um isomorfismo efetivo entre famílias abstratas de algoritmos. De forma a termos uma apresentação mais objetiva, a definição abaixo omite a axiomatização de funções computáveis ao considerar diretamente as funções parcialmente recursivas.

---
[9] Por razões de espaço, optamos pela representação de δ_{M_ϵ} na forma de tabela
[10] Esta nomenclatura é devida a

Definição 3 (Blum [Blu67]. *] Seja $(\phi_i)_{i\in\mathbb{N}}$ uma indexação qualquer das funções parcialmente recursivas. Uma medida de complexidade para $(\phi_i)_{i\in\mathbb{N}}$ é uma família indexada $(\Phi_i)_{i\in\mathbb{N}}$ de funções $\Phi_i : \mathbb{N} \longrightarrow \mathbb{N}$, $i \in \mathbb{N}$, tal que (1) $(\mathcal{D}(\phi_i) = \mathcal{D}(\Phi_i))$, para $i \in \mathbb{N}$, onde $\mathcal{D}(\Phi_i)$ denota o domínio de Φ_i, e; (2) A relação $\Phi_i(x) \leq y$ é decidível.*

Considere o código (sintaxe) de uma máquina de Turing como um numeral (numerais de Gödel, por exemplo). Neste caso ϕ_M é a função parcialmente recursiva implementada por M, lembramos que M pode ser visto como uma representação de um número. Desta forma $\Phi_M(x)$ é o limite superior de algum recurso computacional consumido por M quando executada sobre o dado x. Pode ser por exemplo o número de passos (tempo) usado na computação de $\phi_M(x)$, caso M pare com dado x.

Blum demonstrou que para todo par de famílias abstratas de algoritmos com medida de complexidade $(\phi_i, \Phi_i)_{i\in\mathbb{N}}$ e $(\psi_i, \Psi_i)_{i\in\mathbb{N}}$, tais como acima, existe uma função recursiva t, tal que para todo $n \in \mathbb{N}$ $\phi_i(n) = \psi_{t(i)}(n)$ e $\Psi_{t(i)}(n) \leq \Phi_i(n)$. Ou seja, o isomorfismo entre famílias abstratas de algoritmos, devido a Hartley Rogers, é extensível para medidas de complexidade. Entretanto, Blum também demonstra um resultado contraintuitivo, que tem por consequência a existência de programas que não possuem versões otimizadas, ou seja, implementações ótimas.

Teorema 2 (speed-up de Blum [Blu67]. *] Seja $(\phi_i, \Phi_i)_{i\in\mathbb{N}}$ uma família abstrata de algoritmos com medida de complexidade. Seja g uma função recursiva tal que $g(x, y) \leq g(x, y + 1)$, para todo x e y. Então existe uma função recursiva f, com $f(x) \leq x$, para todo x, tal que se $\phi_i = f$ então existe $\phi_j = f$ e $g(x, \Phi_j(x)) \leq \Phi_i(x)$.*

Vemos que g é uma função monotônica no segundo argumento tendo como primeiro argumento um potencial acelerador de crescimento. Por exemplo $g(x, y)$ pode ser a função y^x. Neste caso o teorema diz que existe uma função computável f com um "gap" com códigos i e j, tais que i tem um gap de complexidade exponencial em relação a j. A aplicação iterada deste teorema fornece um exemplo de função computável, a função f, que não possui melhor programa com respeito a medida de complexidade Φ. Aprova deste teorema é uma aplicação muito interessante do teorema da recursão ou do ponto fixo, onde o ponto fixo usa o a medida de complexidade de todas as entradas menores que uma certa entrada para resultar em um valor maior todas, de um fator proporcional a g. Esta mesma técnica é usada por Blum para provar outro resultado surpreendente, devido a Borodin, o teorema do "Gap".

Teorema 3 (Gap theorem, Borodin/Blum). *Existe uma função recursiva $f : \mathbb{N} \longrightarrow \mathbb{N}$ tal que* **TIME**$(f) = $ **TIME**(2^f).

A prova de Borodin, segue os seguintes passos. Seja Pred(i, k) verdadeiro sempre que $\forall M_{0 \leq j \leq i}$, $\forall x \in \Sigma_j^*$ tal que $\|x\| \leq i$ então steps(M_j, x) $\leq k$ ou steps(M_j, x) > 2^k. Considerando $N(i) = \sum_{j=0}^{i} \|\Sigma_j\|^i$, definimos $f(i) = 2^{2^{\cdot^{\cdot^{\cdot^{2}}}}}$ (s vezes), sempre que $s \leq N(i)$ e Pred($i, 2^{2^{\cdot^{\cdot^{\cdot^{2}}}}}$) (s vezes). Desde que $N(i)$ é muito maior que i, tal condição será sempre satisfeita.

O que há de estranho com o teorema do speed-up de Blum e o teorema do Gap acima é que ambos permitem que uma função de medida de complexidade seja simplesmente uma função computável. O último ajuste feito pela comunidade de teoria da complexidade computacional ao conceito de medida de desempenho ou complexidade computacional é o fato de que as medidas de complexidade devem ser feitas com funções construtivas de tempo e espaço. Uma função t de naturais em naturais é construtiva em tempo se existir uma máquina de Turing M, tal que para toda entrada de tamanho n pára em precisamente $t(n)$ passos. Existe uma versão análoga para funções construtíveis em espaço. A função obtida pelo teorema do "gap" claramente não é construtiva em tempo. Com relação ao speed-up de Blum, a medida de complexidade é arbitrária, resultando em um algoritmo que não possui implementação ótima. Portanto a medida com certeza não pode ser de tempo construtível.

9.5 *Speed-up* de Gödel

Seja S_i a lógica de ordem i. Desta forma S_0 é a lógica proposicional e S_1 é a lógica de primeira ordem. Em 1936, Kurt Gödel provou que, para cada lógica S_i existe um conjunto (infinito) de fórmulas $\mathcal{F}$ que são provadas em S_{i+1} com provas muito mais curtas que as menores provas das mesmas fórmulas $\mathcal{F}$ em S_i. Claramente S_{i+1} tem mais teoremas que S_i. Este resultado é conhecido como speed-up de Gödel. Está fora do escopo desta nota fazer uma análise histórica e conceitual, como acreditamos ter feito com relação ao teoremas de speed-up da seção speed-up anterior. Entretanto, vale a pena relatar que o speed-up em lógica tem pouquíssima relação com o computacional. O melhor que encontramos, devido a Arbib em [Arb69] faz alusão ao seguinte relacionamento entre sistema de provas e computações. A cada sistema lógico, ou lógica, S se associa uma máquina de Turing M_S. O conjunto dos dados para os quais essa máquina de Turing pára é $\mathcal{D}(M_S) = \{\alpha : S \vdash \alpha\}$, e a complexidade da computação de $M_S(\alpha)$ é o tamanho da menor prova de ϕ. Seja $R(x)$ uma função recursiva monotônica crescente. Sejam então duas lógicas M_S e $M_{S'}$, tais que $\mathcal{D}(M_S) \subsetneq \mathcal{D}(M_{S'})$. No caso de $\mathcal{D}(M_{S'}) - \mathcal{D}(M_S)$ não ser recursivamente enumerável, temos que para qualquer função R existem infinitos teoremas $\alpha \in \mathscr{D}(M_S)$ tal que $R(\Phi_{S'}(\alpha)) < \Phi_S(\alpha)$. Este fato, que diz que existe um speed-up da lógica S' em relação a lógica S não é relacionado ao teorema de Blum. Sua prova é baseado no seguinte fato, observado por Arbib em [Arb69] sobre conjuntos recursivamente enumeráveis e recursivos. Suponha que todos os teoremas de S possuem provas de tamanho maior ou igual (no fator R) na lógica S' em relação a lógica S. Isto indica que para enumerar recursivamente os teoremas de S' que não são teoremas S basta aplicar M_S e $M_{S'}$ a α, se a primeira máquina parar antes da segunda então α é um teorema de S' que não é de S. Contradição, pois assumimos que $\mathscr{D}(M_{S'}) - \mathscr{D}(M_S)$ não é recursivamente enumerável. O speed-up de Gödel obtém essa hipótese considerando enunciados indecidíveis em S na construção de S'.

9.6 Conclusão

Comentamos nesta nota como dois resultados de speed-up de complexidade computacional ajudaram a comunidade de ciência da computação a definir uma versão robusta teoricamente do conceito de complexidade computacional. O teorema do speed-up linear, tanto de tempo quanto de espaço, estabelece uma relação de equivalência entre complexidades computacionais relativas a mudança de escala. Isso forneceu uma definição de classes de complexidade robustas com a descoberta dos problemas difíceis, de forma que as classes de complexidade incluem todos os problemas com um certo limite superior e que possuem como limite inferior estes problemas robustos. Por exemplo, a classe **NP** inclui todos os problemas cuja complexidade é limitada superiormente por polinômios. A classe **NP**-completo, por sua vez tem por limites inferiores os problemas mais difíceis da classe **NP**. Com relação ao speed-up de Blum/Borodin, a contribuição deste resultado no entendimento de complexidade computacional estabelece que não se pode usar qualquer função computável como medida de complexidade/desempenho computacional. Finalmente, sobre o speed-up de Gödel, usando um argumento de Arbib, reafirmamos que não há relação direta com os outros dois resultados de speed-up, mas sim com teoria da recursão em geral.

Vamos finalizar esta nota, fornecendo uma definição adequada de complexidade dedutiva de sistemas lógicas sob o ponto de vista de complexidade computacional. Tratamos aqui da conjectura **NP** = **PSPACE**. A verificação de que uma fórmula proposicional é uma tautologia da lógica minimal implicacional é um problema $PSPACE$-completo, isto quer dizer que a complexidade de resolução computacional deste problema é um limite inferior de complexidade (em espaço) para a classe **PSPACE**. Por vezes uma classe é definida pela complexidade de verificação computacional da solução de uma instância do problema. Por exemplo, dada uma fórmula da lógica proposicional clássica e uma valoração, verificar se a fórmula é satisfeita na valoração tem complexidade linear no tamanho da fórmula. A classe **NP** possui complexidade polinomial como limite superior de complexidade em tempo para a verificação de soluções. Todavia, sabemos que **NP** $\subseteq$ **PSPACE**, por outro lado, não se sabe se **PSPACE** $\subseteq$ **NP**. De fato a conjectura é reduzida a provarmos, ou refutarmos, esta última inclusão Fazer isso é equivalente a mostrar que se um problema possui o limite inferior em espaço de **PSPACE**, ou seja, é *PSPACE*-completo então ele possui algum polinômio como limitante superior de complexidade em tempo para verificação de soluções. Uma árvore ou lista rotulada com fórmulas é um possível certificado[11] para o problema de saber se uma fórmula é tautologia. Provadores de teoremas são projetados para terem como entrada uma fórmula e por saída uma prova, ou árvore/lista rotulada com fórmulas, tendo ela própria fórmula como conclusão O tamanho da prova é função do fórmula que é sua conclusão, ou melhor, é função do tamanho desta. Um sistema de prova que permite que seu uso produza provas de α limitadas a $f(\|\alpha\|)$ é dito ser um sistema dedutivo f-limitado. Um sistema dedutivo S é f-limitado se para toda fórmula α, tal que, se $S \vdash \alpha$ então a menor prova de α em S é limitada por $f\|\alpha\|$. Levar em conta a menor prova é consequência de ser sempre possível em sistemas para lógica monotônicas a introdução de redundâncias e aumentar o tamanho de uma prova arbitrária de α

Com o que vimos nesta nota, podemos afirmar que se um sistema dedutivo S não é f-limitado então isso ocorre porque pelo menos uma fórmula α demonstrável neste sistema não possui provas limitadas por f. Se esse é o caso para um conjunto finito de fórmulas $\alpha_0, \ldots, \alpha_k$, podemos considerar um novo sistema S' como S com o acréscimo das fórmulas α_i, i=1,k, como axiomas. S' é f-limitado Caso o conjunto de teoremas com provas não f-limitadas seja infinito, mesmo no caso de que seja recursivo, não se conhece um argumento para estender S a algum sistema f-limitado. Por outro lado, o fenômeno do speed-up linear também acontece aqui, o limite f é invariante por escala, uma vez que, em se tratando de provas proposicionais, temos simulação de S via máquinas de Turing.

Uma abordagem para provar que **NP** = **PSPACE** é demonstrar que, para qualquer conjunto C de certificados que não sejam limitados superiormente por algum polinômio no tamanho de suas respectivas conclusões, existe um conjunto de C' de certificados para as mesmas conclusões do conjunto C que são limitados polinomialmente. Definir este conjunto C foi um desafio conceitual, pois leva em conta o conceito de limite inferior super-polinomial (o dual, ou negativa, de limite superior polinomial). A definição abaixo é o que temos como definição utilizada no argumento de que **NP** = **PSPACE**. Finalmente, gostaríamos de ressaltar que esta nota reflete o caminho trilhado na elaboração de uma definição que leva em

---

[11]Certificado é o nome dado a soluções que podem ser verificadas como tais para um problema, conjunto recursivo ou linguagem formal

conta tanto os possíveis fenômenos de speed-up linear computacional quanto os de speed-up lógicos em consonância com o de limite inferior super-polinomial que possa ser utilizado em um conjunto de certificados e não somente um só certificado. Abaixo concluímos a nota com a definição de conjunto de fórmulas que somente possuem provas de tamanho super-polinomial em função de sua conclusão. Em virtude do speed-up linear devemos considerar uma função de medida de tamanho de provas $Size : Provas \longrightarrow \mathbb{N}$ tal que $Size(\pi)$ é o número de ocorrências de símbolos na prova π. A definição captura todas as provas de todas as tautologias que não possuem provas de tamanho no máximo polinomial.

Definição 4. *Seja L uma lógica. Uma coleção de provas C_L é super-polinomial no tamanho se e somente se*

$$\forall p \in \mathbb{N}, 1 \leq p, \exists n_0 \in \mathbb{N}, \forall n > n_0, \exists k \in \mathbb{R}, k \neq 0,$$
$$\forall \pi \in Provas_L(If\ Size(conc(\pi)) = n\ then\ Size(\pi) > k \times n^p)$$

Referências

[1] [AB09] Sanjeev Arora and Boaz Barak. Computational Complexity: A Modern Approach. Cambridge University Press, 2009.

[2] [Arb69] Michael A Arbib. Theories of Abstract Automata (Prentice-Hall Series in Automatic Compu- tation). Prentice-Hall, Inc, 1969.

[3] [Blu67] M. Blum. A machine-independent theory of the complexity of recursive functions. 14(2), 1967.

[4] [dC81] Roberto Lins de Carvalho. Máquinas, Programas e Algoritmos, II Escola de Computação. UNICAMP, 1981.

[5] [Gen69] G. Gentzen. Investigations into logical deduction. In M. E. Szabo, editor, The collected papers of Gerhard Gentzen. North Holland, 1969.

[6] [Gö65] K. Gödel. On the length of proofs,. In Martin Davis, editor, The undecidable. Raven Press, New York, 1965.

[7] [Gö86] K. Gödel. Kurt Gödel: Collected Works. Oxford University Press, 1986.

[8] [JR65] J.Hartmanis and R.E.Stearns. On the computational complexity of algorithms. Transactions of the American Mathematical Society, (117):285–306, 1965.

[9] [Kle36] S. C. Kleene. General recursive functions of natural numbers. Mathematische Annalen, (112):727–742, 1936.

[10] [Kle52] S.C.Kleene.IntroductiontoMetamathematics.VanNostrant,1952.

[11] [Kle67] S.C.Kleene.MathematicalLogic.Wiley,1967.

[12] [Pap94] Christos M. Papadimitriou. Computational complexity. Addison-Wesley, 1994.

[13] [Rab60] M. O. Rabin. Degree of difficulty of computing a function and a partial ordering of recursive sets. 1960.

[14] [RJ87] Hartley Rogers Jr. Theory of Recursive Functions and Effective Computability. MIT Press, 1987.

[15] [Tur36] Alan M. Turing. On computable numbers, with an application to the entscheidungsproblem. Proceedings of the London Mathematical Society, 2(42):230–265, 1936.

Capítulo 10

Conocimiento simbólico e iconicidad[1]

JAVIER LEGRIS

> Dedicado a Abel,
> excompañero de estudios y colega,
> pero al amigo por sobre todas las cosas.

En esta nota festiva quiero proponer una reinterpretación de algunos rasgos importantes del conocimiento simbólico por medio del concepto de *ícono* tal como fue expuesto por Charles Sanders Peirce en el marco de su teoría de los signos. Para este fin se recurrirá a la idea de *iconicidad operacional*. Esto da pie a una revisión de la "función subrogativa" del concepto de conocimiento simbólico y ofrece una perspectiva diferente para afirmar que el núcleo de la idea de conocimiento simbólico es la obtención de conocimiento por la manipulación de signos. Desde la perspectiva de la teoría de signos, el conocimiento simbólico consiste esencialmente en operar con íconos. Así pues, se muestran los lazos estrechos que unen la idea de conocimiento simbólico, tal como fue esbozada por Leibniz, con la teoría actual de los signos (o semiótica), que tiene en la obra de Peirce una de sus bases más sólidas.

---

[1]Una versión preliminar de este trabajo fue presentada en el XXIII Colóquio Conesul de Filosofia das Ciências Formais, Rio de Janeiro 28-30 de octubre de 2019. Agradezco los comentarios de los participantes y de los compiladores del volumen. Este trabajo forma parte del Proyecto de Investigación Plurianual 11220170100463CO y del proyecto PICT-2017-0506.

10.1 La tradición del conocimiento simbólico: el caso de Kant

Los *Colóquios Conesul de Filosofia das Ciências Formais*, además de otros encuentros realizados en Brasil y en ambas orillas del Río de la Plata, fueron el marco de un intenso y prolongado intercambio de ideas acerca del concepto de conocimiento simbólico en las ciencias formales y su desarrollo histórico que aún hoy continúa y que ha producido diferentes y fructíferas ramificaciones. La discusión, motorizada por Abel Lassalle Casanave, se sostiene a lo largo de más de una década y entre sus frutos se cuenta la colección de trabajos publicada en 2012 (Lassalle Casanave 2012).

En diferentes momentos de este vivaz intercambio presenté y discutí, entre otras, las siguientes hipótesis:

1. El concepto de conocimiento simbólico aparece más en relación con la metodología de la matemática que con la reflexión estrictamente filosófica.

2. La tradición del conocimiento simbólico en matemática se focaliza en el sentido estricto de conocimiento simbólico, o sea, en la "manipulación ciega".

3. Conocimiento simbólico no debe confundirse con análisis de significado.

En esta ocasión aprovecho para añadir esta otra hipótesis: *los aspectos centrales del concepto de conocimiento simbólico se reinterpretan adecuadamente por medio del concepto de ícono tal como es entendido por Peirce en su teoría de los signos*. A continuación, me dedico a dar razones de ella.

En su trabajo sobre el conocimiento simbólico en el pensamiento de Immanuel Kant, publicado en 2012, Abel Lassalle Casanave considera apariciones de este concepto en diferentes lugares del *corpus* kantiano (Lassalle Casanave 2012a). En una obra precrítica "Sobre la distinción de los principios de la teología natural y de la moral", de 1763, Kant se ocupa de los métodos de la filosofía y la matemática, y allí discute la naturaleza del álgebra. Lassalle Casanave señala que Kant retoma explícitamente las ideas leibnizianas originales acerca de la *cogitatio caeca* o *cognitio symbolica*. En efecto, Kant se ocupa en esta obra de la manipulación de signos de acuerdo con reglas sin tomar en cuenta su significado, siguiendo un procedimiento "ciego". En la misma obra Kant también trata la función subrogativa de los signos en la geometría. Las figuras geométricas son signos con "similitud imitativa" y también son "caracteres" que pueden obedecer a reglas de manipulación, idea que también aparece en la obra de Leibniz. Para Kant todos estos son problemas del conocimiento en matemática: la manipulación de signos en álgebra es un medio de conocimiento porque esta ciencia considera sus conceptos bajo la forma de signos. El matemático puede inferir usando signos en lugar de conceptos. Es decir, el conocimiento simbólico en sentido estricto queda ligado especialmente con el álgebra.

En el trabajo también se muestra cómo Kant modificó sus ideas sobre el conocimiento simbólico en la posterior *Crítica de la Razón Pura*. Así, en aritmética el aparato notacional cede paso a la "construcción ostensiva" de conceptos, y en álgebra debe haber una *construcción simbólica* empleando signos: "la manera en que los algebristas proceden con sus ecuaciones [...] no es una construcción geométrica, pero es aún una construcción característica, en la cual uno despliega conceptos por signos en la intuición" (A734/B762, citado en Lassalle Casanave 2012a, p. 70).

De este modo, en la obra de Kant aparece la impronta de lo que puede considerarse una *tradición del conocimiento simbólico en las ciencias formales*. La tradición se desarrolló a partir de las ideas originales de Leibniz, poniendo el acento en la oposición entre conocimiento simbólico y conocimiento intuitivo, y se manifestó en el pensamiento inmediatamente posterior. De ello dan cuenta pasajes de la obra de Christian Wolff, Alexander Gottlieb Baumgarten, Georg Friedrich Meier, Joachim Georg Darjes, Johann Heinrich Lambert o Salomon Maimon, entre otros. Se puede conjeturar que Kant distingue entre (i) un *sentido estricto* de conocimiento simbólico, el de la "manipulación ciega", y (ii) un *sentido más amplio*, el de la "función subrogatoria" de los signos (véase Lassalle Casanave 2012a, p. 57).

En todo caso, es indudable que este concepto no es decisivo para la filosofía de la matemática presentada en la *Crítica de la Razón Pura*: no es a través del concepto de conocimiento simbólico que Kant justifica el conocimiento en matemática. Esto se ve claramente en su análisis de las construcciones geométricas. Aquí no se trata de una manipulación de signos: las figuras geométricas no son consideradas como caracteres sino como exhibiciones de los conceptos. Por lo tanto, Kant sigue un derrotero distinto. Sin embargo, esta tradición va a estar subyacente en la metodología y la filosofía de la matemática de los siglos XIX y XX, e incluso llega hasta nuestros días.[2]

10.2 Los orígenes en Leibniz

En este punto conviene hacer una breve revisión de las ideas del propio Leibniz. Como señala Lassalle Casanave al comienzo de su trabajo, la "sensualización" del pensamiento fue un tema constante en Leibniz. Por ello aparecen en su obra afirmaciones que hoy llamaríamos propias del ámbito de lo cognitivo (y que llevan a adscribirle, no sin cierta osadía y dejando de lado anacronismos, una posición "naturalista"). El concepto de conocimiento simbólico aparece formulado explícitamente mediante diferentes expresiones (*cognitio symbolica, cogitatio*

---

[2] Evidencia respecto del siglo XIX puede extraerse del panorama general de la influencia de las ideas leibnizianas en el pensamiento de ese siglo que se encuentra en Peckhaus 1997.

symbolica, cogitatio caeca) en diferentes contextos y sin un desarrollo teórico *stricto sensu*. Su recepción posterior depende, en gran medida, del ensayo *Meditationes de cognitione, veritate et ideiis,* que fue publicado en noviembre de 1684 en las *Acta Eruditorum*. Este breve trabajo contiene una serie de distinciones entre tipos de conocimiento. Aquí el conocimiento *simbólico* se opone al conocimiento *intuitivo*: el conocimiento es simbólico cuando la complejidad del fenómeno cuyas propiedades se pretenden conocer es tan grande que no es posible tener una intuición de ellas, de modo que la idea de conocimiento simbólico surge en oposición al conocimiento intuitivo. Leibniz proporciona el ejemplo del kiliógono, un polígono de mil lados, que no es factible construir como una figura geométrica pero al cual puede hacerse referencia mediante un signo. Otros ejemplos están vinculados con el desarrollo del álgebra y del cálculo infinitesimal. Leibniz añade que se lo emplea "no sólo en el álgebra, sino en la aritmética, y casi en todo' (Leibniz GP 4 423).

La distinción podría vincularse con una teoría general del conocimiento, pero poniendo el foco en el conocimiento en las ciencias formales. Más concretamente, apunta a la justificación del conocimiento matemático y a la naturaleza de las entidades matemáticas (problemas que en muchos casos de la historia de la filosofía de la matemática aparecen unidos). Por lo demás, no se trata de una distinción entre intuición y demostración como fuentes de conocimiento. Tal como lo entiende Leibniz, el conocimiento simbólico no es equivalente al conocimiento demostrativo (en el sentido tradicional de la expresión); se trata de un concepto más amplio. Así, una demostración puede incluir partes obtenidas por conocimiento simbólico.

En algunos textos matemáticos de su juventud, Leibniz supone que los signos para los infinitésimos no tienen una función designativa, sino que son introducidos para resolver problemas del propio cálculo. Los infinitésimos son así entidades ficticias, aunque una *fiction bien fondée* (una ficción bien fundada), y de hecho *se opera* de manera consistente con los signos que las representan. (La consideración de los infinitésimos como entidades ficticias está vinculada con su construcción geométrica. Una discusión pormenorizada del problema puede verse en el capítulo 2 de Raffo Quintana 2019.) Este tema lleva al problema de la "constitución semiótica" de entidades matemáticas, del que no me ocuparé aquí.

Los ejemplos dados muestran que una de las funciones del conocimiento simbólico surge de justificar el empleo de determinados signos para realizar cómputos, cuyo resultado representa un conocimiento imposible de obtener de otro modo. Así, el conocimiento simbólico se vuelve necesario debido a las limitaciones cognitivas de los seres humanos, y tiene una función pragmática.

La propiedad de *symbolicus*, aplicada al conocimiento o al pensamiento, se puede entender con el significado de "por medio de signos" o "semiótico" (Leibniz en general emplea el término latino *character* con el mismo significado que tiene la palabra "signo"). Así, el conocimiento simbólico puede describirse de un modo muy general como el conocimiento obtenido por medio de un *sistema de signos*, sin tener en cuenta aquello que los signos designan. Esto se manifiesta en la expresión "conocimiento ciego" (*cogitatio caeca*) que Leibniz usa como sinónimo de conocimiento simbólico, consistente en la manipulación de los signos sin dejar lugar a aspectos intuitivos. Esto permite hablar de una *mecanización* del razonamiento.

De acuerdo con un *conjunto de reglas* del sistema se producen *signos complejos* a partir de un conjunto de *signos básicos*. Esta es una innovación metodológica: a la manipulación de signos se le asigna una posición destacada en el conocimiento humano. Los sistemas de signos proporcionan procedimientos tanto de demostración como de decisión y las demostraciones se entienden como *calculus* dentro de un sistema de signos. Estas ideas están presentes, por ejemplo, en el prefacio a la ciencia general (*Science générale*) de 1677 (Leibniz C 155).

10.3 Las interpretaciones actuales

Usando categorías actuales, Sybille Krämer se aproximó al concepto leibniziano de conocimiento simbólico, indicando tres rasgos centrales (Krämer 1992, pp. 224 s.). En primer lugar, los sistemas de signos son empleados como una *técnica*, esto es, con un fin instrumental. Un sistema de signos no es otra cosa que un *artefacto* construido a partir de signos, entendidos como objetos materiales con una determinada localización especial y temporal y que obedecen a las leyes de la naturaleza. Este rasgo es decisivo en la medida en que los sistemas simbólicos dejan de pensarse como entidades puramente ideales, existentes sólo en el reino de las ideas. Se puede decir, en suma, que son "máquinas del pensamiento" que tienen un funcionamiento y dan un resultado.

En segundo lugar, los signos se vuelven *independientes* ("autárquicos") de su significado. Así, los mecanismos que gobiernan los sistemas de signos son independientes de la interpretación que se les dé. De hecho pueden recibir diferentes interpretaciones; la construcción del sistema puede anteceder a sus interpretaciones. De este modo, los signos del sistema son simplemente manipulados como objetos y la *corrección* de esta manipulación *no depende del significado* que adopten los signos. En este sentido, el conocimiento simbólico no emplea conceptos sino signos.

En tercer lugar, los objetos del conocimiento *se constituyen de manera simbólica*, es decir, los signos no sólo representan objetos, sino que, según Krämer, los *producen*. La posibilidad de una entidad está determinada por la construcción del sistema de signos que la representa, construcción entendida como una producción técnica. Una consecuencia destacable de esta característica es que los sistemas simbólicos permiten presentificar entidades "inimaginables", que no se pueden capturar por la intuición sensible, y operar con ellas (ya se ha mencionado la cuestión en relación con la naturaleza de los infinitesimales). El concepto de una cosa se obtiene al encontrar un sistema de signos que constituya su representación.[3]

Oscar M. Esquisabel ofrece un análisis más abarcador en su trabajo de 2012, donde se determinan tanto rasgos como diferentes funciones del conocimiento simbólico a partir de un análisis textual de Leibniz.[4] En ese análisis se destaca la *visualización* como una función que cumplen algunas estructuras de signos, tales como los diagramas o las figuras. Signos de este tipo exhiben algo *ad oculos*; hacen visibles una *estructura* (Esquisabel 2012 pp. 26 s.). A esos signos Leibniz los llamaba, siguiendo a Joachim Jungius, *ectéticos*. Leibniz deja en claro la naturaleza *composicional* y, por tanto, *analítica*, que tiene este tipo de signos y en ocasiones incluye entre los signos ectéticos todo tipo de notaciones y sistemas de signos que no se correspondan con el lenguaje ordinario (véase Esquisabel 2012, p. 27).

La visualización se conecta con la función *subrogatoria* de los signos. El conocimiento acerca de una entidad o dominio de entidades se obtiene empleando un "representante": el sistema de signos. Como evidencia textual basta mencionar el siguiente pasaje tomado del escrito de Leibniz "Qué es idea" de 1678:

"Y lo que todas estas expresiones tienen en común es que sólo por la contemplación de los respectos de aquello que expresa podemos llegar al conocimiento de propiedades que corresponden a la cosa que va a expresarse" (GP VII, p. 263).

10.4 Conocimiento simbólico en los orígenes de la lógica matemática

Tenemos entonces dos variedades fundamentales de conocimiento simbólico: (1) un conocimiento obtenido por la *manipulación* de signos de acuerdo con reglas (conocimiento simbólico en el sentido estricto de *cogitatio caeca*); (2) un conocimiento obtenido por la *visualización* de la estructura de signos.[5] En un afán simplificador, puede hablarse de una variedad *computacional* y otra *estructural*. La distinción no es siempre todo lo nítida que se quisiera, pues hay sistemas de signos que comparten ambas variedades. La función *analítica* estará más próxima a la segunda variedad, aunque también puede encontrarse en la primera. Esta

---

[3]Este es, sin duda, el rasgo más polémico.

[4]Esquisabel introduce además una línea de desarrollo del concepto que tiene que ver con el lenguaje ordinario, aspecto fuera del alcance de este trabajo. No obstante, véase Esquisabel 2012 pp. 10 ss.

[5]Compárese con la distinción, mencionada en la sección I, que Lassalle Casanave encuentra en Kant.

distinción será relevante al examinar el caso de Peirce con su teoría de los signos.

Dado que el concepto de conocimiento simbólico no puede ser caracterizado con entera precisión y de un modo unívoco en sus orígenes leibnizianos, esta tradición se desarrolló en diferentes direcciones, aunque siempre focalizada en *los sistemas de signos como vehículos de conocimiento*. Este es un tema que no está incluido en las exposiciones usuales de la teoría del conocimiento. Por ejemplo, cuando se estudia el problema del conocimiento en la filosofía moderna, se comienza hablando de "conocimiento por la razón" y de "conocimiento por la experiencia", el conocimiento *a priori* y el conocimiento *a posteriori*, estableciendo una distinción que se volvió clásica. Luego se analiza cómo esos dos tipos de conocimiento contribuyen en las diferentes ciencias, pero el conocimiento por medio de signos no es discutido en forma independiente.

En el trabajo que forma parte del volumen publicado en 2012 mostré que la tradición del conocimiento simbólico se hace presente en diferentes momentos de la lógica matemática del siglo XIX.[6] En su libro *The Mathematical Analysis of Logic,* publicado en 1847, Boole aplicó las ideas del álgebra simbólica al campo de la lógica deductiva. Boole sostenía explícitamente que "la validez de los procesos de análisis" dependía exclusivamente de "las leyes de combinación" (Boole 1847, p. 3). Esta idea se continúa y se profundiza en su obra *The Laws of Thought*, de 1854, donde describe el método al que denomina "razonamiento simbólico", que permite estudiar propiedades de sistemas algebraicos de manera independiente de los contenidos y de sus aplicaciones a dominios diversos (véase Boole 1854, p. 67).

No es difícil ubicar esta metodología propuesta por Boole dentro de la tradición del conocimiento simbólico. Si bien la mención a "entidades ficticias" es reemplazada por los casos de aplicación, los resultados se obtienen de manera "ciega": el álgebra simbólica es considerada un "instrumento del razonamiento" (véase Legris 2012, pp. 84 ss.).

10.5 C. S. Peirce y el conocimiento simbólico

Ahora bien, la obra de Charles S. Peirce sobre el álgebra de la lógica sería suficiente motivo para darle un lugar (y no uno menor) dentro de la tradición del conocimiento simbólico, pero al considerar su obra semiótica se advierte que extiende las ideas de Leibniz en varias direcciones, con supuestos filosóficos diferentes. En un manuscrito, Peirce señaló de manera explícita que con el conocimiento simbólico Leibniz llegó al "umbral del pragmatismo" (véase el MS 284, p. 9, cit.

---

[6]Véase el ya mencionado Peckhaus 1997. Puede afirmarse que en todos los autores que contribuyeron a la constitución de la lógica matemática está presente, de algún modo, esta tradición.

en Bellucci 2013). En su obra de juventud, Peirce recurrió a ideas y argumentaciones leibnizianas para sostener su *anticartesianismo*, un factor determinante en su filosofía. Entre esas ideas figura la de conocimiento simbólico, que aparece en forma explícita o implícita en los tres trabajos, conocidos comúnmente como la *Cognition Series*, publicados entre 1868 y 1869. En ellos Peirce introdujo muchos de los problemas centrales que serían una constante a lo largo de su reflexión filosófica. En particular, dio razones para afirmar su *antipsicologismo*, su concepción del conocimiento como un proceso esencialmente inferencial y uno de los principios básicos de su pensamiento: "No tenemos la capacidad (*power*) de pensar sin signos" (Peirce CP 5.265, más detalles pueden verse en Legris 2020).

Como es sabido, la teoría de los signos es uno de los pilares fundamentales del pensamiento de Peirce. En este contexto, el problema del significado es considerado un problema más complejo que lo sugerido por la clásica concepción diádica del signo. El hecho de que una entidad sea un signo implica algo más que estar en una relación diádica de designación respecto de alguna otra entidad. Ese "algo más" es el hecho de *ser interpretado como signo de esa entidad*. Lo que se entiende por significado de un signo descansa en el hecho de que los usuarios del signo pueden interpretarlo de un modo específico (recuérdese la importancia de la noción de comunidad en su filosofía). Así, Peirce sostuvo que la relación de "ser un signo" es *triádica: X es un signo de Y para Z*. Según el célebre pasaje de su *Gramática especulativa* de 1893, un signo es algo que está para alguien en lugar de algo en algún respecto o capacidad (véase Peirce CP 2.228). La relación entre un signo y lo designado depende de la comprensión de que una entidad es un signo de otra entidad. Además de su *función representativa*, el signo-objeto tiene funciones importantes en su relación material con el designado (entre las cuales está el *ground* –"fundamento"– del signo-vehículo; véase CP 5.287).

Ahora bien, Peirce concibió su distinción categorial entre "primeridad", "secundidad" y "terceridad" ("Firstness", "Secondness", "Thirdness") que permea todo su pensamiento y lo determina. No es este el lugar para ocuparse en detalle de esa distinción básica, pero basta con destacar que implica un orden de complejidad y que afecta a la teoría de los signos, ya que los signos se clasifican en términos de tricotomías. Una de estas clasificaciones tiene que ver con la relación entre el signo-vehículo y el *designatum*. Se trata de la clasificación en ícono, índice y símbolo (*icon, index*, and *symbol*), a la que considera "muy importante" pues "son indispensables en todo razonamiento" (Peirce CP 1.369). Se la puede caracterizar del modo siguiente (véase el capítulo 3 de su *Gramática especulativa*, CP 2.247 ss.). Los íconos representan su objeto de acuerdo con su forma o estructura (en este sentido se habla de una *semejanza* entre el signo su designado). Los índices se conectan de manera directa con lo que designan: un índice "refiere al objeto que denota en virtud de que es realmente afectado por aquel objeto" (Peirce, CP 2.248). Piénsese en la huella de un pie en la playa o en los nombres propios del lenguaje ordinario. Finalmente, un símbolo designa "en virtud de una ley, usualmente una asociación de ideas generales". Esta ley determina la interpretación del signo, que hace que el símbolo tenga un designado determinado (CP 2.249). En realidad, esos tres tipos son tres *aspectos* que se manifiestan en todos los signos: en cualquier signo pueden encontrase aspectos icónicos, indexicales o simbólicos, pero siempre un aspecto va a preponderar en la interpretación del signo.

En este punto se hace patente la importancia de dicha distinción porque introduce un concepto que, como se ha mencionado, tuvo relevancia en la tradición del conocimiento simbólico. Se trata del concepto de *diagrama*. Varios autores posteriores a la tradición de Leibniz pusieron de relieve el enorme valor cognitivo que tienen los diagramas para entender de manera visual relaciones y estructuras, especialmente en el caso de la matemática (basta mencionar el caso de Lambert). Este carácter destacado de los diagramas adopta un carácter prominente en Peirce. El marco de la teoría de los signos lleva a una caracterización más precisa de lo que es un diagrama, al caer dentro de la categoría de los íconos: "Un diagrama es un ícono de un conjunto de objetos racionalmente relacionados" (MS 293: 11).

10.6 Del conocimiento simbólico a la iconicidad operacional

En algunos textos en los que Peirce clasifica los íconos, los diagramas aparecen como un tipo dentro de estos. En la taxonomía de los signos los diagramas constituyen la segunda subcategoría entre los tres tipos de *hypoicons*, a saber, imágenes, diagramas y metáforas (véase, por ejemplo, CP 2.277). En otros textos los considera equivalentes. Sea como fuere (las clasificaciones de la semiótica peirceana son siempre un terreno muy accidentado, de tránsito difícil), lo importante es que, en cualquier ícono, su estructura ("forma") es esencial para su función semiótica. Los íconos son signos que proporcionan conocimiento a partir del mero examen de su estructura y permiten acceder a información que va más allá de la indicada por las reglas de su construcción (véase CP 2.279). Siempre que se trata de transmitir una *idea*, es necesario recurrir a íconos (CP 2.278) y todo enunciado debe contener íconos que se expresan lingüísticamente a través de *predicados*, de modo que los diagramas no designan objetos sino estructuras.

Estas características tienen importantes consecuencias epistemológicas. Peirce sostuvo que la lógica y la matemática son ciencias *esencialmente diagramáticas* y que eso es lo que permite considerarlas ciencias *formales* (en el sentido habitual del término). Más concretamente, la deducción es una relación basada en la naturaleza icónica de la forma lógica de enunciados: *deducir es observar y manipular diagramas*, tal como lo afirma en su trabajo de 1885 sobre el álgebra de la lógica (véase CP 3.363). La deducción incluye acciones sobre diagramas: construir, transformar y experimentar, y la función *experimental* consiste en la introducción de supuestos expresados icónicamente. Según el capítulo segundo de su *Gramática especulativa* (CP 2.227), durante la *construcción del diagrama en la imaginación* se hacen las modificaciones requeridas por "el estado de cosas hipotético" y se observa si el resultado concuerda con lo que se quiere deducir.

Ejemplos típicos de deducciones diagramáticas aparecen en el contexto de las demostraciones de la geometría euclidiana, que incluyen manipulación y transformación de figuras geométricas, y otro ejemplo más conspicuo lo constituyen los diagramas de Venn aplicados a la teoría tradicional del silogismo, donde es posible determinar mediante acciones en un diagrama (que representa la conexión de los tres términos presentes en un silogismo) si el silogismo es válido o no Peirce desarrolló a partir de 1896 su propia versión de un sistema diagramático para la lógica –los Gráficos Existenciales–, en el que volcó sus resultados formulados previamente en términos algebraicos, obteniendo un sistema diagramático de deducción para lo que hoy interpretamos como lógica de primer orden con identidad (véase una presentación ya clásica en Roberts 1973).

Peirce sostuvo una *concepción icónica de la matemática*: la tarea del matemático es construir y manipular diagramas. Así, la noción de ícono es fundamental pues determina la concepción que Peirce tiene del conocimiento en las ciencias formales. Desde el momento en que dan información en virtud de su estructura (no es necesario ir más allá del signo para obtener información de su designado), los íconos abarcan cualquier notación de naturaleza composicional. En suma, si un signo es un ícono, entonces es posible *manipular* sus elementos a fin de obtener información acerca de lo que designan. La coincidencia con el concepto de conocimiento simbólico es evidente. En general, *los íconos son los signos que resultan informativos al ser analizados*.

Esto es lo que Frederik Stjernfelt introdujo como "iconicidad operacional" (véase Stjernfelt 2006 y 2007 pp. 90 ss.). Así, "esta idea constituye una propiedad crucial desde el punto de vista del conocimiento: no es más que una elaboración operacional del concepto de similaridad" (Stjernfelt 2006, p. 71). Una idea semejante aplicada al conocimiento simbólico fue desarrollada por Sybille Krämer al referirse a un *operativer Symbolismus* (véase Krämer 1997).[7]

Dicha idea aparece de manera explícita en Peirce: un ícono es un signo "del cual puede derivarse información" (Peirce "Syllabus", ca. 1902, CP 2.309). Observaciones semejantes pueden encontrarse un poco antes en su trabajo "That Cate-

---

[7]Con un objetivo histórico Albrecht Heeffer ha usado una expresión análoga, *operational symbolism*, para referirse a las primeras manifestaciones de una notación algebraica dentro de la tradición de la práctica contable en el sur de Europa a finales de la Edad Media. Véase Heeffer 2012.

gorical and Hypothetical Propositions are one in essence, with some connected matters" (ca. 1895, CP 2.279). En unas notas sobre la filosofía científica, Peirce llama a los íconos "imágenes analíticas" (CP 1.275). Si un signo es cabalmente analizable, sin duda es un ícono.

Como ilustración se pueden mencionar mapas, gráficos con forma de árbol o con forma de red y hasta tablas o gráficos estadísticos, pero en este contexto un mejor ejemplo lo dan simplemente las figuras de la geometría euclidiana. Una demostración de que la suma de los ángulos internos de un triángulo es igual a dos ángulos rectos se visualiza mediante la *observación* de los ángulos internos de un triángulo cualquiera y haciendo la *manipulación* que consiste en "trasladarlos" y "reagruparlos" para ver entonces que su suma iguala a dos rectos, lo que se ve en la figura 1

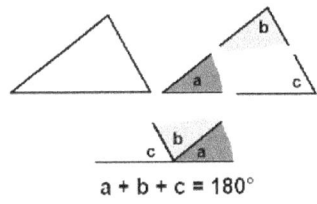

$a + b + c = 180°$

Figura 1

Esto es lo que se obtiene con exactitud y rigor matemáticos, siguiendo reglas y principios explícitos, en la geometría euclidiana a través de la figura 2. La demostración del teorema incluye la construcción de una paralela a uno de los lados, y muestra que los nuevos ángulos resultantes de la construcción, junto con el ángulo interno restante, suman dos rectos. Se recurre entonces a teoremas previamente demostrados sobre los ángulos alternos internos para concluir el teorema.

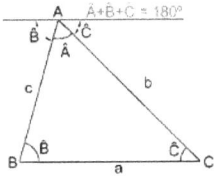

Figura 2

Este ejemplo, por cierto, provoca inmediatamente fruncimiento de cejas en el auditorio, ya que despierta interrogantes que incluso van más allá de la cuestión del conocimiento simbólico y que tienen que ver con la *naturaleza* de las figuras geométricas y con el concepto de *demostración* en matemática. En cuanto a lo primero, la distinción peirceana entre signos tipo (*type*) y signos caso (*token*) brinda un marco para solucionar el problema. Siempre se observan y se manipulan signos caso (ubicados en espacio y tiempo y accesibles por los sentidos), pero precisamente se los interpreta como casos de ciertos signos tipo, de modo que los resultados de las manipulaciones de los signos caso valen para los respectivos signos tipo. En particular, lo que resulta de observar y manipular las figuras geométricas concretas vale para las figuras geométricas como tipos. Desde luego, queda la cuestión de la naturaleza de los signos tipo, para el tratamiento de la cual Peirce recurre al concepto de abstracción. Aquí estamos en la antesala de la filosofía de la matemática de Peirce, que se construye sobre bases semióticas.

En cuanto a lo segundo, Peirce desarrolló una concepción de las demostraciones matemáticas que aspiraba a capturar el progreso cognitivo que representan. Esta concepción se basa en la bien conocida distinción entre *razonamiento corolarial* y *razonamiento teoremático*. Mientras que el primero es aquel razonamiento en el que la conclusión se sigue directamente de la aplicación de reglas a las premisas, el último incluye supuestos o *hipótesis* que se añaden a las premisas. Como señala Peirce, en las demostraciones teoremáticas "es necesario experimentar en la imaginación" para llegar a la conclusión.[8] Más específicamente, en ellas se introduce una "idea externa" (la hipótesis) que se integra a la demostración (Peirce, NEM IV, p. 42).[9]. El ejemplo ofrecido anteriormente es tal vez demasiado elemental, pero la línea paralela al lado opuesto al ángulo A puede considerarse una forma rudimentaria de esta idea externa: es un signo que se añade para desarrollar la demostración. Peirce menciona en este contexto un caso más interesante: la proposición 16 del Libro I de los *Elementos* de Euclides (v. *loc. cit.*).

Por lo demás, la notación algebraica también constituye un sistema de íconos y, de hecho, para Peirce *las ecuaciones algebraicas son íconos*: "una fórmula algebraica es un ícono", afirma Peirce (CP 2.279, y véase también CP 4.424). Tómese el caso de la sencilla ecuación

$a + b = c$

que, siguiendo principios adecuados para las operaciones algebraicas para los números enteros, *se transforma* en su equivalente

$a = c - b$

Recuérdese que en su célebre trabajo de 1885 sobre el álgebra de la lógica, Peirce llama "íconos" a los principios del sistema lógico.

De este modo, ya su trabajo en álgebra de la lógica manifiesta una concepción icónica de la lógica y la matemática, y el sistema diagramático de los Gráficos Existenciales –mencionado antes– no es otra cosa que una *continuación* de la notación algebraica haciendo uso de otros recursos de notación. Su finalidad

---

[8] Esta "experimentación" no es otra cosa que la manipulación de signos (véase Legris 2012b, pp. 127 ss.).

[9] De las afirmaciones de Peirce no queda claro si, en general, esta "idea externa" debe eliminarse en algún paso de la demostración o si, de algún modo, se incorpora a la demostración final.

consistía en "separar el razonamiento en sus partes más pequeñas, de modo que cada una de ellas pueda ser examinada en sí misma" (Ms 455, p. 2, 1903). Es por esto que los Gráficos Existenciales no debían entenderse como un "cálculo" lógico sino como una manera de "hacer una disección" de las operaciones de deducción en todos sus pasos elementales (véase CP 4.424).

Por medio de su teoría de los signos Peirce cruzó el umbral al que Leibniz había llegado e incorporó rasgos del conocimiento simbólico dentro de su filosofía: la manipulación de signos es esencial al conocimiento matemático.[10] A la vez, fue más allá de la tradición del conocimiento simbólico al elevar la función analítica de los íconos a una forma sutil de análisis conceptual. En todo caso, Peirce soluciona el problema de la "función ectética" del conocimiento simbólico: *la iconicidad (en este sentido "operacional") compatibiliza la semejanza estructural con la manipulación de signos.* Son evidentes aquí las motivaciones epistemológicas que guiaron a Peirce en su obra semiótica. En estos momentos en los que hay tanto interés por estudiar las diferentes formas de notación y diagramas desarrollados en la historia de la matemática, la teoría de los signos propuesta por Peirce es una herramienta extremadamente útil y adecuada que vale la pena explorar, expandir y aplicar, siendo también la llave que nos permite ingresar a su filosofía de la matemática.

Referencias bibliográficas

[1] Bellucci, F. (2013). "Peirce, Leibniz, and the Threshold of Pragmatism", *Semiotica* 195, 331–355.

[2] Boole, G. (1847). *The Mathematical Analysis of Logic. Being an Essay Towards a Calculus of Deductive Reasoning.* Cambridge: Macmillan, Barclay and Macmillan.

[3] - (1854). *An Investigation of The Laws of Thought, on which are Founded The Mathematical Theories of Logic And Probabilities.* London: Walton and Maberly.

[4] Esquisabel, O. M. (2012). "Representing and abstracting. An Analysis of Leibniz's Concept of Symbolic Knowledge". En Lassalle Casanave 2012, pp. 1-49)

[5] Heeffer, A. (2014). "Epistemic Justification and Operational Symbolism". *Foundations of Science* 19, 1, 89–113.

[6] Krämer, S. (1992). "Symbolische Erkenntnis bei Leibniz". *Zeitschrift für philosophische Forschung*, 46, 2, 224-237.

---

[10]También se distingue, claramente, de la posición de Kant.

[7] _____ (1997). "Kalküle als Repräsentation: Zur Genese des operativen Symbolismus in der Neuzeit". En H.-J. Rheinberger, M. Hagner & B. Wahrig-Schmidt (comps.). *Räume des Wissens: Repräsentation, Codierung, Spur* (pp. 111-122). Berlin: De Gruyter.

[8] Lassalle Casanave, A. (comp.) (2012). *Symbolic Knowledge from Leibniz to Husserl.* London: College Publications.

[9] Lassalle Casanave, A. (2012a). "Kant's Avatar of Symbolic Knowledge. The Role of Symbolic Manipulation in Kant's Philosophy of Mathematics". En Lassalle Casanave 2012, 51-77.

[10] Legris, J. (2012). "Between Calculus and Semantic Analysis. Symbolic Knowledge in the Origins of Mathematical Logic". En Lassalle Casanave 2012, 79-113.

[11] _____ (2020). "La tradición del conocimiento simbólico en el pensamiento de Charles S. Peirce". *Revista Latinoamericana de Filosofía* 46, 2, 253-271. DOI: https://doi.org/10.36446/rlf2020151.

[12] Leibniz, G. W. GP. *Die Philosophische Schriften von Gottfried Wilhelm Leibniz.* C. I. Gerhardt (comp.), 7 vols., Berlin: Weidmannsche Buchhandlung, 1875-1890.

[13] Leibniz, G. W. C. *Opuscules et Fragments inédits de Leibniz. Extraits des manuscrits de la Bibliothèque royale de Hanovre.* Louis Couturat (comp.). Paris: Alcan, 1903.

[14] Peckhaus, V. (1997). *Logik, Mathesis universalis und allgemeine Wissenschaft. Leibniz und die Wiederentdeckung der formalen Logik im 19. Jahrhundert.* Berlin: Akademie Verlag.

[15] Peirce, C. S. CP. *Collected Papers.* 8 vols., (vols. 1- 6 Charles Hartshorne & Paul Weiss comps., vols. 7-8 Arthur W. Burks comp.), Cambridge (Mass.), Harvard University Press, 1931-1958.

[16] Peirce, C. S. NEM. *The New Elements of Mathematics*, 4 vols. Carole Eisele (comp.). La Haya: Mouton, 1976.

[17] Raffo Quintana, F. (2019). *Continuo e Infinito en el Pensamiento Leibniziano de Juventud.* Granada: Comares.

[18] Roberts, D. (1973). *The Existential Graphs of Charles. S. Peirce.* La Haya: Mouton.

[19] Stjernfelt, F. (2006). "Two Iconicity Notions in Peirce's Diagrammatology". En H. Schärfe, P Hitzer y P. Øhrstrøm (comps.). *ICCS 2006* (pp. 70-86). Berlin-Heidelberg: Springer,

[20] _____ (2007). *Diagrammatology. An Investigation on the Borderlines of Phenomenology, Ontology, and Semiotics*. Dordrecht: Springer.

Capítulo 11

La interpretación de Boecio de los indemostrables de los estoicos en su comentario a los *Tópicos* de Cicerón

Jorge Alberto MOLINA

11.1 El problema

Los indemostrables de los estoicos son reglas de inferencia de lo que podríamos llamar con cierto anacronismo la lógica proposicional estoica. Sexto Empírico en su *Esbozo del pirronismo* cita cinco indemostrables y otras fuentes primarias para el estudio de los estoicos lo confirman. El *Modus Ponens* y el *Tollens* son el primero y el segundo indemostrables. El tercero puede simbolizarse así: $\neg(p.q), p \vdash \neg q$ o también $\neg(p.q), q \vdash \neg p$. En las palabras de Sexto Empírico: "El tercer indemostrable, a partir de la negación de la conjunción de dos enunciados y uno de los enunciados, concluye en el opuesto del otro". El ejemplo dado es: "No es verdad que sea de día y sea de noche; pero es de día; luego no es de noche". El cuarto indemostrable se simboliza de esta forma: $(p \text{ aut } q), p \vdash \neg q$. Aquí se trata de la disyunción exclusiva. "El cuarto indemostrable a partir de la disyunción y de uno de los enunciados concluye en la negación del otro". Por ejemplo, "o es de día o es de noche; pero es de día; luego no es de noche" (Sexto Empírico, 1997, p.190). El quinto indemostrable es $(p \text{ aut } q), \neg p \vdash q$, "a partir de la disyunción y el opuesto a uno de los enunciados, concluye en el otro". Por ejemplo, "o es de día o es de noche; pero no es de noche; luego es de día" (*ibid.*, p.190)

En sus *Tópicos* 54-57 Cicerón da también una lista de indemostrables pero identificamos diferencias con la versión de Sexto. El primer y el segundo indemostrable de Cicerón coinciden con los dos primeros indemostrables de Sexto respectivamente. El enunciado del tercer indemostrable es ligeramente diferente:

"cuando tú niegues una conjunción de enunciados y asumas uno o más enunciados de esa conjunción, de modo que el que quede sea refutado, ése es llamado el tercer indemostrable" (Cicerón, 2003, p.142)[1]. Se trataría de una regla de inferencia que podríamos simbolizar así: $\neg(p_1.p_2.p_3...p_n), (p_1.p_2...p_{n-1}) \vdash \neg p_n$. Cicerón observa también que esta regla es más usada por los dialécticos (lógicos) que por los oradores.

El cuarto y el quinto indemostrable son trasmitidos por Cicerón de la misma forma que Sexto. Estas dos formas de concluir argumentos son, para Cicerón, válidas por el hecho de que en una disyunción es imposible que más de uno de sus constituyentes sea verdadero[2]. Cicerón expresa que a esta lista los estoicos agregaron dos indemostrables, sexto y séptimo, en los que interviene la negación de una conjunción. El sexto, tiene la forma $\neg(p.q), p \vdash \neg q$. En palabras: "no se da esto y aquello, pero se da esto; luego no se da aquello"[3]. El séptimo es $\neg(p.q), \neg p \vdash q$. En palabras: "No se da esto y aquello, pero no se da esto; luego se da aquello"[4]. Claramente este último indemostrable es inválido porque de que algo no pueda ser blanco y negro a la vez, y no sea blanco, no se sigue que sea negro, pues podría tener cualquier otro color. El hecho de que Cicerón haya incluido esta última regla, aparentemente inválida, en la lista de los indemostrables ha sido explicado de varias formas: o debido a la falta de conocimientos lógicos suficientes del político romano ; o por un error del copista que trasmitió a los tiempos posteriores el texto de Cicerón; o también debido a un error en la copia de la fuente estoica que Cicerón usó; o, finalmente, ese séptimo indemostrable sería una regla válida si se colocan ciertas restricciones sobre el dominio de objetos a los que se refieren las proposiciones[5].

Boecio, en el libro V de su comentario a los *Tópicos* de Cicerón (*In Ciceronis Topica*), también da una lista de los indemostrables estoicos que difiere tanto de la lista de Cicerón como de la de Sexto Empírico. Como Cicerón, también considera siete indemostrables. Pero en el tercer indemostrable coloca como símbolo lógico principal, en la premisa mayor, el condicional → en lugar de la conjunción. Además establece que tanto el sexto como el séptimo indemostrable, se aplican a aquellas cosas que no tienen intermediarios, como las propiedades "estar vivo" y "estar muerto", en las que no hay un estado intermedio entre ellos. Tenemos entonces tres listas de indemostrables: una, trasmitida por Sexto Empírico, cita cinco indemostrables; las otras dos, debidas a Cicerón y Boecio, mencionan siete indemostrables. En este trabajo analizaremos las razones que podría haber tenido

---

[1] *Cum autem aliqua coniuncta negaris et ex iis unum aut plura sumpseris ut quod reliquitur tollendum sit, is tertius appelatur conclusionis modus.*
[2] *Quae conclusiones idcirco ratae sunt quod in disiunctione plus uno verum esse non potest.*
[3] *Non hoc et illud, hoc autem; illud igitur.*
[4] *Non hoc et illud; non autem hoc; illud igitur.*
[5] Algunas de esas posibilidades son discutidas en Kneale & Kneale, 1980, p.170-173

Boecio para introducir modificaciones en la lista de Cicerón y las discutiremos.

11.2 La presentación de Boecio

Vamos primero a ver cómo Boecio trasmite la lista de Cicerón y lo que dice sobre los indemostrables. En la notación de la Lógica contemporánea la forma del tercer indemostrable de Boecio es: $\neg(p \rightarrow \neg q), p \vdash q$. En relación a esta regla de inferencia Boecio afirma: a) que esa regla en un aspecto difiere del *Modus Ponens* y en otro sentido es idéntica a él; b) que la premisa mayor de esa regla se vincula con la noción de incompatibilidad. La regla se asemeja al *Modus Ponens* porque su premisa menor y su conclusión son idénticas a la de esa regla. Sin embargo Boecio insiste en su diferencia tanto en relación al *Modus Ponens* como en relación al *Modus Tollens* porque "en el modo que surge de los antecedentes, el antecedente es afirmado (*ponitur*) para probar el consecuente *(ut id quod sequitur adstruatur)* , y en el modo que surge de los consecuentes el consecuente es negado (*perimitur*) para descartar (*auferatur*) el antecedente, mientras que, en este tercer modo, nada de eso sucede" En realidad "el antecedente es afirmado, para destruir el consecuente" (*In Ciceronis Topica,* 1134 B)[6]. El ejemplo que da Boecio de aplicación de este indemostrable es:

> No es el caso que si es de día, entonces no haya luz (*lucet*).
>
> Pero es de día.
>
> Luego, hay luz.

Es diferente también este tercer indemostrable de los dos primeros porque, en la versión de Boecio, tenemos como premisa mayor la negación de un condicional mientras que en el *Modus Ponens* y en *Modus Tollens* la premisa mayor es un condicional afirmado. Pero además la premisa mayor del tercer indemostrable, surge, según Boecio, de una incompatibilidad, cosa que no sucede en la premisa mayor del *Modus Ponens.*

El concepto de incompatibilidad viene de la Lógica de los estoicos. Se aplica a los estados de cosas expresados por enunciados y en sentido derivado a éstos. Así dos enunciados p y q son incompatibles si los estados de cosas que ellas expresan no pueden darse al mismo tiempo[7]. Para referirse a esa incompatibilidad lo estoicos usaban el verbo μάχομαι cuyo significado original es luchar uno contra

---

[6]"[...] *sed ponitur antecedens, ut id quod sequitur, interimatur*"

[7]Prefiero traducir el término griego *axioma*, usado por los estoicos, como enunciado y no como proposición. Pues las condiciones de verdad de los enunciados llevan en cuenta las condiciones de su enunciación (principalmente quién lo dice y cuándo). Así el *axioma* "estoy silbando" sería verdadero a las 10.00 horas de hoy si de hecho estoy silbando, pero sería falso a las 11 horas de hoy si dejé de hacerlo. Los enunciados pueden cambiar su valor de verdad según cuándo se digan

otro. El concepto de incompatibilidad juega un papel en la disputa que se entabló en la escuela estoica sobre la naturaleza de los condicionales. Se trataba de decir cuándo un condicional de la forma "Si p entonces q" es válido (ὑγιής). Sexto Empírico y otras fuentes nos transmiten esa disputa (Sexto Empírico, 1997, p.174). El estoico Filón de Megara afirmaba que un condicional válido es aquel que no concluye en una falsedad partiendo de una verdad. Por ejemplo, si es de día y estoy dictando, el condicional "Si es de día, estoy dictando" es válido. Diodoro expresaba una opinión diferente. Él decía que un condicional es válido si no puede ni podría concluir en una cosa falsa partiendo de una verdadera. Según Diodoro el condicional anterior sería inválido, pues podría suceder que fuese de día y yo me callara. En cambio sería válido el condicional siguiente: "Si los elementos de los seres no son indivisibles entonces los elementos de los seres son indivisibles". Pues aunque, según Diodoro, se parta aquí de una cosa falsa se concluye en algo siempre verdadero, a saber, "los elementos de los seres son indivisibles". Otro ejemplo que podríamos dar es éste: "Si estoy vivo, entonces respiro" porque no puedo imaginar ninguna circunstancia en la cual yo esté vivo y no respire, mientras que sí puedo imaginar una circunstancia en la cual sea de día y yo esté callado. Los estoicos expresaron una tercera opinión sobre la naturaleza de los condicionales, la que es atribuida a Crísipo. Un condicional es válido cuando la negación de lo que en él está como consecuente es incompatible con lo que está como antecedente. Según esta caracterización el condicional "Si los elementos de los seres no son indivisibles, los elementos de los seres son indivisibles" no sería un condicional válido, mientras que lo sería éste: "Si es de día, entonces es de día". Finalmente presentaron una cuarta opinión, según la cual un condicional es válido si el consecuente está implícitamente contenido en el antecedente. Por su parte Boecio distingue varios tipos de condicionales en su obra sobre los silogismos hipotéticos (*De Hypotheticis Syllogismis* 1.3.6-1.4.1). En primer lugar tenemos el condicional *secundum accidens*. Este correspondería al condicional de Filón. El ejemplo dado por Boecio es "Si el fuego es caliente, entonces el firmamento es redondo"[8]. No es porque el fuego sea caliente que el firmamento es redondo, y, sin embargo, el condicional es verdadero, porque para Boecio el firmamento es redondo. Al segundo tipo de condicional Boecio lo llama *consequentia naturae*, consecuencia natural. Aquí tenemos dos subtipos: uno, no por la posición de los términos y otro por la posición de los términos (*per terminorum positionem*). Aquí por posición de los términos se entiende que el antecedente es causa del consecuente. Como ejemplo del primer subtipo Boecio da éste: "Si es hombre, es

---

y quién lo diga. Para nosotros se trataría de dos proposiciones diferentes. Debemos mencionar también que los estoicos no usan *axioma* en el sentido de proposición evidente que no precisa de demostración. Para las diferencias entre *axiomas* y proposiciones ver Kneale & Kneale, 1980, p137-151.

[8] *Cum ignis calidum est, caelum rotundum est*

animal"⁹ . Claramente no es porque un individuo sea hombre que él es animal sino que, al contrario, es hombre porque es animal, pues el género es causa de la especie. Éste sería un condicional que Diodoro reconocería como válido. Como ejemplo del segundo subtipo Boecio da el siguiente: "Si la tierra se interpone, entonces hay eclipse de luna"¹⁰, en este caso el antecedente, la interposición de la tierra, es causa del consecuente, el eclipse de luna. Éste condicional sería válido según Crísipo porque es incompatible que la Tierra se interponga entre el Sol y la Luna, y no haya eclipse de Luna.

Boecio aplica la noción de incompatibles a términos y después, como lo veremos, a proposiciones, buscando así expresar lo que los estoicos entendían por proposiciones incompatibles. Aparecen términos incompatibles-escribe Boecio- cada vez que un término que está ligado de forma natural con otro término, perteneciente a una dupla de términos contrarios entre sí, es comparado con el término restante. Por ejemplo, "amistad" y "enemistad" son términos contrarios y de la enemistad se sigue el deseo de dañar, luego "amistad" y "deseo de dañar son términos incompatibles"¹¹. Así, para Boecio, dos términos q y z son incompatibles cuando de la predicación de un término x (*enemigo de Pedro*) de un sujeto se siga la predicación de q (*querer dañar a Pedro*) del mismo sujeto o viceversa y el término x sea contrario al término z (*amigo de Pedro*). Por "contrario" aquí Boecio entiende tanto términos contrarios en sentido propio como términos contradictorios. Boecio extiende este concepto de incompatibilidad a las proposiciones de la forma siguiente: supongamos que de p se siga q, entonces $\neg(p \to \neg q)$ indica la incompatibilidad de las proposiciones p y $\neg q$. Pero Cicerón expresa la incompatibilidad de proposiciones de otra forma que Boecio: dirá que dos proposiciones p y q son incompatibles (*repugnantes*) negando la conjunción de esas dos proposiciones, es decir, como $\neg(p.q)$.

Veamos ahora cómo Boecio expresa el sexto y séptimo indemostrable. En relación al sexto indemostrable, se coloca la cuestión de su redundancia. Decimos que ese sexto indemostrable en la forma como lo dan Cicerón y Boecio es claramente redundante con el tercer indemostrable de la lista de Sexto Empírico y parcialmente redundante con el tercer indemostrable de Cicerón. En el texto de Boecio se afirma: "El sexto indemostrable aparece cuando una negación es prefijada a las cosas que pueden entrar en una disyunción (esto es cosas contrarias que carecen de intermediarias), y una conjunción copulativa es agregada, y el primer miembro de la conjunción es aseverado de forma tal que el segundo sea

---

⁹*Cum homo sit, animal est.*

¹⁰*Si terrae fuerit objectus, defectio lunae consequitur*

¹¹*Repugnantia vero intelliguntur quoties id quod alicui contrariorum naturaliter iunctum est, reliquo contrario comparatur, ut quoniam amicitia eaque inimicitiae contraria sunt. Inimicitias vero consequitur nocendi voluntas, amicita et nocendi voluntas repugnantia sunt* (*In Ciceronis Topica* 1066B)

eliminado en la forma siguiente:

> No se da el caso que sea de día y de noche
>
> Pero es de día.
>
> Luego no es de noche. (*In Ciceronis Topica* 1137 A)

El ejemplo dado por Boecio es exactamente el mismo que da Sexto Empírico para ilustrar el tercer indemostrable de su lista. Ahora cotejemos ese indemostrable con el tercer indemostrable de Cicerón. En verdad, el sexto indemostrable de Cicerón y el sexto de Boecio serían un caso particular del tercer indemostrable de la lista de Cicerón. ¿Pues como expresa Cicerón su tercer indemostrable? Ya lo vimos: "Ahora bien, cuando niegues la conjunción de algunos enunciados y admitas uno o varios de ellos para eliminar el que resta, ése es el tercer modo de conclusión". Ya observamos que para Cicerón la premisa mayor del tercer indemostrable puede estar formada por la negación de la conjunción de varios enunciados y la premisa menor por la conjunción de esos enunciados menos el último. Así que podemos afirmar que el tercer indemostrable de Cicerón generaliza el sexto indemostrable de las listas de Boecio y de Cicerón para el caso en que la premisa mayor contemple la negación de la conjunción de más de dos enunciados.

Resta discutir el séptimo indemostrable de la lista de Boecio. En relación a esa regla de inferencia Boecio se ocupa de dos cosas: a) de cómo se forma ese indemostrable; b) de la cuestión de su validez. Resuelve esas dos cuestiones así: la premisa mayor de ese indemostrable se forma – según Boecio – cuando en una disyunción de dos enunciados *p*, *q* sustituimos la disyunción por una conjunción, negamos una de los enunciados y obtenemos como conclusión el otro. Entonces, esa regla viene de una disyunción y la disyunción estoica es verdadera, cuando solamente uno de sus componentes es verdadero. Son verdaderas disyunciones como "o es de día o es de noche", "está sano o está enfermo". En las palabras de Boecio, "donde no hay un estado intermedio".

11.3 La cuestión del tercer indemostrable

Resta ahora explicar por qué Boecio modifica la versión de Cicerón del tercer indemostrable. Veamos el contexto en el que Cicerón presenta los indemostrables estoicos. Los *Tópico*s de Cicerón son un texto destinado a proveer un conjunto de estrategias argumentativas, más o menos esquematizadas, para aquellos que en la Roma antigua se ocupaban de las cuestiones forenses, abogados o jurisconsultos. Esas estrategias eran llamadas tópicos o lugares de argumentación (*loci argumentorum*). En obras suyas como *De oratore* y *Orator* Cicerón resaltó la importancia de la formación filosófica para esos profesionales. Aun cuando la teoría de los lugares de argumentación fuera sistematizada por Aristóteles, el hecho es que en la época de Cicerón la escuela filosófica predominante era el estoicismo Cicerón trató de dar un apoyo filosófico a la teoría y uso de los tópicos basándose en la Lógica de los estoicos. El orador romano presenta en sus *Tópicos* 9-25 una lista de los lugares de argumentación más comunes donde muchos de ellos están asociados a nociones lógicas tales como las de definición, partes, género, especie, semejanza, cosas contrarias y otras. Entre ellos distingue los tópicos basados en la noción de antecedente de un condicional (*ex antecedentibus*), de consecuente de un condicional (*ex consequentibus*) y de nociones incompatibles (*ex repugnantibus*). Identifica cada uno de esos tres últimos lugares de argumentación con un indemostrable estoico, el primero con el *Modus Ponens*, el segundo con el *Modus Tollens* y el tercero con el tercer indemostrable. Quiere decir, usar en un argumento el tópico *ex antecedentibus* consiste en usar el *Modus Ponens* y así sucesivamente. Cicerón dice que, aunque aparentemente sean éstos tres lugares de argumentación diferentes son, en verdad, un único tópico y la razón que da no es muy convincente. Afirma que si se trata de encontrar un argumento (*reperiendi arguementi*) estamos en presencia de un único tópico, pero si se trata de hacer uso de un argumento (*tractandi argumenti*) son tres lugares de argumentación diferentes. Y por último – dice Cicerón – para el orador forense esas son sutilezas que no importan aunque – reconoce Cicerón – los dialécticos (lógicos) distingan ahí tres tipos diferentes de argumentos (*Tópicos*, 53-54). Boecio concuerda con Cicerón en que se trata, en verdad, de un único tópico pero la razón que encuentra para decir eso, como veremos después, es diferente de la dada por Cicerón. De acuerdo con la segunda y la tercera de las concepciones estoicas sobre el condicional mencionadas antes, cuando se afirma un condicional, del antecedente se sigue necesariamente el consecuente. El condicional refleja una conexión necesaria entre dos estados de cosas[12]. Cicerón expresa esa opinión de los estoicos al intentar distinguir el tópico *ex consequentibus* del tópico que se apoya en nociones asociadas (*ab adiunctis*). Este último tópico es usado, por ejemplo, al inferir del ruido de los pies de una persona que ella esté caminando. Esa inferencia puede ser errónea, ya que alguien puede estar sentado en una silla y mover sus pies. Por eso, Cicerón afirma que deben distinguirse esos dos tópicos porque "las cosas asociadas no siempre acontecen ambas, antecedente y consecuente" (*Tópicos* 53)[13]. Y

---

[12]The term *synemmenon* denotes a complex *axioma*, and according to the description of Diogenes Laërtius at 7.66, this is just to say that it denotes a complex state of affairs, moreover, this complex state of affairs is signified by the predication of the relation of *following* between the state of affairs which are constituents of the complex axioma. What the stoics has in mind was to give an account of the inferences that could be made given that some particulars type of event or state of affairs followed from some other particular event or state of affairs (O'Toole y Jennings, 2004, p.423)

[13]*Nam coniuncta,[...] non semper eveniunt; consequentia autem semper.*

agrega que, por el contrario, "lo que se sigue de alguna cosa, está ligado (*coharet*) necesariamente con esa cosa y, lo que es incompatible con ella (*repugnat*) es de tal modo que con ella nunca puede estar ligado" (*Ibidem*)[14]. Por su parte, Boecio afirma que es una y la misma facultad del espíritu la que reconoce si una cosa está ligada necesariamente con otra y la que reconoce que ellas necesariamente no pueden estar ligadas, esto es, que son incompatibles. "Pues cuando una cosa está ligada (*comitatur*) con una precedente es necesario que aquella concuerde con la primera en la misma consecuencia natural". Es decir o hay una relación lógica necesaria como la que hay entre el antecedente y el consecuente de "Si es hombre, es animal" en que el antecedente existe porque existe el consecuente, o se trata de una relación causal entre ellos como en el enunciado "Si hay interposición entre el Sol y la Tierra, entonces hay eclipse de Luna". Por consiguiente – dice Boecio – la misma facultad de la mente y la misma regla de la inteligencia entiende lo que precede y aquello con lo cual está ligado. Y agrega: "Ni puede suceder que una cosa sea entendida como antecedente sin que al mismo tiempo sea considerado lo que es su consecuente: del mismo modo, ni el consecuente sin que aparezca lo que lo precede[15]" (*In Ciceronis Topica*, 1124D-1125A) Y además, afirma que, análogamente, nadie puede entender algo incompatible a menos que comprenda con qué cosa ella es incompatible[16].

Volvamos a nuestro problema. ¿Por qué Boecio considera que la premisa mayor del tercer indemostrable debe ser $\neg(p \rightarrow \neg q)$ y no $\neg(p.q)$, como la pone Cicerón? ¿Por qué la primera expresión sería más apropiada que la segunda para referirse a la incompatibilidad entre dos estados de cosas? Si los tópicos *ex antecedentibus*, *ex consequentibus* y *ex repugnantibus*, son en verdad un único tópico, parece comprensible que, en una obra que comenta los *Tópicos* de Cicerón, Boecio haya escrito que los indemostrables asociados a esos tópicos deberían tener una forma semejante, a saber, contener un condicional en la premisa mayor. Gran parte del comentario de Boecio está destinado a completar lagunas lógicas dejadas por Cicerón en su exposición. Este último dice que los tres tópicos son en verdad sólo uno, que cada uno de ellos está asociado a un indemostrable, pero expresa la premisa mayor del primero y segundo indemostrable con un condicional mientras que la premisa mayor del tercero está expresada por una conjunción, en verdad por la negación de una conjunción. Boecio aquí no está queriendo exponer la doctrina de los estoicos sino comentar a Cicerón. Y por comentar él entiende no sólo parafrasear y explicar sino también completar lo dicho por Cicerón y armonizar las diversas expresiones del texto.

---

[14] *Quidquid enim sequitur quamque rem, id cohaeret cum re necessario; et quidquid repugnat, id eius modi est ut cohaerere numquam possit.*

[15] *Neque enim fieri potest ut antecedens aliquid intelligatur, nisi in eodem quid sit consequens consideretur: eodem quoque modo appareat quid praecedat.*

[16] *Item repugnans aliquod intelligere nemo potest; nisi intelligat cui repugnet.*

¿Pero habrá otras razones que expliquen la sustitución efectuada por Boecio? Vimos que él entiende primeramente la incompatibilidad como una relación entre términos. Y vimos que en la definición de incompatibilidad entra la implicación. La incompatibilidad está definida a partir de la noción de implicación que sería una noción más básica: si de un enunciado p se sigue otro q es claro que p y $\neg q$ son incompatibles y Boecio indica esa incompatibilidad en la forma $\neg(p \to \neg q)$. Boecio claramente defiende la expresión de la incompatibilidad entre dos enunciados por medio de un condicional en lugar de hacerlo por medio de la negación de la conjunción de dos enunciados así:

> Pues un enunciado incompatible surge de un enunciado conexo (condicional) agregando una negación a su consecuente. Pero ninguna conjunción puede mostrar tan bien un enunciado conexo como "si", aunque una conjunción copulativa podría producir la misma incompatibilidad, porque los enunciados que son conexos son comprendidos como indisolublemente ligados[17]. (*In Ciceronis Topica*, 1140C-1140D)

Y como vimos el antecedente y el consecuente de un enunciado hipotético están indisolublemente ligados según la concepción de Boecio de consecuencia natural.

11.4 Conclusiones

1. Boecio modificó el tercer indemostrable de la lista de Cicerón porque por un lado buscaba dar una justificación lógica a la unidad subyacente a los tópicos *ex consequentibus, ex antecedentibus y ex repugnantibus* y por el otro pensaba que la premisa mayor del tercer indemostrable de su lista expresaba mejor la noción de incompatibilidad que la premisa mayor del tercer indemostrable de la lista de Cicerón.

2. Mediante la restricción colocada al dominio de referencia de los dos enunciados que aparecen en el séptimo indemostrable de Boecio se resuelve el problema de su aparente invalidez.

3. Parece ser que Boecio disuelve la oposición entre las concepciones de Filón, Diodoro y Crísipo sobre los condicionales, distinguiendo por lo menos tres tipos de condicionales, cada uno de los cuales correspondería a una de esas diferentes concepciones.

---

[17]*Namque id ex consequenti connexo negatione addita fit repugnans. Connexum verum nulla aeque ut si coniunctio posset ostendere quamquam idem efficiat et copulativa coniunctio. Nam quae connexa sunt, etiam coniuncta esse intelliguntur.*

Bibliografía

[1] Aristóteles. *Les Topiques*. Traducción de J. Brunschwig. Paris: Les Belles Lettres, 1984

[2] Aristóteles. *Retórica*. Traducción de Quintín Racionero. Madrid: Gredos, 1994.

[3] Boecio, A.M.S. *In Ciceronis Topica*. Traducción al inglés de Eleonore Stump, Ithaca: Cornell University Press, 2004

[4] Boecio, A.M.S. *De topicis differentiis* Traducción al inglés de Eleonore Stump, Ithaca: Cornell University Press, 2004.

[5] Boecio, A.M.S. *In Topica Ciceronis*. Disponible en https://www.documentacatholicaomnia.eu/04z/z_0480-0524__Boethius._Severinus__In_Topica_Ciceronis_Commentariorum_Libri_Sex__MLT.pdf.html. Acceso en 16 de agosto de 2019.

[6] Boecio, A.M.S. *De differentiis topicis*. Disponible en https://www.documentacatholicaomnia.eu/04z/z_0480-0524__Boethius._Severinus__In_Topica_Ciceronis_Commentariorum_Libri_Sex__MLT.pdf.html Acceso en 16 de agosto de 2019.

[7] Boecio, A.M.S. *De Hypotheticis syllogismis*. Disponible en https://www.documentacatholicaomnia.eu/04z/z_0480-0524__Boethius_De_Hypotheticis_Syllogismis__LT.pdf.html. Acceso en 15 de agosto de 2019

[8] Cicerón, M.T. *El orador* Edición bilingüe con introducción, anotación y revisión general de las traducciones de María Cristina Salatino. Godoy Cruz (Mendoza): Jagüel, 2013.

[9] Cicerón, M.T. *Topica*. Edición bilingüe con introducción anotación y traducción al inglés de Tobias Reinhardt. Oxford: Oxford University Press, 2003.

[10] Kneale, W y Kneale M. *El desarrollo de la lógica*. Madrid: Tecnos, 1980

[11] O'Toole,R; Jennings,R The megarians and the stoics. *In*: D.Gabbay y J. Woods(eds) *Handbook of the history of Logic* Volume I , New York: Elsevier, 2004. Pp.397- 522.

[12] Sexto Empírico. *Esbozos pirrónicos*. Traducción de Antonio Gallardo Cao y Teresa Muñoz Diego. Madrid: Gredos, 1993.

Capítulo 12

Diagramas e entimemas[1]

John MUMMA

12.1 Introdução

O papel dos padrões de rigor na prática matemática é um tópico que provoca reflexão. Algum padrão de rigor deve estar operando no processo de dar e receber provas matemáticas rigorosas. Caso contrário, as provas não contariam como provas rigorosas. Ainda assim, não parece que tal padrão possa ser absoluto no sentido de requerer que *tudo* o que justifica os passos de uma prova seja explicitado. A verificação de uma prova formal, onde o objetivo é tornar tudo explícito, mostra isso claramente. Para verificar formalmente se um resultado é correto, há sempre uma enorme quantia de detalhes que devem ser adicionados a uma prova informal, mas rigorosa, do resultado. Assim, a questão que surge sobre o rigor das provas informais, mas rigorosas, da prática é: quanto detalhe é suficiente?

Lassalle Casanave e Panza confrontam essa questão em sua análise das provas euclidianas em [2]. Seu foco nesse artigo é nos diferentes modos pelos quais Euclides aplica o postulado I.2 nos *Elementos*. Para dar conta desse ponto, é traçada a distinção entre provas *entimemáticas* e *canônicas*. Nos *Elementos*, Euclides fornece provas entimemáticas que um leitor (suficientemente treinado) pode transformar em uma prova canônica completamente explicitada. Para apresentar sua proposta, os autores a contrastam com a abordagem das provas euclidianas apresentada por mim, Jeremy Avigad e Edward Dean em [1]. As diferenças entre a sua proposta e a nossa não são, creio, tão grandes quanto eles as retratam. Meu objetivo neste artigo é examinar quão diferentes elas de fato são e, assim, estender a discussão dos problemas gerais relacionados a provas, rigor e detalhes que delas resultam.

---

[1]Tradução de Tamires Dal Magro

Lassalle Casanave e Panza identificam duas características insatisfatórias em nossa abordagem: 1) ela promove uma concepção de prova euclidiana canônica na qual diagramas são dispensáveis; e 2) trata linhas como objetos infinitos em ato. Apesar do fato de que o sistema formal E, central à nossa proposta, caracteriza os diagramas como listas de relações geométricas, a primeira característica insatisfatória não é de fato uma característica de nossa abordagem. Uma das principais tarefas neste artigo é explicar esse ponto. Já com relação à segunda característica identificada como insatisfatória, essa é de fato uma característica de nossa abordagem a qual também considero insatisfatória. Creio, no entanto, que o sistema formal de [1] poderia ser modificado de modo a não mais tratar linhas como infinitas em ato. Neste trabalho, forneço um esboço de como isso poderia ser feito.

12.2 A análise E da inferência diagramática

O objetivo do sistema E é desenvolver, em termos formais precisos, a influente concepção de Manders do método diagramático de Euclides em [3]. Sua análise mostra que, contrário às interpretações predominantes dos *Elementos* no século XX, o uso de diagramas em Euclides é controlado e sistemático. Consequentemente, em lugar de conceber os diagramas geométricos euclidianos como falhas em seu método matemático, podemos, seguindo Manders, entendê-los como parte desse particular sistema de notação matemática.

Manders caracteriza as provas euclidianas como procedendo em duas vias: uma via discursiva feita por meio de uma sequência de asserções, e outra diagramática. Um passo da prova realizado na parte discursiva ou sentencial consiste na adição de uma nova asserção na sequência, e um passo na prova realizado na via diagramática consiste na adição de um novo objeto gráfico ao diagrama. Os objetos gráficos no diagrama são vinculados às asserções no texto por meio de letras. É de crucial importância o fato de que não somente asserções prévias podem autorizar a introdução de uma nova asserção na via sentencial; tal adição também pode ser diretamente permitida pelo diagrama.

É central para a concepção de Manders de como os diagramas podem fazer isso a sua distinção entre os aspectos exatos e coexatos dos diagramas. Uma vez que são desenhados por mãos humanas, diagramas euclidianos não realizam todas as propriedades dos objetos ideais que eles representam. Os diagramas produzidos por régua e compasso são inevitavelmente sujeitos a pequenas variações daquilo que idealmente seriam linhas perfeitamente retas e círculos perfeitamente circulares. Manders define como coexato qualquer atributo de um diagrama que é estável sob tais variações ou perturbações. Já atributos exatos são aqueles que não são tão estáveis. Considere-se, por exemplo, um diagrama de um paralelogramo com uma diagonal traçada entre dois de seus vértices. A inclusão da diagonal dentro do paralelogramo é um atributo coexato do diagrama. Já a igualdade dos lados opostos do parelelograma, não.

Uma observação chave de Manders é a de que os diagramas euclidianos contribuem nas provas somente com respeito aos seus atributos coexatos. Euclides nunca infere um atributo exato de um diagrama a menos que ele se siga diretamente de um atributo coexato. As afirmações geométricas concernentes a outros atributos exatos são, ou assumidas do começo da prova, ou provadas via uma cadeia de inferências no texto. Não é difícil conjecturar por que Euclides teria feito essa restrição. É somente na sua capacidade de exibir relações coexatas que diagramas parecem ser capazes de funcionar efetivamente como símbolos de prova. As relações exatas exibidas pelos diagramas são demasiado refinadas para serem facilmente reproduzíveis e dar suporte a julgamentos precisos.

Obtemos assim de [3] um panorama preciso de como a informação geométrica é expressa e administrada nas provas euclidianas. A estratégia de E para formalizar esse panorama é a de abstrair-se do caráter espacial concreto dos diagramas que expressam relações coexatas. *Todas* as condições que podem ser obtidas de uma figura geométrica – tanto as exatas como as coexatas – são codificadas em objetos que possuem uma forma sentencial. Mais precisamente, E possui um estoque de símbolos de relações e diferentes variáveis, e especificar uma configuração geométrica dentro do sistema equivale a fornecer uma lista finita Γ que consiste de literais (sentenças atômicas ou negações de sentenças atômicas) formados a partir desses símbolos de relações e variáveis. Por exemplo, dentro de E, um triângulo isósceles é representado como

> Ponto p **está sobre** a Linha L.
>
> Ponto q **está sobre** a Linha L.
>
> Ponto p **está sobre** a Linha M.
>
> Ponto r **está sobre** a Linha M.
>
> Ponto q **está sobre** a Linha N.
>
> Ponto r **está sobre** a Linha N.
>
> Linha $L \neq$ Linha M.
>
> Linha $L \neq$ Linha N.
>
> Linha $M \neq$ Linha N.
>
> $pr = qr$

Apesar da representação sentencial uniforme das relações geométricas em E, ainda existe uma distinção entre exato e coexato. Mas, em vez de estar ligada à distinção entre sentença e diagrama, ela está refletida no modo como as regras do sistema operam nas relações. As relações que codificam informação coexata, tais como a de **estar sobre** na lista acima, desempenham um papel especial nas provas do sistema.

Esse papel está diretamente conectado à noção de *consequência direta*, descrita na seção 3.8 de [1]. Juntamente à relação diádica de **estar sobre** entre pontos e linhas, as relações de E que codificam informações coexatas são:

- **estar dentro de:** uma relação diádica entre pontos e círculos.
- **estar sobre:** uma relação diádica entre pontos e círculos.
- **estar no mesmo lado que:** uma relação triádica entre dois pontos e uma linha.
- **estar entre:** uma relação triádica entre pontos.
- **intersectar:** uma relação diádica entre duas linhas, dois círculos ou uma linha e um círculo.

Em [1], essas relações são denominadas como as relações *diagramáticas* de E. As *regras diagramáticas* de E são as regras de inferência que possuem uma lista de literais diagramáticos como *input* e um literal diagramático como *output*. Por exemplo, dentre as muitas regras diagramáticas de E, a regra 3 de intersecção é:

Ponto p **está sobre** a linha L, ponto p **está dentro** do círculo α $\Rightarrow$ Linha L **intersecta** o círculo α.

A consequência direta é definida dentro de E em termos de suas regras diagramáticas. Em particular, o literal φ é uma consequência direta do conjunto de literais Γ se e somente se φ está no fecho dedutivo de Γ sob as regras diagramáticas. Ao aplicar as regras diagramáticas a um Γ finito, obtemos um conjunto de literais Γ' tal que $\Gamma \subseteq \Gamma'$. Podemos então aplicar as regras diagramáticas a Γ' para obter um conjunto Γ'' tal que $\Gamma' \subseteq \Gamma''$, e assim sucessivamente. Uma vez que Γ é finito, o processo eventualmente termina em um conjunto Γ^* o qual contém todas as consequências diretas de Γ.[2]

De acordo com a abordagem E das provas diagramáticas euclidianas, ao assumir e/ou provar que uma figura satisfaz os literais de Γ e φ é uma consequência direta de Γ, pode-se inferir φ *sem fornecer qualquer justificação explícita* na prova. A ideia é a de que φ é imediato de acordo com o método diagramático de Euclides. Uma vez construído e consultado um diagrama que satisfaz Γ, pode-se ver que φ é uma implicação coexata de Γ. Desse modo, a abordagem E analisa o papel dos diagramas nas provas euclidianas através de uma caracterização formal de qual tipo de informação geométrica pode ser representada por diagramas e quais por meio deles podem ser inferidas.[3] Essa caracterização trata os diagramas de

---

[2]A finitude de Γ implica que há um número finito de variáveis em Γ e, portanto, um número finito de possíveis consequências diagramáticas de Γ. Há, portanto, um limite máximo finito do tamanho do conjunto gerado pela aplicação sucessiva das regras diagramáticas ao conjunto base Γ.

[3]Essa caracterização é relativa às regras diagramáticas de E. Embora a completude de E seja

Euclides como caixas-pretas. Ela especifica somente quais são os *inputs* e os *outputs* que são mediados pelos diagramas nas provas euclidianas, mas não diz nada acerca de como exatamente os agentes empregam diagramas concretos para chegar em um *output* φ a partir de *inputs* Γ. Uma análise filosófica mais completa do método diagramático de Euclides buscaria iluminar esse processo. Entretanto, isso não é necessário para o tipo de análise lógica que E pretende oferecer.

Análises lógicas de um fragmento da matemática *via* métodos formais são frequentemente realizadas para fornecer uma imagem nítida das provas canônicas – no sentido de [2]. É por essa razão, talvez, que Lassalle Casanave e Panza interpretam E como propondo uma concepção das provas canônicas euclidianas livre de diagramas. O sistema formal E, no entanto, tem como propósito fornecer uma análise das provas canônicas euclidianas somente com respeito às informações geométricas que tais provas devem conter. *Não* é parte dos propósitos de E mostrar como essas informações devem ser representadas em símbolos concretos. Em particular, E não deveria ser tomado como fixando um padrão de prova canônica na geometria elementar onde se deveria escrever e raciocinar com listas compostas pelas relações diagramáticas de E. O que tal padrão demandaria está, obviamente, completamente em desacordo com a maneira como as provas dos *Elementos* são realmente apresentadas e compreendidas. Creio, no entanto, que pode ser o caso que, somente por meio de um diagrama geométrico seria possível para um ser humano inferir as consequências diretas identificadas pelas regras diagramáticas de E. Essa tese não foi argumentada em [1], mas é consistente com o que é dito lá. Desenvolver um argumento convincente para isso é, para mim, a maneira como a análise lógica de E deve ser estendida para se tornar uma abordagem filosoficamente completa. Nessa concepção, diagramas seriam indispensáveis às provas euclidianas.

Embora a abordagem E por si própria deixa em aberto questões relacionadas a provas canônicas da geometria euclidiana, ela se alinha naturalmente com a distinção de Lassalle Casanave e Panza entre provas canônicas e entimemáticas. Essa distinção reside no *insight* de que para compreender uma prova matemática não é suficiente concentrar-nos exclusivamente nos textos da prova. Também devem ser considerados o conhecimento e as habilidades que os leitores possuem e, consequentemente, como eles são capazes de preencher os detalhes que o texto omite. No caso dos *Elementos*, de acordo com E, os leitores do texto possuem uma habilidade para verificar implicações coexatas. Mais precisamente: possuem a habilidade para verificar se são corretas as inferências que E identifica como

---

provada em [1], a completude das regras diagramáticas de E não o é. É possível que haja uma inferência diagramática imediata que não seja classificada como tal por meio da relação de consequência direta. A fim de excluir essa possibilidade com uma prova de completude para as inferências diagramáticas de E, é requerida uma semântica dos coexatos para figuras geométricas. Desenvolver essa semântica é um dos objetivos da atual pesquisa do autor.

consequências diretas.[4]

12.3 Linhas na Análise E

A estratégia de E de conceber inferências diagramáticas como caixas-pretas projeta em listas de literais aqueles diagramas que normalmente aparecem com as provas de Euclides. Para tal análise ser convincente, ela deve codificar informações que poderiam ser extraídas diretamente de uma representação diagramática. A segunda crítica que Lassalle Casanave e Panza direcionam a E questiona esse ponto, especialmente no que concerne a suas variáveis de linhas. Dentro do sistema, essas variáveis são entendidas como referindo-se a linhas de extensão infinita. Um diagrama, no entanto, é necessariamente delimitado no espaço. Sendo assim, a análise E da inferência diagramática assume objetos geométricos que somente podem ser parcialmente representados em diagramas.

Uma forma de remover essa assunção seria modificar E de tal modo que suas variáveis de linha pudessem ser entendidas como referindo-se a segmentos de linhas delimitados em lugar de linhas infinitas. Uma versão de E nesses termos seria mais fiel ao que se pode realmente ver quando se raciocina com um diagrama. A escolha de tomar linhas infinitas como primitivas foi feita por uma questão de conveniência formal. Trata-se de uma idealização que suaviza as complicações que surgem quando segmentos de linhas são tomados como primitivos. Algumas dessas complicações são descritas por Lassalle Casanave e Panza em [2]. Se tomarmos o postulado I.2 como permitindo a extensão de um segmento de linha até um segmento de linha maior – em vez de a uma linha infinita –, não é claro como o uso do postulado em Euclides poderia ser visto como construtivo. Existem provas (por exemplo, a I.2) em que o postulado parece permitir a produção de pontos que não são unicamente determinados por nada previamente dado nas provas. Um problema análogo no contexto de E diria respeito às regras diagramáticas que permitem inferir intersecções (tal como a regra diagramática apresentada na seção anterior). Codificar o comportamento da intersecção entre linhas e círculos por meio de regras formais requer mais regras quando linhas são concebidas como delimitadas.

Efetivamente, o próprio conceito de intersecção se modifica quando a idealização de linhas infinitas é permitida. Isso se torna ainda mais dramático se a noção de paralelismo é considerada. Com respeito a linhas infinitas, a não-intersecção

---

[4]É relevante notar que esse panorama das provas euclidianas como entimemáticas difere em grande medida da concepção presente em [2]. Para Lassalle Casanave e Panza, o caso paradigmático de um passo entimemático é o da aplicação não-construtiva do postulado I.2. De acordo com essa concepção há, portanto, provas canônicas nos *Elementos*. Em contraste, de acordo com a imagem de E aqui esboçada, todas as provas diagramáticas dos *Elementos* são entimemáticas.

implica paralelismo. Já com respeito a segmentos de linhas delimitados, a não-intersecção *não* implica paralelismo. Se dois segmentos de linhas delimitados não intersectam, existe ainda a possibilidade de que uma ou ambas as linhas possam ser estendidas até um ponto de intersecção. Qual dessas duas noções de intersecção de linhas é a que está presente em Euclides? Uma resposta apropriada à questão requereria uma análise aprofundada das definições, postulados e noções comuns. Uma hipótese plausível à primeira vista, poderia ser a de que a segunda noção de intersecção é mais natural à geometria euclidiana quando olhamos para o postulado IV. A notável complexidade desse postulado é compatível com a noção de intersecção de linhas onde os segmentos não-intersectantes podem ou não ser paralelos. Esse postulado fornece condições para decidir a questão negativamente. Por outro lado, se Euclides houvesse empregado uma noção de intersecção cujos *relata* são linhas infinitas, seria ainda mais difícil explicar a complexidade do postulado. Euclides poderia ter assegurado a geometria euclidiana simplesmente estipulando a unicidade de uma linha (infinita) que passa por um ponto dado e que não intersecta uma linha (infinita) dada.

Essas considerações motivam o projeto de desenvolver uma versão mais refinada de *E* que dispense a idealização de linhas infinitas. A relação de **estar entre** deixaria de ser primitiva, já que a relação de **estar sobre** para variáveis de linhas e pontos serviria para codificar a relação de estar entre de pontos com os pontos extremos dos segmentos de linha. O formalismo necessitaria, por outro lado, ser complementado de modo a codificar os pontos extremos de segmentos, bem como a extensão de segmentos. Executar tal projeto de modo exitoso requereria: 1) modificar as regras diagramáticas em termos de novos primitivos; 2) verificar que a prova da completude dada para o sistema original em [1] pode ser realizada para o sistema modificado. Não há, em princípio, razão pela qual isso não possa ser feito. O resultado seria uma análise formal com a qual se poderia examinar as questões que Lassalle Casanave e Panza levantam sobre o postulado I.2 em [2].

Referências

[1] Avigad, J., E. Dean e J. Mumma (2009). "A formal system for Euclid's *Elements*". Em: *Review of Symbolic Logic* 2, pp. 700–768.

[2] Casanave, A. Lassalle e M. Panza (2018). "Cannonical and enthymemathical proofs in Euclid's plane geometry". Em: *The Philosophers and Mathematicals: Festschrift for Roshdi Rashed*. Ed. por Hassan Tahiri. Cham, Switzerland: Springer Press, pp. 127–144.

[3] Manders, K. (2008). "The Euclidean diagram". Em: *Philosophy of Mathematical Practice*. Ed. por Paolo Mancosu. Oxford: Clarendon Press, pp. 112–183.

Capítulo 13

Qué podría haber sido la universalidad para Euclides[1]

Marco PANZA

Las proposiciones geométricas de los *Elementos* de Euclides son universales. Pero, ¿en qué sentido lo son?

¿Tratan las proposiciones geométricas acerca de una cierta totalidad de ítems geométricos (posiblemente objetos)? Ello resultaría sugerido al leer tales proposiciones como sigue: 'Para todo segmento x, construir esto y esto'; 'Todos los triángulos son así y así'; etc.

¿Tratan estas proposiciones de cualquier elemento de tal totalidad? Ello resultaría sugerido al leerlas del siguiente modo: 'Dado cualquier segmento, construir esto y esto'; 'Cualquier triángulo es así y así'; etc.

¿Se refieren a esquemas (en el sentido lógico) de cualquier elemento de tal totalidad? Como parecería estar sugerido al leerlas de la siguiente manera: 'Dado el (un) segmento AB, construir esto y esto'; 'El (un) triángulo ABC es así y así'; etc.

Considero que todas estas interpretaciones, estén ellas apoyadas o no en consideraciones filológicas, entran en conflicto con un hecho crucial: que no se proporciona ninguna condición global de identidad para los ítems relevantes, e incluso no hubiera podido proporcionarse en el entramado conceptual de la geometría de Euclides. Todo lo que se proporciona son condiciones locales de identidad, que dependen de representaciones diagramáticas de estos ítems. Luego, ningún sentido claro estaría disponible para las afirmaciones universales referidas, en un sentido u otro, a una totalidad fija de ítems geométricos.

Posiblemente, el modo en que hoy concebimos a tal totalidad se encuentra condicionado, o al menos es diferente del modo en que lo griegos concebían una

---

[1] Traducción de Eduardo Giovaninni

totalidad fija de ítems geométricos. Sin embargo, la pregunta que estoy planteando es una pregunta para nosotros, no para ellos. No estoy preguntando si Euclides concebía a una totalidad de ítems geométricos en algún sentido compatible con la ausencia de condiciones globales de identidad para sus elementos. Estoy preguntando si existe un modo para nosotros de comprender lo que él podría haber tomado como una afirmación universal, dado que no podemos adscribirle nuestra concepción de una totalidad fija de ítems geométricos.

No quiero una respuesta desde la filología, simplemente porque esta es una pregunta que la filología no puede responder, puesto que no trata de lo que está escrito, sino de cómo nosotros entendemos lo que está escrito. Sin embargo, tampoco deseo una respuesta que vaya en contra de la filología. Así, comenzaré recolectando evidencia filológica. He revisado las afirmaciones de las 48 proposiciones del primer libro de los *Elementos* y clasificado los diferentes modos en que ellas, en mi opinión, se refieren a los ítems relevantes.

Dejé de lado las pruebas, tanto por cuestiones de espacio, como también porque la práctica (o técnica) de la *ekthesis* uniformiza el modo de referencia, de una manera que no ofrece comprensión sino que la requiere, puesto que esconde el universal bajo la forma aparente de un particular.

Algunas proposiciones refieren a los ítems a través del nombre de su tipo, utilizado en el singular y precedido por un artículo, a menudo junto con el calificativo que es usualmente traducido como 'dado', extraído del verbo 'δίδωμι':

- Prop. I.1 Sobre una línea recta dada [ἐπὶ τῆς δοθείσης εὐθείας] construir un triángulo equilátero.[2]

- Prop. I.2 Poner en un punto dado [τῷ δοθέντι σημείῳ] (como extremo) una línea recta igual a una línea recta dada [τῇ δοθείσῃ εὐθείᾳ].

- Prop. I.9 Bisectar un ángulo rectilíneo dado [τὴν δοθεῖσαν γωνίαν εὐθύγραμμον].

- Prop. I.10 Bisectar una línea recta dada [τὴν δοθεῖσαν εὐθεῖαν πεπερασμένην].

- Prop. I.11 Trazar una línea recta en ángulo recto a una línea recta dada [τῇ δοθείσῃ εὐθείᾳ] desde un punto dado [δοθέντος σημείου] sobre ella.

- Prop. I.12 Para una recta infinita dada [τὴν δοθεῖσαν εὐθεῖαν ἄπειρον], desde un punto dado [τοῦ δοθέντος σημείου] que no está sobre ella, trazar una línea recta perpendicular.

---

[2]En la medida de lo posible, hemos intentado una traducción literal al castellano de la traducción al inglés del texto de Euclides por parte del autor de esta nota, con base en la traducción de Heath. El texto griego entre corchetes es introducido por el autor. [N.d.T.]

Otros ejemplos son las proposiciones I.23; I.31; I.42; I.44; I.45; I.46.

Algunas proposiciones hacen lo mismo, aunque omitiendo tanto el calificativo 'dado' como el artículo:

- Prop. I.6 Si en [un] triángulo [τριγώνου] dos ángulos son iguales entre sí, los lados que subtienden los ángulos iguales serán también iguales entre sí.

- Prop. I.13 Si [una] línea recta [εὐθεῖα] puesta sobre [una] línea recta [εὐθεῖαν] forma ángulos, formará o bien dos ángulos rectos o bien ángulos iguales a dos ángulos rectos.

- Prop. I.21 Si sobre uno de los lados de un triángulo [τριγώνου ἐπὶ μιᾶς τῶν πλευρῶν], desde sus extremos, se construyen dos líneas rectas que se encuentren en el interior del triángulo, las líneas rectas construidas serán menores que los lados restantes del triángulo, pero comprenderán un ángulo mayor.

Otros ejemplos son las proposiciones I.41; I.48.

Algunas proposiciones utilizan numerales adecuados, en lugar del artículo, con o sin 'dado':

- Prop. I.3 Dadas dos líneas rectas desiguales [δύο δοθεισῶν εὐθειῶν], quitar de la mayor una línea recta igual a la menor.

- Prop. I.4 Si dos triángulos [δύο τρίγωνα] tienen dos lados iguales a dos lados respectivamente, y tienen iguales los ángulos comprendidos por las líneas rectas iguales, tendrán también la base igual a la base, el triángulo será igual al triángulo, y los ángulos restantes serán iguales a los restantes ángulos respectivamente, a saber: los subtendidos por lados iguales.

- I.8 Si dos triángulos [δύο τρίγωνα] tienen los dos lados iguales a dos lados respectivamente, y tiene también la base igual a la base, ellos también tendrán iguales los ángulos que son contenidos por las líneas rectas iguales.

- I.15 Si dos líneas rectas [δύο εὐθεῖαι] cortan una a la otra, ellas hacen los ángulos del vértice iguales entre sí.

Otros ejemplos son las proposiciones I.22; I.24; I.25; I.26.

Algunas proposiciones directamente usan el nombre del tipo de ítems relevantes en el plural, junto con un artículo:

- Prop. I.5 En los triángulos isósceles [τῶν ἰσοσκελῶν τριγώνων] los ángulos de la base son iguales entre sí, y si las líneas rectas iguales son prolongadas, los ángulos bajo la base serán iguales entre sí.

- Prop. I.30 Las líneas rectas [εὐθεῖαι] paralelas a una misma línea recta son también paralelas entre sí.

- Prop. I.33 Las líneas rectas [εὐθεῖαι] que unen líneas rectas iguales y paralelas sobre la misma parte [de ellas] son también ellas mismas iguales y paralelas.

Otros ejemplos son las proposiciones I.34; I.35; I.36; I.37; I.38: I.39; 40; I.47.

La Proposición 14 hace lo mismo con una parte de ella, aunque utilizando, en otra parte, el pronombre 'τις', que podría ser mejor traducido como 'algún':

- Prop. I.14 Si con alguna línea recta [τινι εὐθείᾳ], y en un punto de ella, dos líneas rectas [δύο εὐθεῖαι] que no están en el mismo lado (de ella) forman los ángulos adyacentes iguales a dos rectos, las dos líneas rectas estarán en línea recta entre sí.

Algunas proposiciones siguen los postulados I.1, I.3 y I.4, al utilizar 'πᾶς', que resultaría difícil no traducir como 'todo':

- Post. I.1 Postúlese el trazar una línea recta desde todo punto hasta todo punto [ἀπὸ παντὸς σημείου ἐπὶ πᾶν σημεῖον].

- Post. I.3 Y el describir un círculo con todo centro y distancia [παντὶ κέντρῳ καὶ διαστήματι].

- Post. I.4 Y todos los ángulos rectos [πάσας τὰς ὀρθὰς γωνίας] son iguales entre sí.

- I.16 En todo triángulo [παντὸς τριγώνου], si se prolonga uno de sus lados, el ángulo externo es mayor que cada uno de los ángulos internos y opuestos.

- I.17 En todo triángulo [παντὸς τριγώνου] dos ángulos tomados juntos de cualquier manera son menores que dos ángulos rectos.

- I.18 En todo triángulo [παντὸς τριγώνου] el lado mayor subtiende al ángulo mayor.

- I.19 En todo triángulo [παντὸς τριγώνου] al ángulo mayor lo subtiende el lado mayor.

- I.20 En todo triángulo [παντὸς τριγώνου] dos lados tomados juntos de cualquier manera son mayores que el restante.

Otros ejemplos son las proposiciones I.18; I.19; I.20; I.32; I.43.

Finalmente, algunas otras proposiciones utilizan uno de los modos anteriores de exposición para parte de ellas, y otros para otras partes de ellas, tal como ocurre con la recién mencionada Proposición I.14:

- Prop. I.7 Dadas dos líneas rectas [δύο ταῖς αὐταῖς εὐθείαις] constuidas sobre una línea recta [ἐπὶ τῆς αὐτῆς εὐθείας] (desde sus extremos) y que se encuentran en un punto, no es posible construir sobre la misma línea recta (desde sus extremos), y por el mismo lado de ella, otras dos líneas rectas que se encuentren en otro punto y que sean iguales respectivamente a las dos anteriores, es decir, con los mismos extremos que las líneas rectas dadas.

- Prop. I.27 Si una línea recta [εὐθεῖα] al incidir sobre dos líneas rectas hace [δύο εὐθείας] los ángulos alternos iguales entre sí, las dos rectas serán paralelas entre sí.

- Prop. I.28 Si una línea recta [εὐθεῖα] al incidir sobre dos líneas rectas [δύο εὐθείας] hace el ángulo externo igual al interno y opuesto del mismo lado, o los dos internos del mismo lado iguales a dos rectos, las líneas rectas [αἱ εὐθεῖαι] serán paralelas entre sí.

- Prop. I.29 (para una parte de) Una línea recta que cae sobre líneas rectas paralelas [ἡ εἰς τὰς παραλλήλους εὐθείας εὐθεῖα ἐμπίπτουσα] hace los ángulos alternos iguales entre sí, el ángulo externo igual al interno y opuesto, y los ángulos internos del mismo lado igual a dos ángulos rectos.

Algunos de estos usos son ciertamente establecidos por restricciones gramaticales. Algunas diferencias entre ellos son además dependiente del tipo de proposición relevante (problema o teorema). Sin embargo, creo que podrían haber sido uniformizados, si ello hubiese sido requerido. Ello sugiere que cualquier interpretación de la universalidad de las proposiciones de Euclides que esté justificada por algunos de estos usos, lo estaría arbitrariamente, puesto que se podría haber apelado a otros para contradecirla.

Por lo tanto, el único modo de desenmarañar esta cuestión es por medio de una reflexión general sobre la lógica de los argumentos de Euclides (si es que es posible identificar una). Identificar y reconstruir esta lógica es el objeto de una investigación en curso, que estoy llevando a cabo con Alberto Naibo. Aquí solo deseo realizar algunas observaciones sobre el problema de la universalidad.

Mi punto de partida es el que ya he anticipado: deseo evitar toda apelación a cualquier tipo de totalidad fija de ítems geométricos, sean estos:

- Una totalidad de ítems independientes y existentes por sí mismos (presumiblemente ideales o abstractos), simplemente porque, aun si Euclides hubiese estado dispuesto a admitirla, no hubiese tenido manera (o hubiese fallado en proporcionar los medios) de discriminar globalmente entre ellos, o, al menos, de hacer claro lo que distingue a uno de ellos de los otros;

- Una totalidad de ítems construidos, almacenados en algún lugar para su futuro uso o referencia, por razones similares a las anteriores, puesto que el único modo en que Euclides hubiese podido discriminar entre ellos hubiese sido apelando a un acto previo de construcción, planteado como la construcción de un ítem individual, distinto de cualesquiera otros ítems del mismo tipo, y sin ningún tipo de necesidad matemática, sino más bien perjudicando la universalidad de sus construcciones;

- Una totalidad de formas, que se distinguen entre sí por su tamaño y su ubicación en el espacio, puesto que cualquier distinción de esta clase hubiese requerido algún tipo de sistema de referencia en el espacio, que Euclides hubiese podido proporcionar no solo identificando ya un ítem en el espacio, sino también y en general solo localmente apelando meramente a una representación diagramática de este ítem, y haciendo trabajar sus condiciones locales de identidad.

La idea básica para evitar esto es entender a las construcciones de Euclides como regidas por algo así como reglas de introducción para ítems de tipos previamente identificados, cada uno de los cuales puede ser aplicado en todo momento que se requiera tener a disposición uno de estos ítems. Algunas de estas reglas son elementales y vienen con suposiciones liminales de la teoría, tales los postulados I.1-3. Otras son derivadas y se siguen de las elementales.

Utilizando letras romanas mayúsculas, A, B, C, ..., para puntos, letras romanas minúsculas, a, b, c, ..., para segmentos, y letras griegas minúsculas, α, β, γ, ..., para círculos, las reglas proporcionadas para los postulados I.1-3 podrían ser formuladas de un modo esquemático como sigue:

$$\text{P.1}\ \frac{A\ \ B}{a}\ \ ;\ \ \text{P.2}\ \frac{a}{b\ \ c}\ \ ;\ \ \text{P.3}\ \frac{A\ \ B}{\alpha}$$

o mejor:

$$\text{P.1}\ \frac{A\ \ B}{a_{[A,B]}}\ \ ;\ \ \text{P.2}\ \frac{a}{[a]^b\ \ [a]^c\ [b]}\ \ ;\ \ \text{P.3}\ \frac{A\ \ B}{\alpha_{[A,B]}}$$

Algunas otras reglas elementales son implícitas. Entre ellas, las más importantes son las siguientes:

- Una regla requerida para comenzar cualquier construcción que permite considerar como dados un número finito de segmentos non relacionados entre ellos $^{\text{Com}} \dfrac{}{a, ..., b}$

- Una regla requerida para extraer puntos a partir de segmentos $^{\text{Ex}} \dfrac{a}{{}_{[a]}A \ B_{[a]}}$

- Una regla diagramática requerida para obtener puntos a partir de intersecciones $^{\text{In}} \dfrac{\mathcal{D}}{A_{[\mathcal{D}]}}$

Las reglas derivadas son probadas resolviendo problemas. De acuerdo con la interpretación que sugiero, resolver un problema proporciona, en efecto, una suerte de meta-teorema, que establece que algunos objetos pueden ser construidos si otros son tales, concibiendo a una construcción como el resultado de la aplicación de las reglas de introducción.

El ejemplo más simple y obvio es la Proposición I.1. Tomemos a un triángulo como una configuración apropiada de tres segmentos, y a un triángulo equilátero, como una configuración de este tipo, que satisface las condiciones apropiadas. Supongamos también que las reglas de introducción vienen aparejadas con reglas secuenciales que permiten guardar registro de la introducción sucesiva de ítems, y combinarlas (funcionando, *mutatis mutandis*, como reglas de inferencia en una deducción), y además con reglas de identificación (que corresponden básicamente a definiciones) que permiten reconocer una cierta configuración, tal como un triángulo equilátero, en el resultado de una construcción (en virtud de una prueba apropiada). Luego, la solución de la Proposición I.1 muestra que un triángulo es construible (puede ser introducido) por la aplicación sucesiva de las reglas: Com; Ex; P.3 (dos veces); In; P.1 (dos veces), que arrojan la siguiente regla derivada:

$$^{\text{I.1}} \dfrac{a}{\langle a, b, c \rangle_{\text{T}_{eq}}}$$

Ahora bien, ¿qué tiene todo esto que ver con la universalidad? Mucho, sugiero, puesto que nos proporciona suficientes herramientas conceptuales para delinear una noción de universalidad, que no depende de ninguna apelación a una totalidad fija de ítems geométricos, y es perfectamente compatible con la práctica constructiva y demostrativa de Euclides.

Lo primero que debe observarse es que las reglas previas de introducción son esquemáticas. Pero no en el sentido de que las letras utilizadas para enunciarlas pueden referir a cualquier ítem del tipo apropiado; sino más bien en el sentido de que las letras usadas para enunciarlas pueden ser reemplazadas, en ellas, por cualqueir otra letra del mismo tipo, y en el sentido de que cualquier letra del tipo apropiado puede ser usada para referir a los ítems relevantes, dentro de cualquier argumento, con la única restricción de que la referencia debe ser mantenida fija a lo largo de todo el argumento. Sí, ¿pero cuáles son los ítems relevantes?

Consideremos un ejemplo para comprender mejor el punto que quiero establecer. El más simple es, de nuevo, la proposición I.1. Esta requiere construir un triángulo equilátero con un segmento dado. ¿Qué segmento? Ciertamente no cualquiera, elegido dentro de la totalidad de segmentos. Ciertamente no uno particular, elegido dentro de esta totalidad. Ciertamente no uno genérico que representa cualquier segmento de esta totalidad. Pero, mucho más simple, un segmento que de ningún modo es particular, puesto que no tiene ni una posición particular en el espacio, ni una longitud particular. Y ello, meramente, porque no hay otro ítem en el espacio de la proposición, con respecto al cual su posición pueda ser determinada, mejor, no hay espacio en el cual está inmerso, sino que más bien él mismo proporciona una referencia con respecto a la cual la posición de otros ítems puede ser luego determinada. Y porque no hay ningún otro segmento que tenga una longitud cualquiera con respecto a la cual su propia longitud pueda ser determinada.

Si uno quiere decirlo de la siguiente manera: este es un segmento genérico, pero no porque representa o está en lugar de cualquier otro, sino porque no es de modo alguno particular, no tiene ninguna propiedad específica que lo distinga de los otros, simplesmente porqué no hay otros. Es con este segmento que la construcción comienza.

Por lo tanto, la Proposición I.1 es universal, puesto que trata del único caso que podía ser considerado: el caso de un solo segmento que es simplemente genérico por no ser particular en modo alguno.

Si ello resulta así, ¿que tipo de resultado universal establece la resolución de este problema? Simplemente, como dije antes, que una nueva regla derivada de introducción puede ser añadida a las elementales: una que autoriza la introducción de triángulos equiláteros. Ello también puede ser dicho de la siguiente manera: los triángulos equiláteros son construibles con los medios de construcción admitidos.

Dos objeciones parecerían aquí obvias. Sin embargo, sostengo que cada una de ellas es defectuosa.

La primera es que ahora estoy utilizando un plural para expresar universalidad: digo que los triángulos equiláteros son construibles. En consecuencia, refiero implícitamente a una totalidad. Aquí está mi respuesta: por supuesto, utilizo el plural, e incluso para mí ello resulta esencial, puesto que sin utilizar el plural no sería capaz de expresar universalidad. Y por supuesto, también, al hacerlo refiero implícitamente a una totalidad. Pero esta no es una totalidad de ítems geométricos. No estoy hablando de todos los triángulos equiláteros. Estoy hablando de una totalidad abierta de actos de construcción admitidos dentro de una teoría. Estoy diciendo que la teoría permite introducir (construir) un triángulo equilátero, cada vez que un segmento ha sido introducido (construido o dado).

Ello debería volver manifiesta a la segunda objeción. Se trata de una objeción clásica, pero que no por ello no está fuera de lugar: ¿Cómo podemos estar seguros que una construcción realizada una vez puede ser repetida? Digamos que esta construcción comienza con un segmento que es genérico por no ser particular en modo alguno, por no tener ninguna propiedad específica. Pero ello no es lo que ocurre cuando la construcción puede ser repetida en la solución o prueba de cualquier otra proposición. Por ejemplo, ¿no resulta así, ya en la Proposición I.2, donde un triángulo equilátero es construido sobre un segmento que une los extremos de dos segmentos dados, y entonces es particular tanto por su posición como por su longitud? Por supuesto, ello es así. Pero, ni en la proposición I.2, ni en ninguna otra proposición en la que la Proposición I.1 es o puede ser aplicada, los otros ítems que hacen específico al ítem relevante son relevantes para que la construcción del triángulo equilátero resulte exitosa. Ella simplemente tiene lugar aisladamente de estos otros ítems: ella meramente considera al segmento singular sobre el que se construye un triángulo equilátero, que, como tal, aisladamente, es todavía genérico por no ser particular en modo alguno, por no tener ninguna propiedad específica.

Ahora que la Proposición I.1 ha sido probada, sabemos que un triángulo equilátero puede ser construido cada vez que se lo requiera. Esto es lo que una solución de un problema prueba, y es una afirmación universal. Más aún, en el caso de que la solución sea correcta, la afirmación está correctamente probada por ella, sin ningún salto de lo particular a lo general, sin ninguna suposición de uniformidad, sin ninguna apelación a una cuantificación universal sobre cualquier totalidad de ítems geométricos.

Mutatis mutandis, lo mismo ocurre con cualquier otro problema geométrico de la geometría de Euclides.

Lo que debe ser modificado depende de una simple observación: en la mayoría de los otros problemas, lo que es dado no es un ítem singular, que puede ser tomado como genérico por no ser particular en sentido alguno, sino más bien múltiples ítems que permiten la comparación entre sus respectivos tamaños, y admiten diferentes posiciones relativas; a menudo, lo que es dado es incluso una configuración de ítems, que es particular debido a su estructura interna.

Sin embargo, lo que puede ser diferente en un sentido relevante de un caso posible a otro son, por así decirlo, las características topológicas, que pueden variar en un número finito, usualmente pequeño, de maneras. Por lo tanto, la generalidad solo depende de consideraciones de un número finito de casos. Ciertamente, Euclides generalmente no distingue casos. Pero ello puede ser realizado y, como observó repetidamente Proclo, debe ser realizado para dar una solución a la requerida universalidad. Si Euclides no lo hace, supongo, es meramente porque el caso considerado proporciona suficientes instrucciones para tratar con todos los otros, de modo de obtener el mismo resultado.

Es importante aclarar un punto aquí. Afirmo que lo que puede ser diferente en un sentido relevante de un caso posible a otro, en lo que un problema toma como dado, son las propiedades topológicas. Ello podría ser desafiado. Uno podría observar, por ejemplo, que cuando dos segmentos son dados, su razón puede ser diferente, de un caso a otro caso. Podemos imaginar que nos fueron dados segmentos, uno de los cuales es el doble del otro, o el triple, o inconmensurable con aquel, de acuerdo con cierta secuencia *antipherisis*, o simplemente más que el doble, el triple, etc. Esto es cierto, pero la corrección de la solución depende justamente de su independencia respecto de estas diferencias, que por cierto son muy a menudo identificables solo en relación a parámetros aritméticos externos. Ello hace que estas diferencias simplemente no sean relevantes.

La solución a cualquier problema en la geometría de Euclides proporciona, de acuerdo con mi interpretación, la prueba de una regla derivada de introducción. Y, al hacerlo, autoriza una extensión de la ontología de esta teoría. Pero no lo hace probando que los nuevos ítems existen; y, menos incluso, añadiendo nuevos ítems a la totalidad de aquellos que ya existen. Y tampoco añadiendo nuevos ítems a la totalidad de aquellos ya construidos. Por el contrario, esta extensión es lograda proporcionando nuevas reglas de introducción, a las que se debe apelar, para construir los ítems relevantes en cualquier caso que esto sea requerido.

¿Pero qué ocurre con la universalidad de los teoremas? ¿Qué prueba el teorema I.5, por ejemplo, si no es acaso que en todos los triángulos isósceles, o en cualquiera de ellos, los ángulos de la base son iguales entre sí? Si no hubiese otra alternativa más que leer estos teoremas de este modo, no podríamos evitar admitir que, a pesar de la dificultad de proporcionar condiciones de identidad globales, Euclides aceptó totalidades fijas de ítems y modos de tratar con ellas. Sin embargo, existe una alternativa, y la comprensión de los problemas que he recién presentado es una indicación de la misma.

En la geometría de Euclides, las pruebas de un teorema comienza con la suposición de que los ítems relevantes, aquellos acerca de los cuales el teorema afirma que cumplen una cierta condición, son dados. Pero su ser dados no es arbitrario. Ello está sujeto a la posibilidad de introducir (construir) estos ítems a través de las cláusulas de introducción aceptadas. No hay prueba alguna, en los *Elementos*, acerca de un cuadrado igual a un círculo dado, o acerca de la tercera parte de un ángulo.

Esto sugiere que lo que una prueba de un teorema geométrico demuestra es algo acerca del resultado de una construcción. Es decir, que la construcción de cierto ítem se corresponde, o no puede sino corresponderse, con hacer que este ítem satisfaga algunas condiciones, o con la construcción de ítems relacionados que satisfacen ciertas condiciones.

Por ejemplo, lo que la prueba de la Proposición I.5 demuestra es que la construcción de un triángulo isósceles se corresponde con la construcción de dos ángulos iguales. Esto es esencialmente diferente a probar que todos los triángulos isósceles tienen los ángulos de la base iguales entre sí. Simplemente porque en el marco de la geometría de Euclides no hay algo así como todos los triángulos isósceles. Lo que hay son reglas de introducción que, cuando son combinadas entre sí, introducen un triángulo isósceles, que, además de sus propiedades irrelevantes, es genérico, por no ser particular en modo alguno, por no tener ninguna propiedad específica, más allá de ser triangular e isósceles, y, entonces, de tener dos de sus lados iguales.

En un sentido esto es universal, puesto que cada vez que un triángulo isósceles es construido, dos ángulos iguales son así. Pero en otro sentido también es particular, puesto que trata del resultado de una construcción singular, o, posiblemente, de una clase de equivalencia de construcciones, o incluso, para decirlo mejor, solo trata de un número finito de reglas particulares de introducción, y de un modo particular de combinarlas.

Una última observación, para responder preventivamente a una nueva posible objeción.

Uno podría decir que lo que hace que los triángulos isósceles tengan los ángulos de la base iguales no es el modo en que están construidos, sino el hecho independiente de que tienen dos lados iguales entre sí.

Sin embargo, esto está simplemente errado. Puesto que, en la geometría de Euclides, lo que decide que dos segmentos sean iguales es que están construidos como los radios de un mismo círculo, o como los radios de círculos cuyos radios son iguales, dado que están construidos para ser así, debido al modo en que la regla P.3 es aplicada. Y, *mutatis mutandis*, esto es también así para los ángulos, a pesar de que la cuestión aquí es un poco más compleja, en virtud del papel de la proposición I.4

Si estoy acertado, no sólo la generalidad de la geometría de Euclides trata de sus ítems sin ocuparse de cualquier totalidad de ellos, sino también sus reglas de introducción, y meramente dependiendo de sus condiciones locales de identidad, que corresponden a las condiciones de identidad de los diagramas trazados sobre un sustento limitado, o imaginadas para ser trazada sobre tal tipo de sustento. Pero con ello no viene aparejado nada misterioso, puesto que esto no depende de ninguna generalización, o esquema, sino solo del modo en que funcionan las reglas de introducción relevantes.

Capítulo 14

Duas negações ecumênicas?

Luiz Carlos Pereira e Valeria de Paiva e Elaine Pimentel

14.1 O problema

Em [8] Prawitz propôs um sistema ecumênico no qual a lógica clássica e a lógica intuicionista poderiam conviver em paz. Duas lógicas rivais L_1 e L_2 convivem em paz em uma codificação, quando aceitam e rejeitam as mesmas coisas (as mesmas relações dedutivas, os mesmos teoremas). Na parte proposicional do sistema ecumênico definido por Prawitz, temos as seguintes constantes lógicas: conjunção $\wedge$, falsum $\bot$, negação $\neg$, implicação clássica e intuicionista $\rightarrow_i, \rightarrow_c$, e disjunção clássica e intuicionista $\vee_i$ e $\vee_c$. Ou seja, temos duas disjunções e duas implicações (uma clássica e uma intuicionista), mas somente uma conjunção, uma negação e uma constante para o falsum.

O problema que agora surge é: por que temos apenas uma negação, dado que temos duas implicações e a negação de A poderia ser entendida como "A implica falsum"? Como discutido em [7], a relação de consequência do sistema ecumênico é primordialmente intuicionista e, na lógica intuicionista, a negação é normalmente considerada uma operação derivada da implicação na constante do absurdo *falsum*.

Duas respostas parecem plausíveis:

1. Podemos provar que $(A \rightarrow_i B)$ e $(A \rightarrow_c B)$ são "interderiváveis" no sistema ecumênico, no sentido de que as equivalências

$$(A \rightarrow_i B) \Longleftrightarrow_i (A \rightarrow_c B)$$

$$(A \rightarrow_i B) \Longleftrightarrow_c (A \rightarrow_c B)$$

são demonstráveis no sistema ecumênico.

2. Podemos argumentar que, na verdade, há apenas uma maneira de afirmar a negação de uma proposição A: para afirmar $\neg A$, temos de derivar uma contradição de A.

Duas respostas imediatas:

1. A interderivabilidade é uma forma fraca de equivalência. O fato de que todos os teoremas da lógica proposicional clássica são "equivalentes" claramente não implica que tenhamos apenas um teorema!

   Enquanto a "equivalência material" sozinha não é suficiente para justificar o uso de uma única negação, as possibilidades de definir uma noção mais robusta de equivalência são muitas. Versões mais categóricas insistem na satisfação de igualdades β e η. Versões mais minimalistas requerem somente igualdades β (ver [2]).

2. Podemos aceitar que há apenas uma maneira de afirmar a negação de uma proposição A, a saber, produzir uma derivação de uma contradição a partir da suposição A. Mas também podemos aceitar que pode haver diferentes maneiras de derivar uma contradição a partir de A, que pode haver derivações clássicas e derivações intuicionistas de $\bot$ a partir de A, e que esse fato estabeleceria duas maneiras diferentes que poderíamos usar para negar A e que, portanto, deveríamos ter duas negações, uma clássica e outra intuicionista.

14.2 Análise do problema - Teoremas de Glivenko

Vamos explorar a idéia (razoável) de que pode haver derivações clássicas e derivações intuicionistas de $\bot$ a partir de A, e que esse fato poderia estabelecer duas maneiras diferentes que poderíamos usar para negar A e que, portanto, como dissemos acima, deveríamos ter duas negações no sistema ecumênico, uma clássica e uma intuicionista.

É bem sabido que dada qualquer derivação intuicionista de B a partir de A, há também uma derivação de B a partir de A que usa a regra do absurdo clássico, i.e., a derivação intuicionista de B a partir de A pode sempre ser transformada em uma derivação da forma

$$\begin{array}{c} A \\ \Pi \\ \underline{B \quad \neg B} \\ \underline{\bot} \\ B \end{array}$$

Poderíamos agora nos perguntar se seria possível encontrar uma derivação Π do absurdo ⊥ a partir de A tal Π seja realmente "essencialmente" clássica. Ou seja, se seria possível encontrar uma derivação Π do absurdo ⊥ a partir de A que necessite usar alguma forma de raciocínio clássico, de tal forma que não poderíamos obter uma derivação do absurdo ⊥ a partir de A na lógica proposicional intuicionista. Se tal derivação realmente existir, teríamos uma razão muito boa para defender o uso de duas negações, uma clássica e outra intuicionista.

A resposta para essa pergunta é negativa! Dada qualquer derivação clássica do ⊥ a partir de uma suposição A, então há também uma derivação intuicionista do ⊥ a partir dessa suposição A. A existência dessa derivação é uma consequência dos teoremas de Glivenko [3] e estes podem ser vistos como uma consequência de uma estratégia de normalização para a lógica proposicional clássica devida a Jonathan Seldin [9]. Tal estratégia está baseada no seguinte resultado:

Teorema 4 (Seldin 1989). *Seja Π uma derivação de A a partir de Γ. Então, Π pode ser transformada em uma derivação Π^* de A a partir de Γ tal que Π^* contém no máximo uma aplicação da regra do absurdo clássico $\perp_c$, e que, se essa aplicação de $\perp_c$ ocorre em Π^*, essa aplicação será a última regra aplicada em Π^*.*

Dessa forma, toda derivação Π de A a partir de Γ pode ser transformada em uma derivação Π^* de A a partir de Γ tal que ou Π^* é uma derivação intuicionista, ou Π^* tem a seguinte forma:

$$\begin{array}{cc} [\neg A] & \Gamma \\ \Pi^* & \\ \dfrac{\perp}{A} & \perp_c \end{array}$$

Os teoremas de Glivenko enunciam que:

Teorema 5 (Glivenko 1929). *Uma proposição A é classicamente demonstrável se e somente se sua dupla negação $\neg\neg A$ é intuicionisticamente demonstrável,*

$$\vdash_C A \text{ se e somente se } \vdash_I \neg\neg A$$

Teorema 6 (Glivenko 1929). $\vdash_C \neg A$ *se e somente se* $\vdash_I \neg A$.

O primeiro teorema é uma consequência direta da estratégia de normalização de Seldin: em lugar de aplicar $\perp_c$ no final da derivação Π, aplicamos $\neg_I$ para derivar $\neg\neg A$. O segundo teorema é uma consequência direta do primeiro: $\vdash_C \neg A$ se e somente se $\vdash_I \neg\neg\neg A$ se e somente se $\vdash_I \neg A$.

Quando respondemos "Não" à pergunta apresentada acima, estávamos pensando no segundo teorema de Glivenko: quando temos uma prova clássica de

¬A, então também temos uma prova intuicionista de ¬A (de fato, podemos mostrar, utilizando as reduções propostas por Seldin, que a derivação clássica pode ser sistematicamente transformada na derivação intuicionista!)

Podemos ver agora que não há derivação de $\bot$ a partir de A que seja "essencialmente clássica", no sentido em que a derivação faz um uso "essencial" de alguma forma de raciocínio clássico na derivação de $\bot$ a partir de A. Não estamos afirmando que a derivação clássica de $\bot$ a partir de A é *igual* à derivação intuicionista correspondente de $\bot$ a partir de A, nem reivindicando que o uso de $\bot_c$ não pode simplificar provas de $\bot$ a partir de A (como algum tipo de *elemento ideal*); o que estamos reivindicando é que, se pudermos derivar $\bot$ de uma hipótese A usando raciocínio clássico, podemos também derivar $\bot$ da mesma hipótese A sem fazer uso de raciocínio clássico.

Observação. Apresentamos o caso em que temos uma derivação do absurdo $\bot$ a partir de uma única suposição A, mas poderíamos agora nos perguntar se o mesmo argumento poderia ser utilizado para o caso de uma derivação do $\bot$ a partir de um conjunto (finito) de suposições Γ. A resposta é sim! A estratégia de normalização proposta por J. Seldin garante que se Π é uma derivação clássica de A a partir de Γ, $\Gamma \vdash_c A$, então Π pode ser transformada em uma derivação Π' de $\Gamma \vdash_c A$ tal que Π' contém no máximo uma aplicação do absurdo clássico e que se essa aplicação de fato ocorrer, será a última regra aplicada em Π'. Logo, se temos uma derivação de $\Gamma \vdash_c \bot$, então temos uma derivação de $\Gamma \vdash_i \bot$.

14.3 Solução categórica: colapso de Joyal

Lógicos interessados em teoria da prova por vezes usam métodos da teoria de categorias. Exemplos famosos incluem as definições de sistemas dedutivos de Lambek para sistemas proposicionais [4], a caracterização de quantificadores de Lawvere em termos de adjunções [5] e a prova do teorema de coerência de categorias cartesianas fechadas de Mints [6].

Nossa discussão sobre derivações intuicionistas do $\bot$ a partir de uma suposição A pode ser aprofundada se levamos em consideração o assim chamado "colapso de Joyal". O colapso de Joyal foi formulado em termos categóricos, mas em um cenário de dedução natural corresponde à ideia de que não há derivações intuicionistas diferentes de uma fórmula da forma ¬A, ou, de maneira equivalente, de que há apenas uma derivação intuicionista de $\bot$ a partir de uma suposição A. (esse resultado é descrito em termos categóricos em [1]).

Para obter esse resultado categórico no sistema de dedução natural para a lógica proposicional intuicionista, precisamos de uma redução extra: a derivação

$$\frac{\begin{array}{c}\Pi_1\\ \bot\\\hline A\end{array} \quad \begin{array}{c}\Pi_2\\ (A \to B)\end{array}}{B}$$

Se reduz a

$$\begin{array}{c}\Pi_1\\ \bot\\\hline B\end{array}$$

Observamos que essa redução é bem razoável pelo aspecto categórico. De fato, como $\bot$ é um objeto inicial, qualquer morfismo de forma $\bot \to B$ tem que ser igual ao único morfismo dado por $\bot \to A$ composto com $f : A \to B$ que é dado.

Sem essa redução, ou alguma outra operação que produza algum efeito semelhante, não teríamos como identificar as duas derivações abaixo:

$$\frac{\dfrac{(A \wedge \neg A)}{A} \quad \dfrac{(A \wedge \neg A)}{\neg A}}{\bot}$$

$$\frac{\dfrac{\dfrac{(A \wedge \neg A)}{A} \quad \dfrac{(A \wedge \neg A)}{\neg A}}{\dfrac{\bot}{A}}\bot_I \quad \dfrac{(A \wedge \neg A)}{\neg A}}{\bot}$$

Finalmente, é interessante observar que uma situação semelhante pode ser produzida na lógica minimal, mas uma situação que não permitiria a aplicação da nova redução.

14.4 Considerações finais

Há muita coisa a ser feita no domínio de sistemas ecumênicos, mas no que diz respeito ao comportamento da negação ecumênica gostaríamos de destacar:

- Gostaríamos de explorar noções mais robustas de *equivalência*, como a noção de *isomorfismo computacional*.

- Como é bem sabido, a lógica de primeira ordem (com o quantificador universal) não satisfaz os teoremas de Glivenko. Logo, o argumento baseado em Glivenko que apresentamos acima não pode ser estendido para o caso geral de primeira ordem e é necessário portanto buscar um outro caminho.

Existem diferenças conceituais entre os autores dessa nota que fazem o trabalho em conjunto muito mais interessante e produtivo do que se poderia esperar. Isso explica, um tanto, o estilo de debate da nota, com perguntas, respostas e contra-respostas. É um prazer dedicar essa nota ao amigo Abel Lassalle Casanave.

Referências

[1] Dosen, Kosta (2003). "Identity of proofs based on normalization and generality". Em: *Bull. Symb. Log.* 4.9, pp. 477–503.

[2] Girard, Jean-Yves, Paul Taylor e Yves Lafont (1989). *Proofs and Types*. Cambridge University Press.

[3] Glivenko, Valery (1929). "Sur quelques points de la logique de m. brouwer". Em: *Bulletin de la Societé Mathematique de Belgique* 15, pp. 183–188.

[4] Lambek, Joachim (1968). "Deductive systems and categories i. syntactic calculus and residuated categories". Em: *Math. Syst. Theory* 2.4, pp. 287–318.

[5] Lawvere, Francis William (1963). "Functorial Semantics of Algebraic Theories". PhD thesis. Columbia University.

[6] Mints, Grigori (1981). "Closed categories and the theory of proofs". Em: *Journal of Soviet Mathematics* 15, pp. 45–62.

[7] Pimentel, Elaine, Luiz Carlos Pereira e Valeria de Paiva (2019). "An ecumenical notion of entailment". Em: *Synthese*.

[8] Prawitz, Dag (2015). "Classical versus intuitionistic logic". Em: *Why is this a Proof?, Festschrift for Luiz Carlos Pereira*. 27, pp. 15–32.

[9] Seldin, Jonathan P. (1989). "Normalization and excluded middle." I. Em: *Stud Logica* 48.2, pp. 193–217.

Capítulo 15

A concepção estândar de prova e o Problema de Kant

André da Silva PORTO

O que é uma "demonstração matemática"? O objetivo deste pequeno texto será o de apresentar uma avaliação crítica da assim chamada "concepção estândar" do que seja uma "prova". Essa proposta, hegemônica na literatura, visa exatamente fornecer uma resposta para a pergunta que acabamos de formular no início de nosso texto.[1] Segundo essa concepção, um texto só poderia ser chamado de demonstração de uma certa proposição matemática se pudéssemos encontrar uma versão absolutamente decomposta e explicitada daquela demonstração, sua "versão completamente formalizada". Assim, o próprio caráter justificatório da demonstração ordinária original seria pensado como sendo de alguma forma dependente da existência daquele correlato formal. Ainda segundo essa concepção, os diversos textos ordinários que encontramos em nossos periódicos especializados e em nossos livros-texto só poderiam ser chamados de "demonstrações" de forma derivativa, secundária à obtenção, em geral deixada apenas no nível de uma possibilidade meramente contrafactual, de obtermos correspondentes formais daquelas provas ordinárias.

Como pano de fundo geral para nossa discussão, gostaríamos de propor um desafio que chamaremos de "o Problema de Kant": o de como deveríamos compreender a conexão entre um objeto ou evento físico qualquer (uma demonstração ou um cálculo) e as leis matemáticas necessárias que eles pretensamente "demonstrariam". Em uma formulação recente Michael Friedman escreve:

> Perhaps the most important problem facing interpretations of Kant's philosophy of mathematics, then, is to explain how, for Kant, sensibility and

---

[1] Também chamada de "*Derivation-Indicator View*" (Azzouni, 2004) e "*Formalizability Thesis*" (Feferman, 2012, p. 380)

the imagination – faculties traditionally associated with the immediate apprehension of sensible particulars – can possibly yield truly universal and necessary knowledge. (Friedman, 2010, pp. 586-7)

No contexto da literatura atual sobre a filosofia kantiana, o Problema de Kant aparece geralmente associado às recentes investigações sobre o papel dos diagramas em demonstrações ordinárias (Friedman, 2012; Shabel, 2003). Num contexto assim, a questão diria respeito fundamentalmente a notações – sejam elas formais, ou não – que exemplificam o que elas mesmas denotam, ou exprimem. Um exemplo de notação assim seria os numerais em barras de Hilbert. Nessa notação, o numeral "I I I I I" instanciaria o número que ele mesmo denotaria. Não será esse o nosso enfoque com respeito ao problema de Kant. O que estaremos interessados nesse texto será no modo como várias abordagens – a clássica, a intuicionista e a de Wittgenstein – tratam o problema da relação entre uma *prova*, entendida como um objeto físico, uma inscrição, ou uma *derivação*, entendida como um processo estendido no tempo, e as leis matemáticas que esses objetos e processos físicos (ou mentais) visam a "demonstrar".

15.1 A "Concepção Estândar"

Comecemos nossa exposição pelo que chamamos de "explicação estândar" do que seja uma demonstração. Como antecipamos acima, o movimento elucidatório caraterístico dessa proposta envolve inicialmente o de dividir todas as demonstrações em dois grupos, as assim chamadas "provas formais" e as demonstrações ordinárias. Como já antecipamos, as demonstrações ordinárias, aquelas que encontramos em nossos livros-texto e periódicos matemáticos, mereceriam ser chamadas de "demonstrações" apenas em um sentido secundário, derivativo. Elas seriam assim apenas "indicadores" de suas respectivas provas formais (Azzouni, 2004, pp. 84-5). Em uma formulação alternativa recente, muito direta, lemos que

> According to the standard view, a mathematical statement is a theorem if and only if there is a formal derivation of that statement, or, more precisely, a suitable formal rendering thereof. (Avigad, 2019, p. 4)

Ainda segundo essa concepção estândar, uma demonstração ordinária seria como que uma espécie de "abreviação": uma abreviação de sua prova formal correspondente. Assim, para obtermos seu correlato formal – o único texto que realmente poderia assegurar o caráter de demonstração àquela formulação original – uma demonstração ordinária deveria ser completamente decomposta e explicitada, até que sua prova correspondente, completamente analisada, fosse finalmente obtida e todas aquelas "abreviações" fossem inteiramente incluídas no texto final.

> ... the steps from one statement to the next whose justification may be evident to the human mathematician specializing in the subject matter of the proof but that require extensive filling in, in order to create a fully formal derivation. ... in practice, the expert human mathematician routinely calls on a repertoire of prior notions, methods and results from his memory to readily recognize the validity of the steps in question. ... they may also involve mathematics not explicitly present in the steps being filled in. (Feferman, 2012, p. 383)

Há aqui dois pontos que precisamos sublinhar, pois ele serão cruciais quando compararmos essas propostas mais tradicionais com o tratamento sugerido por Wittgenstein para a noção de "prova". Em primeiro lugar, se pensarmos em uma prova como um certo tipo de "justificação" de uma proposição matemática, então uma prova ordinária seria apenas uma "justificação parcial", uma espécie de "nota promissória" para sua correspondente formalizada. A prova formal, essa sim (e apenas ela) poderia fornecer a justificação final a proposição a ser demonstrada Isso aconteceria porque, numa prova formal:

> [The inference rules] refer only to the outward structure of the formulas, not to their meaning, so that they could be applied by someone who knew nothing about mathematics, or by a machine. This has the consequence that there can never be any doubt as to what cases the rules of inference apply to, and thus the highest possible degree of exactness is obtained. (Gödel, 1995, p. 45)

Como também sublinhamos no início de nosso texto, essa verdadeira "nota promissória" seria normalmente deixada "à descoberto": a pretensa "prova formal" correspondente normalmente é deixada apenas como uma promessa, raras vezes levada à cabo.

> The problem is that formal derivations are very fragile objects and are few and far between. The derivation of even a straightforward result in elementary number theory can require thousands of inferences in axiomatic set theory, and a sequence of a thousand inferences in which a single one is incorrect is simply not a proof. How can even the most carefully written journal article indicate the existence of a long sequence of inferences without a single error? (Avigad, 2019, p. 4)

O segundo ponto importante que devemos enfatizar aqui é a aproximação, endêmica na literatura, entre "operações formais" e a ideia de um "maquinário", de uma "operação puramente mecânica", algo que eventualmente poderia ser "rodado completamente às cegas", como em uma implementação levada a cabo por um computador, por exemplo.

> The notions of "formal system" and "mechanical operation" are intimately connected; either can be defined in terms or the other. If we should first define a mechanical operation directly (e.g., In terms of Turing machines), we would then define a "formal" system – one whose set of theorems could be generated by such a machine (that is to say, the machine grinds out all the theorems, one after another, but never grinds out a non-theorem). Alternatively (following the lines of Post), we can first define a formal system directly and define an operation to be "mechanical" or "recursive" if it is computable in some formal system. (Smullyan, 1961, p. 1)

Nosso interesse em sublinhar essa conexão entre "operação formal" e a ideia de um "processo que pudesse ser levado a cabo em um computador" parece introduzir uma segunda espécie de "justificação" para o caráter demonstrativo final da noção de "prova formal". A possibilidade de "mecanizar" completamente uma tal derivação pareceria trazer um certo "caráter objetivo" à nossa pretensão demonstrativa. Assim, introduziríamos um componente "quase-empírico" àquela justificação: uma prova formal estaria correta se, ao rodarmos aquela sequência formal em um computador, aquele aparato de fato acabasse produzindo como *output* o correspondente formal do teorema em questão, ao final do processo.[2]

É importante enfatizarmos aqui que este último componente "quase-empírico" da assim chamada "concepção estândar" jamais poderia ser aceito por um lógico-matemático clássico mais ortodoxo. Segundo aquela concepção tradicional, deveríamos fazer uma distinção radical entre "operações matemáticas" e "implementações empíricas" (dessas operações). Ainda segundo a proposta clássica, na melhor das hipóteses, poderíamos dizer que um certo processo empírico "instanciaria" alguma operação matemática. Mas, a identidade de uma operação assim estaria firmemente ancorada à extensão daquela operação, i.e., o conjunto das ênuplas ordenadas correspondente, uma "lista abstrata" de todos os argumentos possíveis daquela operação, juntamente com seus respectivos resultados, uma espécie de "tabuada abstrata", cuidadosamente depositada em um museu platônico ideal.

Para um clássico ortodoxo, nada do que possa vir a ser obtido em uma implementação mecânica poderia jamais ter qualquer impacto sobre esse reino puro de abstrações matemáticas. Ao contrário do que veremos no contexto intuicionista, qualquer ideia de um processo ao longo do tempo (seja ele físico ou mental)

---

[2] Ou, no caso dos atuais verificadores automáticos de provas, nossas propostas de derivação fossem finalmente "validadas".

"tornar verdadeira" uma proposição é severamente rechaçada. Wilfrid Hodges escreve:

> With any function $f(x, y)$ we think of someone taking the arguments (a, b) and turning them into the value $f(a, b)$. ... There is a cost in metaphors of this kind. Generally, what they say isn't literally true. We can't cause a mathematical structure A to be embedded in another structure B; in general, the most we can do is to describe an embedding. But very often we can't even do that, even when an embedding exists; it would take more than a lifetime to write out the description, or to compute what it is. Some embeddings can't be defined at all with the notions available to us. So, if these metaphors were taken literally, they would imply we have magical powers.... In spite of the attempts of set theorists to persuade us to think of functions as sets of ordered pairs, we persist in thinking of them as things that a person can do (i.e. has the power of doing). (Hodges, 2007, p. 7)

15.2 O Intuicionismo Sueco Contemporâneo

Um dos pontos mais surpreendentes sobre as formulações intuicionistas recentes, ligadas a Per Martin-Löf e a Dag Prawitz, talvez seja o quanto elas acabam se aproximando das propostas associadas à "concepção estândar", que acabamos de rapidamente delinear. Da mesma forma que na versão clássica, a concepção ordinária de uma "demonstração" seria subdividida em dois subgrupos distintos. Teríamos as demonstrações ditas "indiretas", ou "não-canônicas", e teríamos as provas diretas, canônicas. Novamente, da mesma forma que no caso da versão clássica, uma prova indireta só mereceria tal título por referência ao próprio processo de obtenção de uma prova direta, canônica:

> ... an indirect proof of a proposition is a method of proving it directly, that is, a method which yields a direct proof of the proposition as result. Thus, to know an indirect proof of a proposition is to know how to give a direct proof of it. (Martin-Löf, 1987, p. 413)

Por fim, ainda de forma análoga à versão tradicional, encontramos a ideia de uma "prova canônica" correspondente à cada uma das demonstrações não-canônicas (as demonstrações ordinárias), provas canônicas essas que, no mais das vezes, seriam deixadas apenas como "meras possibilidades teóricas", que em princípio "poderiam vir a ser obtidas". Até mesmo o recurso à ideia de uma "existência puramente abstrata", tão característica da abordagem clássica, é evocada para explicar esse apelo a essa modalidade deixada apenas "em princípio", a possibilidade de obtenção que ligaria uma demonstração indireta a seu (necessário) correspondente canônico:

> From the intuitionistic point of view, it is necessary that there exists in the abstract sense calculations of ... 100000000000000000000 = 10^{20}... in order that it should be correct to assert $10^{10} \times 10^{10} = 10^{20}$...; but it is not necessary that these calculations be actually performed or that one of the proofs be constructed. (Prawitz, 1977, pp. 21-2)

Como também já havíamos antecipado acima, o tratamento da noção de "demonstração" pelo Intuicionismo sueco contemporâneo guarda importantes diferenças com respeito à versão estândar clássica. A noção de "demonstração" é subdividida em três conceitos distintos: os atos-de-prova, os objetos-prova e os traços-de-prova. Para um intuicionista, a noção de "demonstração" estaria inicialmente ligada a atos, os assim chamados "atos-de-prova". Esses atos-de-prova seriam processos inferenciais mentais de um sujeito (um matemático) em um determinado momento (uma certa sequência de raciocínios encadeados).

> My answer to the questions, what is a judgment? and, what is a proof of a judgment? is simply that a proof of a judgment is an act of knowing and that the judgment which it proves is the object of that act of knowing, that is, an object of knowledge. (Martin-Löf, 1987, p. 417)

Esses "atos-de-prova", quando bem-sucedidos, resultariam por sua vez, em "construções matemáticas", os "objetos-prova". Um ponto importante que devemos salientar aqui. Como a noção de "prova formal" tradicional, esses objetos-prova seriam entendidos, não como objetos físicos (textos), mas, sim, como "entidades abstratas", "*objetos matemáticos passíveis de serem operados e transformados, de forma inteiramente análoga a quaisquer outros objetos matemáticos*". (Sundholm, 1994, p. 121) E, conforme antecipamos acima, em forte contraste com o tratamento clássico, a proposta intuicionista fala diretamente nesses objetos-prova como sendo capazes de "*tornar verdadeiras*" proposições matemáticas:

> On my preferred constructivistic reading, the relevant truth-maker [for mathematical propositions] is, of course, the one introduced by Heyting, namely, that of a proof(-object) of the proposition in question. (Sundholm, 1993, p. 59)

Um último ponto merece ainda ser enfatizado aqui. A noção ordinária de "demonstração" – os textos que costumeiramente encontramos em livros e periódicos – não se confundiriam, nem com a noção de "ato-de-prova" (que seria puramente mental, subjetiva, "fugidia"), nem com a noção de "objeto-prova" (que seria puramente abstrata, uma "construção matemática como outra qualquer"). Os textos ordinários, inscrições no papel, seriam pensados como sendo apenas "resquícios" dos atos mentais correspondentes, os atos-de-prova (mentais):

> These acts, proofs in the subjective sense, when completed, have no further existence, but they may leave tracks or traces. These traces, or proofs in the objective sense, are what we find written down in mathematical texts and what may be used by other mathematicians to carry out proofs in the subjective sense for the same theorem. These are not the proofs that are at issue in the intuitionistic truth-maker conception [i.e., "proof-objects"]. (Sundholm, 1994, p. 121)

15.3 A Engenharia de Software

Deixemos nossa apresentação – sumária, é verdade – de alguns dos traços mais característicos do que poderíamos chamar de versão intuicionística contemporânea da noção de "demonstração" e retomemos nossa discussão mais geral sobre da concepção tradicional, clássica, daquela noção. A ideia central, de rebaixar a quase totalidade de nossas demonstrações ordinárias a um papel secundário – derivativo – e de insistir que nossos textos ordinários como sendo "demonstrações" apenas com respeito a uma noção fortemente idealizada de "prova" (as "provas completamente formalizadas"), tem sido criticada por um grande número de autores (Wang, 1955; Kreisel, 1985; Chateaubriand, 2005; Rav, 2008; Avigad, 2019).

Não vamos repassar aqui os aspectos fundamentais dessas críticas, com as quais, em geral, concordamos. Ao invés disso, faremos uma incursão – também rápida – em um contexto aparentemente muito distanciado da filosofia da matemática, a engenharia de software. Nossa ideia aqui é tentar levar a sério a aproximação entre a ideia de "prova formal" e "operação mecânica", como aquela proposta no trecho acima de Smullyan. Nesse novo contexto prático, encontraremos novamente três conceitos correlatos que desempenharam um papel decisivo nas concepções que vínhamos discutindo até agora. Estamos nos referindo inicialmente à ideia de "processo de formalização", como processo de "progressiva desabreviação de textos", em segundo lugar à noção de "provas ordinárias" (discursivas, diagramáticas ou mistas) e por fim, é claro, ao próprio conceito de "prova completamente formalizada". Aqui, nesse ramo da engenharia, como lá, na concepção clássica de "demonstração", esses três conceitos desempenham um papel semelhante e igualmente crucial. Porém, como veremos, num ramo eminentemente prático, como a engenharia de software, esses conceitos ganham uma fisionomia nova, completamente distinta daquela que encontramos na filosofia.

Comecemos com a ideia, frequentemente encontrada nos textos daquele ramo técnico, de ver o processo de construção de um programa como um processo de "refinamento gradual de uma especificação". Encontramos aqui um importante ponto inicial de conexão entre a concepção estândar de prova e a engenharia de software. Aqui (como lá), encaramos o programa final como o resultado de um processo de explicitação e detalhamento – chamado de "refinamento" no contexto da engenharia de software. Assim, da mesma forma que uma prova ordinária, discursiva (ou diagramática), deveria ser analisada, passo a passo, até obtermos a prova formal correspondente, o programador também teria a tarefa de "refinar" a especificação inicial, normalmente aquela fornecida pelo próprio cliente que contrata os serviços dos engenheiros de software:

> A specification serves as a contract between a client who wants a computer to behave a certain way and a programmer who will program a computer to behave as desired. (Hehner, 2004, p. 41)

A partir da especificação inicial do cliente, normalmente expressa em linguagem natural, a tarefa do programador seria vista como a de um processo sucessivo de obtenção de especificações mais e mais refinadas, até atingirmos a "especificação final", o que chamamos normalmente de um "programa executável":

> A specifier should write the clearest, most understandable specification they can; a programmer's job is to refine it to obtain other specifications, the last of which is a program. (Hehner, 1999, p. 6)

Segundo essa abordagem, o mais importante não é propriamente o caráter formalizado de uma especificação. Cabe ao especificador apenas se concentrar em fornecer a "especificação mais clara e compreensível que puder" de cada estágio do processo. Segundo os preceitos da engenharia de software contemporânea, mais importante do que a formalização em si mesma (que pode ser precipitada), é mantermos cuidadosamente o caráter hierárquico, modular, dos sucessivos refinamentos, desde o seu início, no topo da hierarquia toda (com a especificação discursiva apresentada pelo cliente) até seu refinamento último (o programa executável, "formal"). Trata-se de conhecida uma estratégia no contexto da engenharia de software, a ideia de "dividir para conquistar!".

> A good top-down design avoids bugs in several ways. First, the clarity of structure and representation makes the precise statement of requirements and functions of the modules easier. Second, the partitioning and independence of modules avoids system bugs. Third, the suppression of detail makes flaws in the structure more apparent. Fourth, the design can be tested at each of its refinement steps, so testing can start earlier and focus on the proper level of detail at each step. (Brooks, 1995, p. 143)

A ideia é manter cuidadosamente o controle sobre o processo de refinamento através de uma hierarquização o mais transparente possível. Partimos de especificações mais gerais, onde a estrutura interna dos vários módulos e submódulos é abstraída, de forma remover detalhamentos desnecessários e mesmo prejudiciais para aquele estágio do processo de refinamento. Dessa forma podemos melhor controlar, de cima para baixo, as especificações mais detalhadas a partir do que já tenha sido determinado nos níveis mais altos, mais abstratos.

> The two concepts [hierarchical types & abstract data types] are orthogonal – there may be hierarchies without hiding and hiding without hierarchies. Both concepts represent real advances in the art of building software. Each removes one more accidental difficulty from the process, allowing the designer to express the essence of his design without having to express large amounts of syntactic material that add no new information content. For both abstract types and hierarchical types, the result is to remove a higher-order sort of accidental difficulty and allow a higher-order expression of design. (Brooks, 1995, p. 189)

Finalmente, mesmo o resultado final – o "programa-executável" – é visto como sendo apenas mais uma especificação, conceitualmente homogênea com todas as anteriores. Assim, em um movimento argumentativo surpreendente, reminiscente da concepção clássica do que seja uma "função matemática", aqui, na engenharia de software, como lá, na matemática clássica, somos convidados a distinguir cuidadosamente o "programa", entendido como uma especificação abstrata do comportamento que uma máquina implementadora *deveria ter*, do comportamento efetivo que um certo aparato terá, de uma certa feita, em alguma execução específica daquele programa.

Estritamente falando, poderíamos até mesmo insistir que não faria sentido se falar em "rodar um programa", como normalmente fazemos. O que poderia ser realmente "rodado" seria sempre o "programa-texto", uma efetivação levada a cabo por uma máquina concreta, em uma determinada situação. O "programa-especificação", por si só, seria uma pura especificação ("abstrata") do como um processo assim (sua efetivação concreta) *deveria se dar*.

> A program is a description or specification of computer behavior. A computer executes a program by behaving according to the program, by satisfying the program. People often confuse programs with computer behavior. They talk about what a program "does"; of course, it just sits there on the page or screen; it is the computer that does something.... A program is not behavior, but a specification of behavior. (Hehner, 2004, p. 41)

Retomemos agora ao último dos elementos da proposta que chamamos de "concepção estândar de uma prova, a noção de "prova completamente formalizada". Poderíamos encontrar um equivalente para essa noção – onde todas as operações intermediárias, mesmo as mais simples, são cuidadosamente explicitadas – na ideia de uma "linguagem de máquina", uma linguagem do mais baixo nível possível, onde todas as operações da máquina, mesmo as mais simples, são também cuidadosa e completamente especificadas. Assim, o próprio compilador, que geraria o programa executável, seria visto como uma parte "mecanizada", final, do processo de refinamento como um todo.

Podemos ir mesmo além da ideia de um "compilador em linguagem de máquina". A equivalência mais adequada da ideia de "prova formal completamente analisada" seria a de um nível de especificação ainda ulterior. Não somente as menores e menos importantes operações da máquina seriam previa e completamente especificadas, mas incluiríamos até mesmo o *"tracing"* dessas mesmas operações, o registro completo de todos os argumentos que servem de *input* para cada uma daquelas operações, seguidos de uma especificação completa e cuidadosa de seus efeitos resultantes.

Se juntarmos à linguagem de máquina a possibilidade de especificação abstrata da própria manipulação das várias estruturas de dados e valores de registros, obteremos o conhecido conceito, da engenharia de software, de uma "máquina abstrata":

> ... an abstract machine is nothing more than an abstraction of the concept of a physical computer. ...

> **Definition 1.1** (Abstract Machine) Assume that we are given a programming language, $\mathscr{L}$. An *abstract machine* for $\mathscr{L}$, denoted by $\mathscr{M}_{\mathscr{L}}$, is any set of data structures and algorithms which can perform the storage and execution of programs written in $\mathscr{L}$. (Gabbrielli & Martini, 2010, pp. 1-2)

Em um contexto assim, nenhum elemento seria deixado de fora de nossa especificação, nada seria "rodado", tudo estaria total e completamente especificado de antemão.

15.4 A Concepção Estândar vista à luz da Engenharia de Software

Deixemos a engenharia de software propriamente dita e vejamos agora como ficariam as propostas do que chamamos de "concepção estândar de prova", quando encaradas a partir do ponto de vista daquele ramo de engenharia. Como antecipamos, as propostas da concepção estândar são perfeitamente reconhecíveis no contexto da engenharia de software, mas parecem ir no sentido ... *precisamente contrário àquele preconizado pelas técnicas mais atualizadas e mais recomendáveis daquela disciplina técnica.* Assim, por exemplo, quando encarada do ponto de vista da engenharia de software, a ordem de precedência da concepção estândar estaria *completamente invertida!* Ao invés do refinamento de cima para baixo, cuidadosamente hierarquizado e modularizado em uma sucessão progressiva de especificações, como ocorre naquela engenharia, a proposta estândar envolveria uma ênfase diametralmente oposta.

No contexto da concepção estândar, a recomendação seria pensar no processo de especificação como sendo determinado, de baixo para cima, pelas especificações mais detalhadas e menos transparente (as "provas formais completamente analisadas"). Ainda segundo aquela concepção, seriam aquelas especificações finais, normalmente deixadas no nível de uma mera "possibilidade teórica", que deveriam ser tomadas como determinantes da especificação inteira, de baixo para cima (e não o contrário, como é insistentemente preconizado na engenharia de software). Ora, uma proposta de uma inversão assim, enfatizando a programação feita diretamente em linguagens de mais baixo nível (as "linguagens de máquina") é uma abordagem encontrada apenas nos primórdios da computação, anterior até mesmo à introdução das primeiras ideias de "compilação automatizada de programas" e de "programas modularizados", como a famosa linguagem Fortran introduzida no início da década de 50 (Wexelblat, 1981, p. 9).

Ainda explorando os correspondentes da noção de "prova formal" no contexto da engenharia de software, a ênfase no *"tracing"* – a ideia clássica de que a identidade de uma função seria dada pela lista completa dos pares input/output – corresponderia, na engenharia de software contemporânea, novamente a um claro retrocesso. Ela corresponderia a insistirmos no assim chamado *"output testing"* como estratégia crucial, e decisiva, para verificação de um programa:

> The old technique was to make a program and then to subject it to a number of testcases where the answer was known; and when the testruns produced the correct result, this was taken as a sufficient ground for believing the program to be correct. But with growing sophistication, this assumption proved more and more to be unjustified. (Dijkstra E. , 1974, p. 610)

> We must conclude that exhaustive testing, even of a single component such as a multiplier, is entirely out of the question. (Dijkstra, Hoare, & Dahl, 1972, p. 4)

A ideia (clássica) de se fixar a identidade de uma função apenas pelos pares input/output (i.e., entender uma "função" como um conjunto de ênuplas ordenadas) parece tão idealizada ao ponto de soar ingênua. Ainda nas palavras de Edsger Dijkstra, um dos pais da moderna engenharia de software:

> Some years ago, a machine was installed on the premises of my University; in its documentation it was stated that it contained, among many other things, circuitry for the fixed-point multiplication of two 27-bit integers. A legitimate question seems to be: "Is this multiplier correct, is it performing according to the specifications?". The naive answer to this is: "Well, the

> number of different multiplications this multiplier is claimed to perform correctly is finite, viz. 2^{54}, so let us try them all". But, reasonable as this answer may seem, it is not, for although a single multiplication took only some tens of microseconds, the total time needed for this finite set of multiplications would add up to more than 10,000 years! (Dijkstra, Hoare, & Dahl, 1972, p. 4)

Resumindo o que imaginamos ter obtido até aqui, nossa conclusão seria a de que, quando encaradas desde o ponto de vista da engenharia de software, as propostas da visão estândar pareceriam envolver uma *dose completamente inaceitável de idealização!* Dessa maneira, em nosso entendimento, o assim chamado "ceticismo com respeito à visão estândar" (Avigad, 2019, p. 5) não seria nada mais do que uma reação mais ou menos inevitável à essa proposta de idealização desenfreada. Desafios iniciais, imediatos, sobre como poderíamos implementar realmente as estranhas propostas da concepção estândar são normalmente deixadas na conta de uma "pura possibilidade teórica". Não deveríamos nos surpreender que problemas acabem por surgir:

> The probability of successful assessment decays exponentially with the length of the proof. Suppose there is a one percent chance of error in assessing the correctness of a step in an axiomatic derivation generated by some fallible means. Then the odds of correctly assessing the validity of a proof of one hundred steps is about 37% (roughly $1 = e$, where e is Euler's constant). At two hundred steps, the odds of success drop to less than 14%, and at four hundred steps, the odds drop to less than 2%. (Avigad, 2019, p. 4)

15.5 Uma Rápida Visita às Ideias de Wittgenstein

Apresentar as propostas de Wittgenstein para as noções de "prova" e de "regra matemática" é uma tarefa que fica grandemente facilitada quando encarada sob o pano de fundo de uma abordagem eminentemente prática, refratária a idealizações, como aquela adotada pela engenharia de software.

Comecemos com a própria noção, caraterística da engenharia de software, do que seja uma "especificação". Nos interessa aqui fundamentalmente o caráter normativo daquele conceito. Como diz Hehner no trecho que mencionamos acima, "um programa é uma descrição, ou especificação do comportamento do computador". Ora, há uma afinidade imediata aqui com o conhecido conceito de "regra" (matemática) de Wittgenstein. Da mesma maneira que lá, aqui também encaramos uma especificação fundamentalmente com sendo uma normatização, uma especificação introduzida para julgar aplicações empíricas, "implementações".

> The proposition proved by means of the proof serves as a rule — and so as a paradigm. For we go by the rule. (Wittgenstein, 1983, pp. 163, III, §28)
>
> Hence 4 + 1 = 5 is now itself a rule, by which we judge proceedings. This rule is the result of a proceeding that we assume as *decisive* for the judgment of other proceedings. (Wittgenstein, 1983, pp. 318-9, VI, §16)

Em sua ênfase no caráter puramente normativo das regras Wittgenstein chega a propor até mesmo formulações puramente imperativas para leis matemáticas.

> Suppose we look at mathematical propositions as commandments, and even utter them as such? "Let 25^2 be 625". (Wittgenstein, 1983, pp. 271, V, §13)
>
> Can we imagine all mathematical propositions expressed in the imperative? For example: "Let 10 × 10 be 100". (Wittgenstein, 1983, pp. 276, V, §17)

Voltemos à formulação de Hehner acima: "um programa é uma *descrição*, ou especificação do comportamento do computador". Se entendermos os vários níveis especificatórios do processo de refinamento a partir de um ponto de vista estritamente normativo, então a própria utilização da palavra "descrição" na formulação de Hehner parece, de repente, um tanto fora de lugar ("*A program is a description or specification of computer behavior*"). Podemos *descrever*, é claro, o comportamento que uma máquina física teve em uma determinada ocasião. Mas, nesse caso, como enfatiza o próprio Hehner, não podemos nos furtar a possibilidade de que tal comportamento tenha envolvido algum tipo de falha ("a cabeça leitora do disco-rígido pode quebrar, o compilador pode ter um "bug..."). Mas, para aquele engenheiro da computação, uma especificação parece ser, não a *descrição* do comportamento de uma máquina concreta, de sua operação em uma dada ocasião, mas, sim (como certamente preferiria Wittgenstein), uma *prescrição* de como esse comportamento *deveria se dar*. Isso parece ficar claro trecho seguinte, quando o próprio Hehner acrescenta: "Um computador [em uma dada implementação] executa um programa comportando-se de acordo com o programa, satisfazendo o programa".

Encontramos aqui um novo e forte paralelo com conhecidas formulações devidas à Wittgenstein. Segundo o filósofo, uma proposição matemática jamais falaria sobre realidade alguma, seja uma realidade entendida como sendo "abstrata", seja ela tomada como sendo "empírica".

> In mathematics *everything* is algorithm, *nothing* meaning; even when it seems there's meaning, because we appear to be speaking *about* mathematical things in *words*. What we're really doing in that case is simply constructing an algorithm with those words. (Wittgenstein L. , 2005, pp. 494, §137)

> ... even if the proved mathematical proposition seems to point to a reality outside itself, still it is only the expression of acceptance of a new measure (of reality). (Wittgenstein L. , 1983, pp. 162, III §27)

A matemática *não falaria sobre* nada, nem sobre objetos empíricos, tampouco sobre "objetos abstratos" (uma combinação de ideias – "objetos" "abstratos" – que Wittgenstein completamente repudia). A matemática seria composta apenas de especificações, de normatizações (as tais "regras" do filósofo[3]). Wittgenstein escreve, agora com respeito à geometria:

> Geometry isn't the science (natural science) of geometric planes, lines and points, as opposed, say, to some other science whose subject matter is gross physical lines, strips, surfaces, etc. and that states their properties. The connection between geometry and propositions of practical life, which are about strips, color boundaries, edges and corners, etc. doesn't consist in geometry's speaking of things similar to what these propositions speak of, although geometry does speak about ideal edges and corners, etc.; rather, it consists in the connection between these propositions and their grammar. Applied geometry is the grammar of statements about spatial objects. (Wittgenstein L. , 2005, pp. 391, §114) (Porto, 2012)

Vejamos agora outro componente fundamental para a filosofia da matemática de Wittgenstein, a ideia de um "holismo", i.e., de um antifundacionalismo com respeito à noção de "regras". Para o filósofo, como para o engenheiro de software, todos os vários níveis especificatórios, dos mais gerais (no topo de hierarquia), aos mais detalhados (em seus níveis mais baixos), devem ser homogeneamente encarados como sendo apenas especificações, "regras", no linguajar de Wittgenstein. Os vários níveis hierarquizados do processo de refinamento tomado como um todo especificariam – em conjunto – como deveriam se dar as várias implementações empíricas referentes àquelas especificações, como deveria se comportar as "máquinas físicas", propriamente ditas.

Tomemos o exemplo da longa discussão que Wittgenstein faz sobre o que seria "especificação" de uma operação aritmética simples, uma divisão recursiva como "$1 \div 7$" (Wittgenstein L. , 1979, pp. 182-4). Conforme uma visão mais tradicional, teríamos um "objeto abstrato" – "a divisão $1 \div 7$" fixado, ou bem por sua extensão (como sugeria o clássico), ou bem por sua definição, seu "método de geração" (como preferia o intuicionista). As várias propriedades, da "recorrência do resto", "recorrência do quociente", seriam todas vistas como descrições, como "predicações verdadeiras", daquelas "propriedades" àquele "objeto abstrato", a tal "função abstrata".

---

[3] Ou, talvez melhor ainda, "leis", um termo que retiraria completamente o caráter operacional que ainda permanece na palavra "regra". Esse termo, no entanto, não é empregado pelo filósofo.

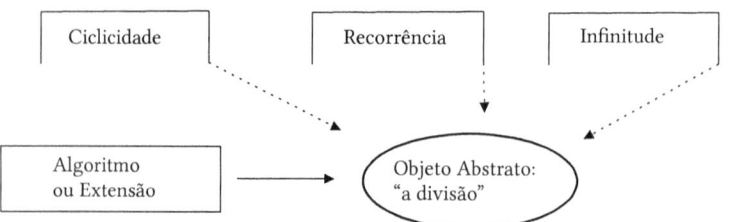

Essa não seria, é claro, a proposta sugerida por Wittgenstein. Da mesma maneira que o engenheiro de software, o filósofo insiste em ver todos os níveis de especificação, tanto os mais gerais ("propriedades de alto nível", i.e., "ciclicidade do resto", "ciclicidade do quociente"), quanto os de mais baixo nível (asespecificações atômicas singulares, do tipo "$(1 \div 7)_{(1)} = 1$", ou "$(1 \div 7)_{(2)} = 4$") como determinações normativas, critérios que especificariam o que deveria acontecer em execuções empíricas daquela operação:

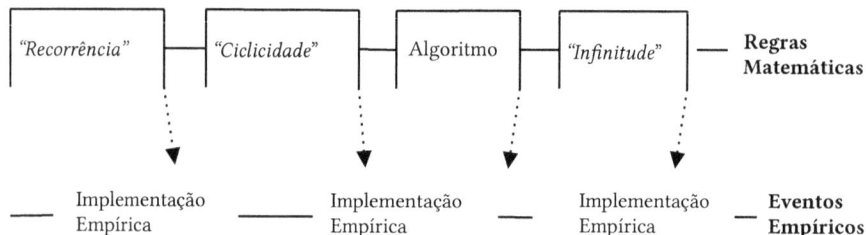

Nas palavras do filósofo, as próprias propriedades ("recursão no resto", "recursão do quociente") deveriam ser vistas como especificações ulteriores, de nível mais baixo, não de um "objeto abstrato", um conceito rejeitado pelo filósofo, mas, sim, de operações empíricas, implementações daquela operação levadas a cabo por um agente operador, em uma determinada situação:

> Here I am adopting a new criterion for seeing whether I divide this properly
> - and that is what is marked by the word "must". ...
>
> The question of recurrence is then a strictly geometrical question: the man will be persuaded that if he repeats this pattern here, there must be the same numeral repeated (A new criterion that he has done so-and-so) (Wittgenstein L. , 1975, pp. 129-30, Lect XII)

Cada nova "regra" é uma especificação ulterior, mais refinada, que qualquer implementação empírica daquela operação *deveria cumprir*, sob o risco, é claro, de termos de recusar aquele processo empírico como uma "implementação daquela especificação".

> One might also put it crudely by saying that mathematical propositions containing a certain symbol are rules for the use of that symbol, and that these symbols can then be used in non-mathematical statements. (Wittgenstein L. , 1975, pp. 33, Lect. III)

> ... only the group of rules *defines* the sense of our signs, and any alteration (e.g. supplementation) of the rules means an alteration of the sense. Just as we can't alter the marks of a concept without altering the concept itself. (Wittgenstein L. , 1975, pp. 182, §154)

Para finalizar, gostaríamos de registrar que, apesar de que todos os vários níveis especificatórios devam ser vistos homogeneamente como prescrições mais ou menos gerais sobre processos empíricos, do ponto de vista de seu "emprego prático", claramente, nem todas as determinações teriam igual importância. Ao contrário das propostas da concepção estândar, que vê os níveis mais baixo como, de alguma forma, "determinando, de baixo para cima, a verdade sobre os níveis superiores", Wittgenstein, como o engenheiro de software, encara o emprego das especificações como sendo, normalmente, "de cima para baixo".

Voltando novamente ao nosso exemplo da divisão periódica, pensemos no grande ganho operacional, técnico, que uma propriedade genérica como a da "recorrência do quociente" nos oferece na tarefa de julgar implementações empíricas daquela operação. Ao invés de termos de seguir, no nível mais baixo, um a um, os vários passos da "linguagem de máquina" (aqueles especificados pelo algoritmo de divisão), podemos adotar uma "visão se sobrevoo" e apenas verificar a recorrência daqueles dois ciclos, o ciclo do quociente ("333...") e do resto ("111...").

Retornemos ao trecho acima, onde Prawitz sugere que a "corretude" de uma equação (em "notação de alto nível", como "$10^{10} \times 10^{10} = 10^{20}$") seria de alguma forma dependente da "existência abstrata" de uma equação correspondente àquela, mas expressa em notação por sucessores, algo que só podemos indicar abreviadamente, é claro, como "$s(s(...s(s(s(0)))) = s(s(...s(s(s(0))))$". Sobre uma notação muito semelhante à notação canônica "por sucessores" de Prawitz, a notação em barras de Hilbert, Wittgenstein escreve:

> ... could we also find out the truth of the proposition 7034174 + 6594321 = 13628495 by means of a proof carried out in the first notation [Bar notation]? – Is there such a proof of this proposition? – The answer is: no. (Wittgenstein L., 1983, pp. 145, III, §3) (RFM, Part III, §3, pg 145)

Em clara oposição às várias versões das propostas estândar e em absoluta consonância com o ponto de vista da engenharia de software (que insiste no movimento exatamente contrário), Wittgenstein afirma:

> A shortened procedure tells me what *ought* to come out with the unshortened one. (Instead of the other way around.) (Wittgenstein L., 1983, pp. 157, III, §18)

Como os engenheiros, Wittgenstein recusa a ideia de ver o nível mais baixo, da "linguagem de máquina", como sendo de alguma forma "mais fundamental" do que os outros:

> The danger here seems to be one of looking at the shortened procedure as a pale shadow of the unshortened one. (Wittgenstein L., 1983, pp. 157, III, §19)(RFM, Part III, §19, pg 157)

Wittgenstein rejeita as idealizações subjacentes às várias propostas estândar e, na companhia de seu colega engenheiro, acentua o emprego prático, o poder decisório em situações concretas de uso, que os vários níveis de especificações possam oferecer:

> ... in what sense is ||||||||||||||||| the paradigm of a number? Consider how it can be used as such. (Wittgenstein L., 1983, pp. 147, III, §7)

Bibliografia

[1] Avigad, J. (2019). Reliability of Mathematical Inference. *Preprint.*

[2] Azzouni, J. (2004). The Derivation-Indicator View of Mathematical Practice. *Philosophia Mathematica, 12 (3)*, pp. 81-105.

[3] Brooks, F. (1995). *The Mythical Man-Month Essays on Software Engineering.* Boston: Addison Wesley.

[4] Chateaubriand, O. (2005). Proof and Proving. Em *Logical Forms - Part II.* São Paulo: Coleção CLE.

[5] Dijkstra, E. (1974). Programming as a discipline of mathematical nature. *American Mathematics Monthly, 81*, pp. 608-12. Fonte: E. W. Dijkstra Archive: http://www.cs.utexas.edu/users/EWD/ewd03xx/EWD361.PDF

[6] Dijkstra, E., Hoare, C., & Dahl, O.-J. (1972). Notes on Structure Programming. Em E. Dijskstra, *Structured Programming* (pp. 1-82). Academic Press.

[7] Feferman, S. (2012). And so on...: Reasoning with infinite diagrams. *Synthese, 186 (1)*, pp. 371–386.

[8] Friedman, M. (2010). Synthetic History Reconsidered. Em M. Domski, & M. Dickson, *Discourse on a New Method: Reinvigorating the Marriage of History and Philosophy of Science* (pp. 571-813). Chicago: Open Court.

[9] Friedman, M. (2012). Kant on Geometry and Spatial Intuition. *Synthese, 186*, pp. 231-255.Gödel, K. (1995). *Collected Works* (Vol. III). Oxford: Oxford University Press.

[10] Gabbrielli, M., & Martini, S. (2010). *Programming Languages: Principles and Paradigms*. Dordrecht: Springer.

[11] Hehner, E. (1999). Specifications, Programs, and Total Correctness. *Science of Computer Programming, 34 (3)*, pp. 191-205.

[12] Hehner, E. (2004). *A Practical Theory of Programming*. Nova Iorque: Springer-Verlag.

[13] Hodges, W. (2007). Necessity in Mathematics I. Em *To appear as Proceedings of a conference on Necessity and Contingency*.

[14] Kreisel, G. (1985). Matthematical Logic: Tool and Object lesson for Science. *Synthese, 62*, pp. 139-151.

[15] Martin-Löf, P. (1987). Truth of a proposition, evidence of a judgment, validity of a proof. *Synthese, 73*, pp. 407-20.

[16] Porto, A. (2012). Wittgenstein on Mathematical Identities. *Disputatio, 4 (34)*.

[17] Prawitz, D. (1977). The conflict between classical and intuitionistic logic. *Theoria, 63*, pp. 2-40.

[18] Rav, Y. (2008). The Axiomatic Method in Theory and in Practice. *Logique & Analyse, 202*, pp. 125-147.

[19] Shabel, L. (2003). *Mathematics in Kant's Critical Philosophy*. Nova Iorque: Routledge.

[20] Smullyan, R. (1961). *Theory of Formal Systems*. Princeton: Princeton University Press.

[21] Sundholm, G. (1993). Questions of Proof. *Manuscrito, 16(2)*, pp. 47-70.

[22] Sundholm, G. (1994). Existence, Proof and Truth-Making. *Topoi, 13*, pp. 117-26.

[23] Wang, H. (1955). On Formalization. *Mind, (64) 254*, pp. 226-238.

[24] Wexelblat, R. (1981). *History of the Programming Languages*. Nova Iorque: Academic Press.

[25] Wittgenstein, L. (1975). *Lectures no the Foundations of Mathematics, 1939*. Chicago: The Universtiy of Chicago Press.

[26] Wittgenstein, L. (1975). *Philosophical Remarks*. Oxford: Basil Blackwell.

[27] Wittgenstein, L. (1979). *Wittgenstein's Lectures, Cambridge, 1932-35*. Totowa: Rowan and Littlefield.

[28] Wittgenstein, L. (1983). *Remarks on the Foundations of Mathematics*. Cambridge: MIT Press.

[29] Wittgenstein, L. (2005). *The Big Typescript*. Malden: Blackwell Publishing.

Capítulo 16

Três modelos de análise filosófica

Nastassja PUGLIESE

Para Abel

Interessado em pensar sobre tipos de prova e demonstração, Lassalle Casanave ex-amina, no artigo "Dos modelos de Análisis filosófico" (2003), as diferentes noções de análise conceitual que estão em jogo na filosofia analítica contemporânea, mais especificamente, na chamada filosofia da linguagem comum. Apontando a falta de homogeneidade metodológica, Lassalle Casanave vê a filosofia analítica como abarcando diversos modelos de análise, alguns incompatíveis entre si, mas que se confrontam, uma hora ou outra, com a lógica matemática, seja para tomar distância ou para tirar dela inspiração. A investigação sobre os modelos principais de análise na filosofia analítica serve para ilustrar a distinção metodológica entre a filosofia e a matemática. Entretanto, Lassalle Casanave argumenta, e este é o seu ponto principal neste artigo, que quando se discute o problema da análise filosófica em conexão com as definições matemáticas se está partindo do princípio de que os conceitos da filosofia e da matemática admitem tratamento semelhante, o que não é necessariamente o caso.

Os modelos de análise que servem de exemplo para Lassalle Casanave são a análise por esclarecimento de conceitos (representado por Tarski-Kreisel) e a análise como substituição de conceitos por seus sinônimos funcionais (representado por Carnap-Quine). As definições, construídas de um ou outro modo, procurariam eliminar a obscuridade conceitual, oferecendo uma identidade intensional entre *analysandum* e *analysans* de modo a deixar claras as condições de adequação do *analysandum* em relação ao *analysans*. Assim, qualquer definição deve satisfazer a seguinte condição: se algo é xy, então os elementos x e y devem estar descritos de tal modo que tal relação específica que torna a coisa a ser definida um xy esteja presente na definição. Para Quine, seria preciso, então, apenas substituir xy por um sinônimo (que expressa, por sua vez, a descrição de tal relação específica entre x e y e que os define como xy) de modo que toda e qualquer sentença onde xy apareça possa ter xy substituído por esse seu sinônimo. Quando um sinônimo pode ser utilizado no lugar da coisa analisada, então é porque estamos diante de um sinônimo definidor da coisa analisada. Ou seja, estamos diante de um contexto útil de enunciação da relação que nos permite acessar e resumir todos os usos contextuais dessa relação (ou seja, do conceito a ser analisado).

Segundo a leitura que Chateaubriand faz do modelo Carnap-Quine, a análise por substituição de conceitos não cumpre essa função sistematizadora de seus usos porque, justamente, é preciso um passo a mais do que a mera substituição de um conceito por outro para que essa cláusula de identidade de significados por sinonímia funcione como uma definição que capture os usos do conceito. Esse "passo a mais," explica Lassalle Casanave, torna a concepção de análise conceitual de Chateaubriand (crítica à Quine) mais próxima do modelo Tarskiano, na qual definir um conceito é esclarecê-lo. Segundo Chateaubriand, mesmo quando explicitamos as condições de satisfação de um conceito qualquer, ou seja, quando cumprimos a cláusula de Quine, essas condições não indicam por si só como este conceito deve ser definido. Quando definições dão conta de um conceito e são funcionais, é porque estas definições marcam propriedades e tornam explícitas características determinadas do conceito, apelando para noções que nele não se encontram explícitas (noções que, segundo Pierce, atuariam como notas que estão incluídas no conceito a ser definido e que devem estar presentes na definição). O algo mais que não está dado no conceito faz com que o conceito que define não possa ser o mesmo que o conceito a ser definido, o *analysandum* deve ser outro que o *analysans*. Assim, o modelo de análise por esclarecimento de conceitos pode ser resumido em três passos: identificar o conceito obscuro que será objeto de esclarecimento, enunciar as condições de adequação de um conceito a outro e, por fim, oferecer uma análise que satisfaça as condições de adequação e possa, portanto, esclarecer o uso do conceito.

Fazendo uso da distinção Kantiana entre conceitos filosóficos e matemáticos, Lassalle Casanave mostra, então, que o princípio de que os conceitos da filosofia e da matemática admitem tratamento semelhante é equivocado. Seguindo a leitura que Simpson faz de Kant, Lassalle Casanave considera que há dois tipos de elucidação filosófica de conceitos, a elucidação de conceitos que pertencem a sistemas conceituais bem definidos como os conceitos da matemática, e a elucidação que pertencem a sistemas conceituais que não são bem definidos, como os conceitos filosóficos. Na análise dos conceitos matemáticos, as condições de adequação das definições podem ser satisfeitas de muitas maneiras (como pode ser visto nos quatro exemplos de definição de par ordenado que Lassalle Casanave retoma ao longo do artigo). Entretanto, na análise dos conceitos filosóficos, as condições de adequação não admitem multiplicidade. O conceito de conhecimento não pode ser satisfeito de muitas maneiras, pois uma "elucidação adequada de 'conhecimento' deve nos ajudar a compreender em que consiste conhecer" (Lassalle Casanave 2003 p.11). Lassalle Casanave conclui, então, que é preciso recolocar o problema e investigá-lo em termos da distinção entre conceitos e métodos filosóficos e matemáticos e não mais entre conceitos e métodos filosóficos e empíricos (linguísticos).

Em 2012, no texto "Por Construção de Conceitos", Lassalle Casanave retoma o problema da distinção entre conceitos e métodos filosóficos e matemáticos tomando como instrumento de investigação, não mais os debates da filosofia da linguagem comum e os métodos da filosofia analítica contemporânea, mas o que denomino método de análise histórica para pensar a questão a partir do modo como ela é colocada por Kant. Com Kant, Lassalle Casanave busca esclarecer a distinção entre filosofia e matemática, articulada através da dualidade conceito/intuição. Após descrever essas diferenças, procura responder porque a filosofia não deveria imitar o método matemático, ainda que o método matemático possua boa fama com seus frutíferos e conhecidos resultados. Finalmente, em "Uma introdução à recepção moderna da geometria euclidiana", Lassalle Casanave (2016) caracteriza os fundamentos da filosofia kantiana da matemática como parte de uma reflexão inserida tanto na tradição metodológica aristotélica, ou seja, a silogística e suas constantes referências à geometria euclidiana, quanto nas disputas sobre o seu aspecto canônico, representadas pelos debates iniciados no século XVII através da *quaestio certitudine matematicarum*. Lassalle Casanave, neste texto, aperfeiçoa o uso do método histórico como instrumento de investigação filosófica e análise conceitual.

Lassalle Casanave (2019), retomando o comentário de 2012 sobre a filosofia da matemática de Kant, amplia as teses lá descritas e as conjuga na obra *Por Construção de Conceitos: em torno da filosofia kantiana da matemática*. Na conclusão do livro, o autor enuncia: o conhecimento matemático, o conhecimento racional por construção de conceitos, é o conhecimento por resolução de problemas. Para Kant, uma definição não é fruto de uma dedução ou de uma derivação realizada a partir de axiomas ou postulados. Toda definição é uma construção imediata de um conceito e, por isso, exibe a intuição que lhe corresponde *a priori*. É nesse sentido que se pode dizer que conceitos resolvem problemas: quando são definidos geneticamente, os conceitos fornecem imediatamente a construção da coisa que definem. A filosofia não pode imitar o método da matemática porque seus conceitos operam de maneira distinta, já que a construção de conceitos genéticos não está à disposição da filosofia. O conhecimento filosófico, diferente do matemático, é um conhecimento racional por conceitos previamente dados e não por construção de conceitos no interior de um sistema conceitual bem definido.

O livro Por *Construção de Conceitos* se insere, portanto, no percurso investigativo de Lassalle Casanave sobre métodos de análise conceitual e dá origem a um amplo processo de discussão sobre metodologia filosófica. Nesta obra, consolidando investigações anteriores, fica mais claro que o método de análise histórica ocupa um lugar privilegiado no percurso de Lassalle Casanave. Este método de análise histórica se diferencia dos métodos de análise matemático-linguísticos para fins de compreensão de conceitos filosóficos. Considerando o percurso de 2003 a 2019, pode-se dizer que há três modelos de análise em jogo, dois modelos matemático-linguísticos (por substituição e por esclarecimento de conceitos) e um modelo histórico, que é o utilizado por Lassalle Casanave ele mesmo. Assim, ainda que "método de análise" seja o objeto de investigação do autor, ele não realiza uma reflexão explícita sobre as vantagens e desvantagens do método usado por ele mesmo como instrumento de investigação.

Como afirma Pereira, no posfácio da obra "o livro é muito mais do que a filosofia matemática de Kant", tecendo uma análise detalhada de argumentos. Ao final do posfácio, Pereira pergunta, de modo a-histórico: "como conceitos resolvem problemas?" Panza, na orelha do livro, responde Pereira, contextualizando: pode-se dizer que a construção de um conceito resolve um problema apenas na medida em que se considera historicamente, ou à época, o sentido de "resolução de um problema". Há, portanto, um debate explícito, já inaugurado na orelha e na advertência do posfácio, tanto sobre a metodologia de investigação quanto sobre o alcance dos resultados de Lassalle Casanave. Sobre este debate que se dá em torno do que é histórico e do que não é, tenho diversas perguntas. Se a história da matemática serve para melhor compreender a filosofia matemática de Kant, em que medida a filosofia da matemática de Kant pode ser usada para melhor compreender o problema inicial de Lassalle Casanave, qual seja, a natureza das demonstrações em geral? Melhor dizendo, como o recurso à história da filosofia auxilia na resposta a um problema a-histórico como o problema sobre o melhor método de análise? Dada a estratégia de estudo histórico como um terceiro método de análise caro para Lassalle Casanave, seria o método histórico uma alternativa ecumênica, unificadora dos métodos anteriormente estudados e aparentemente incompatíveis (esclarecimento e substituição)? Ou seria o método histórico um modelo de natureza completamente distinta dos outros dois? Não sei como Lassalle Casanave responderia à esta questão, mas eu imagino uma possível resposta positiva ao ecumenismo metodológico porque, afinal de contas, seu recurso à filosofia da matemática de Kant não tem como finalidade a compreensão exegética da obra de Kant, mas de algo que está para além da obra histórica, que é a questão mesma da diferença entre os métodos matemáticos e filosóficos, entre demonstrar, provar e resolver um problema. Assim, o método de análise histórica seria uma forma de esquematizar (esclarecendo) um conceito ou um conjunto de conceitos que poderiam ser utilizados ou pensados para além da obra de onde eles foram retirados, de modo, portanto, a podermos substituir Kant ou o contexto do século XVII ou XIX pelas nossas discussões sobre definições, métodos e análise no século XXI. Ou seja, através do método histórico poderíamos retirar o argumento de um contexto ou de um sistema conceitual qualquer não bem definido e fazer uso deste mesmo argumento em outro contexto ou sistema conceitual não bem definido de modo satisfatório, fazendo uso de algum tipo de substituição de contexto. Esta estratégia é o que Mercer (2019) chama de reconstrução racional dos argumentos contidos em obras históricas. Mercer critica esta estratégia, mas seu interesse é compreender, o máximo possível, a obra enquanto obra histórica. Não vejo este como sendo o interesse de Lassalle Casanave, que parece se aliar mais ao reconstrutivismo tradicional da filosofia analítica da história dado que ele considera que o conhecimento filosófico ocorre por esquematização de conceitos. Mas me interessa saber a posição de Lassalle Casanave sobre os limites e as vantagens da análise histórica. A intuição que me guia para realizar essas questões é a de que há alguma diferença fundamental entre "falar sem julgamento de coisas que se ignoram" (Lassalle Casanave 2019 p.186) e esclarecer ou esquematizar conceitos. Apesar da bela tentativa de Lassalle Casanave, no que diz respeito a Kant, essa diferença me escapa.

Bibliografia

[1] Lassalle Casanave, Abel. 2003. "Dos modelos de análisis filosófico" em *O que nos Faz Pensar?* Dezembro, 2003. 7-13.

[2] _____. 2012c. "Por Construção de Conceitos." In: Joel Thiago Klein (org.). *Comentários às obras de Kant: Crítica da Razão Pura*. 1ed. Florianópolis: NEFIPO, 2012, p. 657-694.

[3] _____. 2016. "Uma introdução à recepção moderna da geometria euclidiana" em *O que nos Faz Pensar?* Dezembro, 2016. 7-29.

[4] _____. 2019. *Por Construção de Conceitos: em torno da filosofia kantiana da matemática*. Editora PUC-Rio. Rio de Janeiro, 2019.

[5] Chateaubriand, Oswaldo. Logical Forms Part II - Logic, Language, and Knowledge. CLE. Campinas, 2015.

[6] Mercer, Christia. "The Contextualist Revolution in Early Modern Philosophy" in *The Journal of the History of Philosophy*, vol.57, no.3 (2019) 529-548.

Capítulo 17

Notas sobre la doctrina leibniziana de los incomparables

Federico RAFFO QUINTANA

17.1 Introducción

Como es sabido, a finales del siglo XVII fueron intensas las discusiones sobre los fundamentos de la matemática infinita, cuyo desarrollo en las décadas anteriores había sido notable. Si bien es claro que los críticos del cálculo infinitesimal fueron en buena medida los interlocutores de estas discusiones, como atestiguan, por ejemplo, las publicaciones de Nieuwentijt y de Rolle, también es cierto que los simpatizantes del cálculo leibniziano, como Joh. Bernoulli o Varignon, tenían dudas sobre el modo como Leibniz lo fundamentó. Uno de los puntos más álgidos de los debates sobre los fundamentos fue la engorrosa cuestión sobre la naturaleza y la existencia de los infinitos y, especialmente, de los infinitésimos. Si tenemos en cuenta que el cálculo infinitesimal leibniziano recurre a la introducción de cantidades infinitesimales, podemos entender por qué para muchos de sus contemporáneos se trató de un procedimiento que, más allá de los resultados que nos provea, no parecía estar debidamente justificado. Más aún, el hecho de que Leibniz haya concebido a las cantidades infinitas e infinitamente pequeñas como 'ficciones' no solamente no echó luz sobre la cuestión, sino que, por el contrario, parece haberla sumergido en una oscuridad aún más profunda.

Como un ejemplo de estas controversias sobre los fundamentos, consideremos la discusión en torno de los infinitésimos que se encuentra en la correspondencia entre Leibniz y Bernoulli. Por una cuestión de orden, más adelante, en la tercera sección, me referiré a una de las objeciones esgrimidas por Nieuwentijt, esto es, un crítico del cálculo infinitesimal, con lo que tendríamos un panorama más completo de los planteos acerca de los fundamentos del cálculo. El intercambio entre Leibniz y Bernoulli, que recorre numerosas cartas entre mediados de 1698 y comienzos del año siguiente (especialmente GM III, 497-576), es particularmente interesante por tratarse de dos entusiastas de la matemática infinita. La posición de Bernoulli puede ser resumida muy sintéticamente así: si un cuerpo finito tiene un número infinito de partes actuales, "la mínima de esas partes debe tener, al todo, una razón inasignable o infinitamente pequeña" (GM III, 519).[1] Esta concepción queda más clara cuando es formulada en términos de series o sucesiones: si decimos que hay infinitos términos en una sucesión infinita decreciente, como, por ejemplo, en $\frac{1}{2}, \frac{1}{4}, \frac{1}{8}, \frac{1}{16}$ etc., entonces se sigue que hay un término infinitésimo: "si los términos son diez, entonces existe el décimo; si los términos son cien, existe el centésimo; si los términos son mil, existe el milésimo; por lo tanto, si los términos son infinitos en número, existe el infinitésimo" (GM III, 563; véase también, entre otros, 529, 539, 545-546, 555).[2] En otras palabras, si hay un *número infinito* de ellos, entonces no podemos negar que haya términos infinitésimos. La respuesta de Leibniz a Bernoulli, o, por lo menos, la más articulada – y que de alguna manera parece zanjar la cuestión, pues Bernoulli posteriormente no se refiere más a este asunto en el intercambio epistolar –, puede ser pensada como una observación a lo último que mencionamos: es absurdo decir que, si hay un número infinito de términos, hay infinitésimos, porque el número infinito es contradictorio.[3] De allí que Leibniz señale que, "cuando se dice que se dan infinitos [términos], no se dice que se da un número terminado de ellos, sino que se dan más que cualquier número terminado" y que "Concedo una multitud infinita, pero esta multitud no hace un número o un todo" (GM III, 566 y 575 respectivamente).[4] Por esa razón, los infinitos e infinitésimos pueden tomarse como cosas imaginarias aunque aptas para operar con ellos, como ocurre con las raíces imaginarias en el álgebra (GM III, 499; 524).

Ahora bien, no debemos pasar por alto que, en un momento más bien temprano de esta correspondencia, Leibniz señala que basta con imaginarnos (es decir, introducir como ficciones) infinitos e infinitésimos dado que lo que demostremos con ellos puede también demostrarse por reducción al absurdo "con mi método de los Incomparables (cuyos Lemas expuse una vez en las *Actas*)" (GM

---

[1] "Nam si corpus finitum habet partes numero infinitas, credidi semper et etiamnum credo, minimam istarum partium debere habere ad totum rationem inassignabilem seu infinite parvam".

[2] "Si decem sunt termini, existit utique decimus; si centum sunt termini, existit utique centesimus; si mille sunt termini, existit utique millesimus; ergo si numero infinit sunt termini, existit infinitesimus".

[3] No me detendré en las razones que esgrimió para ello, que, por otro lado, son bien conocidas. Al respecto puede verse Esquisabel y Raffo Quintana 2017.

[4] "et cum dicitur dari infinita, non dicitur dari eorum numerum terminatum, sed dari plura quovis numero terminato" // "Concedo multitudinem infinita, sed haec multitudo no facit numerum seu unum totum".

III, 524).⁵ Leibniz se está refiriendo aquí al *Tentamen de motuum coelestium causis*, que fue publicado en 1689 en las *Acta Eruditorum* (GM VI, 144-161). En ese escrito, entre otras cosas, Leibniz señaló:

> En las demostraciones he asumido *cantidades incomparablemente pequeñas*, i.e., la diferencia entre dos cantidades comunes, incomparable con dichas cantidades. En efecto, de esta manera, si no me equivoco, tales cosas pueden exponerse del modo más claro. Y así, si alguien no quisiera emplear [cantidades] *infinitamente pequeñas*, puede asumirlas tan pequeñas como juzgue suficiente, de modo que sean incomparables y produzcan un error irrelevante, menor que un [error] dado. (GM VI, 150-151)⁶

Una referencia similar puede hallarse, por ejemplo, en una carta de Leibniz a von Bodenhausen escrita ocho años más tarde:

> Para conducir a nuestro cálculo infinitesimal a demostraciones rigurosas, se requiere considerar sólo mis lemas de los incomparables, que otra vez publiqué en la *Actas*. A saber, se basa en la geometría común que en nuestro cálculo se desestime lo que siendo en la construcción inconsiderable o incomparablemente pequeño, se lo deja estar en cuanto tal. Pues, en efecto, se puede mostrar siempre que eso que se ha de eliminar es menor que cualquiera dado a la manera de Arquímedes. (A III 7, 576)⁷

Otras referencias a los lemas de los incomparables, similares a las que señalamos en las correspondencias con Bernoulli y von Bodenhausen, puede hallarse, por ejemplo, en el intercambio epistolar con Varignon y Wallis, lo que muestra que era una maniobra usual de Leibniz.⁸ En otras palabras, como vemos, una de las estrategias utilizadas por Leibniz para intentar fundamentar el cálculo y sortear las objeciones fue considerar la posibilidad de sustituir el proceso en el cual se emplean ficciones por otro que no lo haga, sino que se basa en cantidades incomparables. No obstante, es llamativo que esas menciones parecen no haber

---

⁵"mea Incomparabilium methodo (cujus aliquando Lemmata dedi in Actis)".

⁶"Assumi inter demonstrandum *quantitates incomparabiliter parvas*, verbi gratia differentiam duarum quantitatum communium: impsium quantitatibus incomparabilem. Sic enim talia, ni fallor, lucidissime exponi possunt. Itaque si quis nolit adhibere *infinite parvas*, potest assumere tam parvas quam sufficere judicat, ut sint incomparabiles et errorem nullius momenti, imo dato minorem, producant".

⁷"Unsere Calculos infinitesimales ad demonstrationes rigorosas zu bringen, darff man nur meine Lemmata incomparabilium consideriren, die ich einsmahls in *Actis* gegeben. Besteht nehmlich in der gemeinen Geometri, nur daß man in unserm calculo auslaßet, was in der construction inconsiderabel oder unvergleichlich klein als das jenige so man stehen läßet. Denn man kan allezeit weisen, daß solches elidendum minus quovis dato more Archimedeo". Le debo la traducción de este pasaje a Oscar Esquisabel.

⁸Leibniz a Varignon, GM IV 91-92; Leibniz a Wallis, A III 8, 91-92.

tenido impacto, en el sentido de que sus interlocutores no pusieron reparos al método de los incomparables, aunque sí al de los infinitesimales. Esto puede deberse a que el método de los incomparables parece no haber sido puesto en duda por ellos. Más aún, en el caso, por ejemplo, de la correspondencia con Bernoulli, no sólo Leibniz lo trae a colación antes de que comience la discusión puntual sobre los infinitésimos (por ejemplo, en A III 7A, 290) sino que incluso también Bernoulli parece emplearlo (así, en GM III, 364-365).

Con esta situación como trasfondo, Oscar Esquisabel me propuso este interrogante: ¿por qué Leibniz pensaba que apelar a los incomparables podía ser más convincente o aceptable que recurrir a las ficciones infinitesimales? En lo que sigue esbozaré una posible respuesta, que, a modo de hipótesis, puede formularse así: la noción de lo incomparable era usual en la práctica matemática de la época, por lo que sostener que las cosas demostradas con el método que emplea cantidades ficticias pueden también demostrarse mediante otro procedimiento usualmente reconocido, sería parte de una estrategia de Leibniz para que se acepte su propia propuesta metodológica. De esta manera, habría buenas razones para no descartarla e incluso para utilizarla, si su utilización reportara ciertas ventajas respecto del método de los incomparables.[9] Teniendo en cuenta esta hipótesis, buscaré acreditar casos de referencias a incomparables que mostrarían que se trataba de una doctrina relativamente extendida en el siglo XVII y que son importantes para comprender la concepción leibniziana. Si esta hipótesis es correcta, los autores que aquí se consideren serían solamente unos pocos ejemplos de una tradición mucho más vasta. Antes de exhibir estas concepciones, presentaré brevemente la noción de lo incomparable utilizada por Leibniz, centrándome en especial, aunque no exclusivamente, en los lemas exhibidos en el *Tentamen de motuum coelestium causis*. Luego me concentraré, en primer lugar, en la imagen de la incomparabilidad de la tierra y el cielo, muy extendida en la época de Leibniz gracias al copernicanismo, y en segundo lugar, en el examen exhibido por Isaac Barrow de esta noción, que no sólo es pormenorizado e importante por sí mismo, sino también sugestivo en vistas a los planteos de Leibniz.

17.2 Una breve presentación de la concepción leibniziana de los incomparables

Los lemas de los incomparables a los que Leibniz se refiere fueron abordados en el *Tentamen de motuum coelestium causis* para dar una explicación del

---

[9]No es mi intención ahondar aquí en esta cuestión; menciono solamente que, de acuerdo con Leibniz, la utilización de ficciones permite obtener demostraciones de un modo más abreviado que si no las utilizáramos.

movimiento de los cuerpos celestes que sea compatible con la doctrina de los vórtices. No es mi intención ahondar en la concepción astronómica de Leibniz presentada en este escrito (para lo que puede verse Bussotti 2015, en especial cap. 2.), sino sólo reconstruir los aspectos necesarios para exponer los lemas de los incomparables (GM VI, 149-151). Así, señalemos solamente que, para Leibniz, los planetas se mueven con un movimiento curvilíneo que puede descomponerse en dos movimientos: uno circular (el que describiría el círculo en la Imagen 1) en torno de un centro (como *c*) y otro rectilíneo de acercamiento y alejamiento (en la misma imagen, por ejemplo, en la línea *ca*), entre el centro y el círculo descrito por el movimiento anterior, esto es, el movimiento paracéntrico. Tal movimiento compuesto adquiere la forma de una elipse:

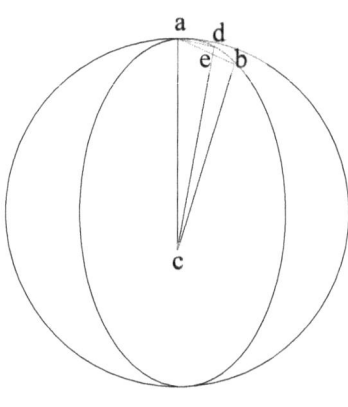

Imagen 1

Ahora bien, supongamos un triángulo *cab* en el cual el lado *ab* es incomparablemente menor que los otros lados. Si el astro que realiza el movimiento en forma de elipse continúa su movimiento, de manera que el lado *cb* se aproxime a *ca*, pudiendo trazarse, en consecuencia, el triángulo *cad*, habría un pequeño incremento que explicaría la diferencia entre el lado *cd* y el lado *cb*, a saber *ed*. Leibniz sostiene que esta diferencia es incomparablemente menor que *ab*, que, como dijimos antes, es incomparablemente menor que los lados restantes del triángulo *cab*. De esta manera, en síntesis, tenemos incomparables de distintitos órdenes o grados. En otras palabras, si dos cosas son incomparablemente pequeñas, la diferencia entre ellas es infinito-infinitamente pequeña [*infinities infinite parva*]. Leibniz resalta que estos 'lemas' fueron presentados "en defensa de *nuestro Método de las cantidades incomparables* y del *Análisis de los infinitos*, como los *Elementos* de esta nueva Doctrina" (GM VI, 151).[10]

---

[10] "Atque haec *Lemmatum* loco annotanda duxi pro *Methodo nostra quantitatum incomparabilium et Analysi infinitorum* tanquam Doctrinae hujus novae *Elementa*". Un tratamiento reciente de los lemas de los incomparables, enmarcado en un examen general de la concepción leibniziana

Algunas de las características que tienen los incomparables de Leibniz fueron más claramente expuestas en cartas que les envió a diversos matemáticos importantes de su época, como Wallis o Varignon, mientras discutían sobre estas cuestiones. En concreto, hay, al menos, tres aspectos de los incomparables íntimamente interconectados que nos permiten describirlos como cantidades graduales, variables y contextuales. En primer lugar, como ya quedó manifiesto anteriormente, hay órdenes o grados de incomparables, e incluso "tantos grados de incomparables como se quiera" (GM IV, 91),[11] en el sentido de que la diferencia entre dos cosas incomparablemente pequeñas es algo incomparablemente menor que ellas y así sucesivamente. Esta característica es fundamental para la opinión de Leibniz de que, como podemos tomarlas tan pequeñas como queramos, el error que producen es menor que uno dado. En segundo lugar, que, en razón de la gradación recién mencionada, los incomparablemente pequeños no tienen la propiedad de ser cantidades infinitamente pequeñas terminadas, sino que su denominación depende de una relación con otra cosa que sea incomparablemente grande respecto de ella (A III 8, 91-92). En otras palabras, los incomparables no están fijos o determinados, en la medida en que pueden tomarse, precisamente, tan pequeños como queramos (GM IV, 92), y por eso decimos que son variables. Finalmente, en tercer lugar, de lo anterior se desprende también que no debe decirse que los incomparables son nada, sino solamente que son tomados como tal en razón de la comparación (A III 8, 92). De este modo, podríamos decir que una cantidad es incomparablemente pequeña no de manera absoluta, sino contextualmente, esto es, en el contexto de relación con otra.

17.3 La imagen de la incomparabilidad del cielo y la tierra

Cuando Leibniz exhibió los lemas de los incomparables en el *Tentamen de motuum coelestium causis*, apeló a una imagen en la que vale la pena detenerse. En efecto, en un momento de la exposición, señaló que, si los lados de un ángulo tienen una base incomparablemente menor que ellos, el ángulo comprendido por dichos lados será incomparablemente menor que un recto, así como "respecto del cielo, la tierra es tenida por un punto o el diámetro de la tierra por una línea infinitamente pequeña" (GM VI, 151).[12] Esta imagen no es extraña en un texto en el que Leibniz, entre otras cosas, utiliza conceptos infinitesimales para explicar su modelo de las órbitas planetarias. Pero además, esta imagen, la comparación

---

del infinito, puede hallarse en Arthur 2018, especialmente pp. 168-171.

[11] "ce qui fournit autant qu'on veut de degrés d'incomparables".

[12] "Quemadmodum terra pro puncto, seu diameter terrae pro linea infinite parva habetur respectu coeli".

entre la tierra y los cielos, fue ampliamente conocida y empleada en los tiempos de Leibniz. Por ejemplo, algunos años antes de que Leibniz redactara el *Tentamen*, Wallis la empleó en el capítulo VI de *A Treatise of Algebra* (1685), al abordar "*El Método de* Arquímedes *para designar Números grandes*" (Wallis 1685, p. 15),[13] en referencia al *Arenario* del célebre matemático griego. Allí Wallis reconstruye el argumento de Arquímedes, enfatizando la conclusión de que podemos expresar números que serían más grandes que el número de granos de arena que colmaría el universo, incluso si consideramos las dimensiones del universo en la hipótesis copernicana, en la cual el orbe en el que se mueve la tierra "(…) es un punto, o inconsiderablemente pequeño, en comparación con el Orbe de las Estrellas Fijas" (Wallis 1685, p. 17).[14] Estas referencias parecen sugerir que la noción de incomparabilidad no era extraña en la astronomía copernicana.

Más aún, en el celebérrimo *De revolutionibus orbis coelestium*, Copérnico esbozó una concepción de la incomparabilidad a propósito de las dimensiones de la tierra y el cielo. Podría considerarse que esta comparación es indirectamente solidaria de la cuestión sobre la extensión del espacio universal. Como es sabido, el hecho de que Copérnico haya insistido en la concepción esférica del universo, que había sido distintiva de la astronomía ptolemaica, implicó una restricción a la hora de pensar en las dimensiones propias del universo. En este sentido, si bien lo concibió de enormes dimensiones, no parece haberlo pensado como infinito (al menos del modo como posteriormente fue comprendido, por ejemplo, por Giordano Bruno),[15] pues hay inevitablemente un límite en la primera esfera de estrellas fijas, "que se contiene a sí misma y a todas las cosas, y por ello es inmóvil: es, pues, el lugar del universo, con respecto a la cual se relaciona el movimiento y la posición de todos los demás astros" (traducción: Copérnico 2009, p. 33).[16] Ahora bien, Copérnico estaba interesado en mostrar que la extensión del universo, aunque sea terminada, es no obstante inmensa. Así, si comparáramos los cielos con un objeto que para nuestra percepción sensible es muy grande, como la tierra, y observáramos que hay una diferencia inmensa entre ellos, entonces tendríamos una referencia indirecta sobre la vastedad del universo. En otras palabras, Copérnico sostiene que, para los sentidos, el cielo es inmenso en comparación con la tierra, revistiendo, así, un aspecto de magnitud infinita. En consecuencia, sostiene que, "(…) en magnitud, la tierra es, respecto del cielo, co-

---

[13] "*The Method of* Archimedes *for designing great Numbers*".

[14] "(…) is but as a Point, or inconsiderably small, in comparison to the Orb of the Fixed Stars".

[15] El diálogo *Del infinito: el universo y los mundos* (Bruno 1993) aborda ampliamente esta cuestión. Por lo demás, un análisis histórico de la cuestión de la vastedad del universo puede hallarse en el célebre *Del mundo cerrado al universo infinito* de Alexandre Koyré, especialmente el segundo capítulo (Koyré 1999).

[16] "(…) seipsam & omnia continens: ideoque immobilis nempe univera si locus, ad quem motus & positio caeterorum omnium syderum conferatur".

mo un punto a un cuerpo y como lo finito a lo infinito", y también que "(...) la tierra se manifiesta incomparable en relación con la magnitud del cielo" (Copérnico 1543, p. 4).[17] Más aún, a partir de esto, dedujo, por ejemplo, que, aunque la tierra no es el centro del universo, su distancia al centro "es aún incomparable particularmente en relación con la esfera de las estrellas no errantes" (citado en Malet 1996, p. 12).[18]

Como muestran estos pasajes, la noción de incomparabilidad ya estaba en uso en tiempos de Copérnico. Si le sumamos a esto el hecho de que el texto de Copérnico fue publicado en 1543, esto es, más de 150 años antes de que se dieran las discusiones sobre los fundamentos de la matemática infinita, tenemos entre manos una noción de incomparabilidad en la época de Leibniz lo suficientemente relevante y extendida como para que no haya resultado completamente extraño proponer, en otro contexto, un método 'de los incomparables'. Esto nos mostraría que Leibniz recurrió a una imagen ampliamente conocida en su tiempo.

17.4 Los diferentes tipos de incomparabilidad según Barrow

Barrow ofrece un tratamiento relativamente sistemático de la incomparabilidad en la decimosexta de sus *Lectiones mathematicae*. El tema general de esta lección, impartida en 1666 (aunque su publicación data de 1683), es la proporcionalidad (*proportionalitas*). La cuestión de la incomparabilidad se conecta de un modo bastante directo con este asunto, de acuerdo con la exposición de Barrow. El autor recuerda que la proporcionalidad consiste en la comparación de las razones (*in comparatione proportionum*) y una razón consiste en la comparación de las cantidades de las cosas (Barrow 1860, p. 252). Ahora bien, como no toda cantidad puede compararse con otra, no siempre puede haber una razón entre ellas. Esto implica, en pocas palabras, que hay cantidades que son entre sí homogéneas y cantidades que son entre sí heterogéneas. El criterio general para distinguir cosas homogéneas y heterogéneas es para Barrow la capacidad de poder sumarlas y restarlas. Así, decimos que son homogéneas si pueden sumarse o restarse, lo que implica que pertenecen a la misma clase de cantidades comparables entre sí, y que son heterogéneas si no pueden hacerlo. En consecuencia, como las cosas heterogéneas no pertenecen a un mismo género de cosas, no son cantidades comparables entre sí, y entonces, en síntesis, son incomparables.

---

[17] "(...) terram esse respectu caeli, ut punctum ad corpus, et finitum ad infinitum magnitudine, nec aliud demonstrasse videtur".

[18] "distantiam tamen ipsam incomparabilem adhuc esse praesertim ad non errantium stellarum sphaeram".

Si las cosas homogéneas son las que pertenecen a un mismo género, examinar, respecto de la heterogeneidad, las razones por las cuales se da una diversidad de géneros equivale, en la visión de Barrow, a exponer los tipos o formas de incomparabilidad. En concreto, reconoce tres razones. En primer lugar, hay una incomparabilidad cuando se trata de cosas diversas en cuanto a su naturaleza, de manera que no puedan someterse o subordinarse a una medida común que convenga igualmente a todas ellas. Así, decimos que "son heterogéneas e incomparables la magnitud, el peso, la velocidad, el tiempo, la resistencia, la fuerza" (Barrow 1860, p. 253),[19] debido a que difieren en cuanto a su naturaleza, por lo que no hay una medida común a ellas:

> ¿Quién entiende, en efecto, cuál es la suma de dos años y tres millas?; ¿cuánto exceden tres onzas de peso a dos minutos de tiempo?; ¿qué queda si se le restan cuatro grados de velocidad a tres cilindros? (Barrow 1860, p. 254)[20]

En segundo lugar, otra razón se obtiene del hecho de que hay, por decirlo así (*quasi*), diversos grados de perfección en lo que respecta a la cantidad, en el sentido de que hay cantidades que pueden dividirse de más maneras que otras y que por ello no pueden compararse entre sí según la cantidad. Barrow parece estar pensando aquí en la cuestión de la composición de las figuras geométricas: si un cuerpo se compone de superficies y ellas de líneas, no es posible sumar ni restar, por ejemplo, líneas y superficies entre sí. De allí que Barrow determine que una línea es a una superficie, lo mismo que una superficie a un cuerpo, "como un punto a una línea, esto es, como lo indivisible a lo divisible o como lo no cuanto a lo cuanto" (Barrow 1860, p. 254).[21] Esta es la razón, por ejemplo, de los instantes respecto del tiempo o de los grados de velocidad creciente obtenidos en instantes singulares respecto de la velocidad íntegra. En otras palabras, entre estas cosas (entre instantes del tiempo y el tiempo, o entre los grados de velocidad y la velocidad íntegra) hay una heterogeneidad e incomparabilidad.

Finalmente, un tercer tipo de diversidad entre géneros es, dice Barrow, "lo indefinido o incomprehensible de una cantidad respecto de otra" (Barrow 1860, p. 255).[22] En este caso no hay una diferencia en cuanto a la naturaleza de las cosas en cuestión ni tampoco una diferencia de 'perfección', de acuerdo con el sentido de esta expresión señalado anteriormente. Se trata aquí de una diferencia de género que habría, por ejemplo, entre dos líneas rectas, en el caso en que una de

---

[19] "Ita v. g. magnitudo, pondus, velocitas, tempus, resistentia, vis, heterogenea et incomparabilia sunt".

[20] "Quis enim intelligat qualis summa conficiatur duobus annis ad tria milliaria adjunctis; quanto tres unciae ponderis excedant duo minuta temporis; quid supersit si ex tribus cylindris auferantur quatuor gradus velocitatis?".

[21] "nec aliter se habet linea ad superficiem, et ad corpus superficies quam punctum ad lineam, hoc est, quam indivisibile ad divisibile, vel ut non quantum ad quantum".

[22] "indefinitus et incomprehensibilis unius quanti respectus ad aliud".

ellas fuera finita y la otra infinita. En otras palabras, para Barrow dos líneas rectas, una finita y la otra infinita, pertenecen a géneros distintos. En consecuencia, Barrow recuerda y reafirma el reconocido axioma de que no hay ninguna razón entre lo finito y lo infinito, por más que en una línea recta infinita podamos hallar una recta finita y juzguemos que una repetición infinita de ella nos daría la recta infinita (Barrow 1860, p. 255). Ahora bien, Barrow es consciente de que la verdad de este axioma "fue hasta cierto punto quebrantada por el ingenio de los geómetras modernos, en tanto que han demostrado la justa razón y mismísima igualdad de incontables planos y sólidos prolongados al infinito con otros planos y sólidos finitos" (Barrow 1860, p. 255).[23] Si bien Barrow señala sin más que Torricelli fue el primero en mostrar esto con claridad, es claro que este tipo de demostraciones es característico de los métodos de los indivisibles en general. Una igualdad del tipo recién descrito sería, para Barrow, algo sencillo de explicar: su razón está en que la disminución infinita de una dimensión compensa un incremento infinito de otra. A raíz de todo esto, para demostrar la verdad universal del axioma antes mencionado sin tener que rechazar el aporte de los modernos, Barrow propone que se lo explique de esta manera:

> no hay ninguna razón de lo finito en magnitud o cantidad a lo infinito en magnitud o cantidad en este género. Pero que no se entienda [por esto] que no hay ninguna razón en general de una figura terminada a una magnitud interminada. (Barrow 1860, p. 256)[24]

La explicación de Barrow incluye dos términos adicionales: figura terminada y magnitud interminada. Si bien no presenta ulteriores clarificaciones, es evidente que no concibe a 'terminado' como sinónimo de 'finito' ni a 'interminado' como sinónimo de 'infinito', por lo que negar que haya una razón entre dos cantidades, una de las cuales es finita y otra infinita, no excluiría la posibilidad de que lo haya entre una figura y una cantidad, tal que la primera se caracteriza por estar dentro de términos y la segunda no. Sea como fuere, Barrow sostiene, en consecuencia, que no todo lo que es interminado en extensión es por eso mismo infinito en cantidad, de modo que, por ejemplo, de una línea infinita en una dimensión no se sigue que una superficie lo sea.

Si consideramos la concepción de Barrow en conexión con el objetivo de nuestro trabajo, hay al menos tres cosas a destacar. En primer lugar, que Barrow exhibió su clasificación de los tipos de incomparabilidad en un examen de

---

[23] "[...] veritatem quadantenus infregisse videtur modernorum Geometrarum solertia, dum innumerorum planorum et solidorum ad infinitum protractorum cum aliis planis et solidis finitis justam proportionem et ipsissimam aequalitatem demonstrarint".

[24] "finiti magnitudine vel quantitate, ad magnitudine vel quantitate in isto genere infinitum proportio nulla est. Non autem ut intelligatur generatim terminatae figurae ad magnitudinem interminatam nullam dari rationem".

los fundamentos teóricos de la matemática, a diferencia de Copérnico cuyo tratamiento se enmarca más bien en la filosofía natural. Esto no es significativo *a priori*, excepto porque mostraría que no hubiese parecido disparatado para los matemáticos de la época la propuesta de Leibniz de un método de los incomparables. En segundo lugar, es claro que el tercer tipo de incomparabilidad es el que más se aproxima a la noción leibniziana, en el sentido de que, en los restantes tipos, la expresión 'incomparablemente pequeño' no tendría ningún sentido. Los incomparablemente pequeños implican una inmensa diferencia ('indefinida' o 'incomprehensible', utilizando los términos de Barrow) respecto de lo que es incomparablemente grande. En tercer lugar, hay una clara continuidad entre la concepción de Leibniz y la de Barrow en lo que respecta a la heterogeneidad de los incomparables. Esto se observa, por ejemplo, en las respuestas de Leibniz a las objeciones de Nieuwentijt sobre el método de los infinitesimales (de 1695: GM V, 320-328), cuando Leibniz examina la definición de igualdad de cantidades. Nieuwentijt había señalado que son iguales dos cantidades de las cuales la diferencia es nula, de modo que, si este no fuera el caso, de ninguna manera serían iguales (Nieuwentijt 1694, p. 10). Frente a esto, Leibniz señala que no sólo son iguales dos cantidades cuya diferencia es absolutamente nula, "sino también aquellas cuya diferencia es incomparablemente pequeña" (GM V, 322),[25] a lo que añade a continuación: "y aunque no deba decirse que esta [diferencia] sea Nada en absoluto, sin embargo, no es una cantidad comparable con aquellas de las que es la diferencia".[26] Para argumentar esto, Leibniz recuerda la definición de proporción que encontramos en los *Elementos*:

> A saber, concuerdo con Euclides, lib. 5 def. 5, en que son cantidades homogéneas comparables solamente aquellas de las cuales una, multiplicada por un número finito, puede superar a la otra. Y establezco que son iguales las que no difieren por una cantidad tal, lo que también admitió Arquímedes y todos los demás después de él. Y esto es lo mismo que decir que la diferencia es menor que alguna dada. Y sin duda la cuestión puede siempre confirmarse por reducción al absurdo mediante el proceso arquimediano. (GM V, 322)[27]

---

[25] "Caeterum aequalia esse puto, non tamen quorum differentia est omnino nulla, sed et quorum differentia est incomparabiliter parva".

[26] "et licet ea Nihil omnino dici non debeat, non tamen est quantitas comparabilis cum ipsis, quorum est differentia".

[27] "Scilicet eas tantum homogéneas quantitates comparabiles esse, cum Euclide lib. 5 defin. 5 censeo, quarum una numero, sed finito multiplicata, alteram superare potest. Et quae tali quantitate non differunt, aequalia esse statuo, quod etiam Archimedes sumsit, aliique post ipsum omnes. Et hoc ipsum est, quod dicitur differentiam esse data quavis minorem. Et Archimedeo quidem proessu res semper deductione ad absurdum confirmari potest". Sobre esto, Horváth 1986, pp. 62-63.

Quizás lo más destacado de este pasaje sea la admisión de una definición de igualdad que implique una diferencia entre las dos cantidades comparadas, siempre y cuando esa diferencia sea incomparable con dichas cantidades. Más allá de esta importante coincidencia entre el abordaje de Barrow y de Leibniz, hay que señalar la visión de Leibniz parece ir un poco más allá, en el sentido de que, mientras que para Barrow lo finito es incomparable con lo infinito, Leibniz concibe incomparables de segundo orden, es decir, cosas infinito-infinitamente menores que otras, en el sentido de que la diferencia entre dos cosas incomparablemente pequeñas es algo incomparablemente menor que ellas. Si pensáramos en los términos de Barrow, quizás no sería absurdo decir que el incomparable de segundo orden debería ser tomado como algo finito respecto del de primer orden, aunque sea incomparablemente pequeño respecto de otra cosa.

17.5 Consideraciones finales

Los diversos casos expuestos nos muestran varias apariciones de la noción de incomparabilidad, en diferentes autores y contextos teóricos. No obstante esto, las peculiaridades de la utilización que Leibniz hizo de esta noción dan lugar a interrogantes ulteriores. Por ejemplo, retomando lo que señalamos al final de la sección anterior, podríamos preguntarnos si la aceptación más o menos generalizada de una noción de incomparabilidad implicó, al mismo tiempo, la aprobación de la noción de igualdad que admite una diferencia incomparable, como la que expuso Leibniz. Por otro lado, si tenemos en cuenta que Leibniz concibió al número como homogéneo con la unidad, podemos extraer algunas conclusiones relativas a la asignabilidad de los incomparables. Tengamos en cuenta, por ejemplo, este pasaje: "El *número* es homogéneo con la unidad y por ello puede compararse con la unidad y añadirse a o restarse de ella" (GM VII, 31; esta concepción era sostenida al menos desde sus años en París, por ejemplo, A VI 3, 482).[28] Ahora bien, con esto habría que inferir que lo incomparablemente pequeño, en la medida en que implica una heterogeneidad, no sería designable mediante números (al menos respecto de aquello en relación con lo cual es incomparablemente pequeño). Esta conclusión, por lo demás, sería solidaria de la concepción de la igualdad a la que recién hicimos referencia, pues implicaría que dos cantidades son iguales si la diferencia no podría ser sumada ni restada a ellas, o bien, más en general, expresada aritméticamente. Sea de ello lo que fuere, estos interrogantes parecen advertirnos que, más allá de que haya habido una concepción relativamente extendida de la noción de incomparabilidad, el uso que Leibniz hizo de esta noción parece tener algunas características conceptuales específicas.

---

[28]"*Numerus* est homogeneum Unitatis adeoque comparari cum unitate eique addi adimique potest".

Más allá de estas notas conceptuales, para finalizar, es digno de ser señalado asimismo que la insistencia de Leibniz de que es posible sustituir el método que utiliza ficciones por otro que recurre a incomparables parecería ser también parte de la misma estrategia de recurrir a una práctica usual de la época. Así, por ejemplo, Leibniz reconoce que el marqués de l'Hôpital también recurre a los lemas de los incomparables como fundamento de su análisis (A III 8, 91-92; de l'Hôpital 1696, pp. 17-21). Del mismo modo, le señala a Varignon por correspondencia que lo que él llama 'incomparable' es presumiblemente lo que su interlocutor denomina 'inagotable' (*inépuisables*) y que es en eso en lo que radica la demostración rigurosa del cálculo infinitesimal (GM IV, 92). En otras palabras, el hecho de señalar que no fue el único en recurrir a incomparables para fundamentar el uso del cálculo, parece mostrar que hacer esto era también algo usualmente aceptado. Así, podemos decir que *no sólo* la noción de lo incomparable era usual en la práctica matemática de la época, *sino también* el hecho de recurrir a métodos que los utilizan para fundamentar otros procedimientos.

Bibliografía

[1] Arthur, Richard T. W. (2018): "Leibniz's Syncategorematic Actual Infinite", en: Nachtomy, Ohad y Winegar, Reed (eds.): *Infinity in Early Modern Philosophy*. Springer, pp. 155-179.

[2] Arquímedes (2009): *Tratados II* (introducción, traducción y notas de Paloma Ortíz García), Madrid, Gredos.

[3] Barrow, Isaac (1860): *The Mathematical Works of Isaac Barrow* (edición de W. Whewell), Cambridge, Cambridge University Press.

[4] Bruno, Giordano (1993): *Del infinito: el universo y los mundos* (traducción, introducción y notas de Miguel A. Granada), Madrid, Alianza.

[5] Bussotti, Paolo (2015): *The Complex Itinerary of Leibniz's Planetary Theory. Physical Convictions, Metaphysical Principles and Keplerian Inspiration*, Cham/Heidelberg/New York/Dordrecht/London, Birkäuser.

[6] Copérnico, Nicolás (1543): *De revolutionibus orbium coelestium, Libri VI*, Nürnberg, Ioh. Petreium.

[7] Copérnico, Nicolás (2009): *Sobre las revoluciones (de los orbes celestes)* (edición preparada por Carlos Mínguez Pérez), Madrid, Técnos.

[8] de l'Hôpital, Guillaume (1696): *Analyse des infiniment petits pour l'intelligence des lignes courbes*, París, De l'imprimerie Royale.

[9] Esquisabel, Oscar M. y Raffo Quintana, Federico (2017): "Leibniz in Paris: A Discussion Concerning the Infinite Number of All Units", *Revista Portuguesa de Filosofia*, 73/3-4, pp. 1319-1342

[10] Horváth, Miklós (1986): "On the Attempts made by Leibniz to Justify his Calculus", *Studia Leibnitiana*, 18/1, pp. 60-71.

[11] Ishiguro, Hidé (1990): *Leibniz's Philosophy of Logic and Language*, Cambridge University Press, Cambridge.

[12] Koyré, Alexandre (1999): *Del mundo cerrado al universo infinito* (traducción de Carlos Solís Santos), Madrid, Siglo XXI editores.

[13] Leibniz, G. W. (1923 y ss.): *Sämtliche Schriften und Briefe* (Deutsche Akademie der Wissenschaften ed.), Akademie-Verlag, Darmstadt; Leipzig; Berlin. [Citado como A, seguido de la serie (en números romanos), del tomo (en números arábigos) y del número de página].

[14] Leibniz, G. W. (1849-1863): *Leibnizen Mathematische Schriften* (C. I. Gerhardt ed.), Berlin; La Haya, A. Ascher & Comp; H.W. Schmidt. [Citado como GM, seguido del número de volumen (en números romanos) y del número de página].

[15] Malet, Antoni (1996): *From indivisibles to infinitesimals. Studies on Seventeenth-Century Mathematizations of Infinitely Small Quantities*, Bellaterra, Universitat Autonoma de Barcelona Servei de Publicacions.

[16] Nieuwentijt, Bernard (1694): *Considerationes circa analyseos ad quantitates infinite parvas applicatae principia, et calculi differentialis usum in resolvendis problematis Geometricis*, Wolters, Amsterdam

[17] Rolle, Michel (1703): "Du nouveau système de l'infini", *Memoires de mathématique et de physique de l'Académie royale des sciences. Académie royale des sciences*, pp. 312-336.

[18] Wallis, John (1685): *A Treatise of Algebra*, Londres, Richard Davis ed.

[19] Wallis, John (1676): *Archimedis Syracusani Arenarius, et Dimensione Circuli*, Oxford, Theatro Sheldoniano.

[20] Wallis, John (1657): *Mathesis universalis; sive, Arithmeticum opus Integrum, tum Numerosam Arithmeticam tum Speciosam complectens*, Oxford, Robinson.

Capítulo 18

Ignorabimus, vida afortunada e generalidade

RÓBSON RAMOS DOS REIS

> *To tell the Beauty would decrease*
> *To state the Spell demean –*
> *There is a syllable-less Sea*
> *Of which it is the sign –*
> *My will endeavors for its word*
> *And fails, but entertains*
> *A Rapture as of Legacies –*
> *Of introspective Mines –*
>
> (Emily Dickinson, Poem 1700).

18.1   I

Na conferência que iniciou em 1872 a controvérsia sobre o *Ignorabimus*, Emil Du Bois-Reymond formulou dois problemas que jamais seriam solucionados cientificamente: o problema da matéria e o problema da consciência. A consciência designa o âmbito de estados dotados de qualidades fenomênicas e intencionalidade, o campo da experiência intencional. O enigma da consciência reside, pois, na impossibilidade de explicar a experiência intencional a partir de suas condições materiais (por exemplo, processos subpessoais, causais e neurofisiológicos). A história da controvérsia é conhecida. Considera-se que há pelo menos duas linhas em que o debate se desdobrou (Bayertz, Gerhard, Jaescke 2012). Na primeira, a descrição dos limites das ciências da natureza era acompanhada com a demanda por ciências da experiência significativa (as *Geisteswissenschaften*).

Além disso, os conhecimentos gerados nas ciências da natureza foram avaliados como sendo impróprios ou de pouca relevância, quando se tratava de conhecer os acontecimentos da vida consciente. Não raro esta atitude resultou em formas de esteticismo e irracionalismo. Na segunda linha, sustentou-se que não há *Ignorabimus* nos domínios teóricos das ciências. Não passou desapercebido nesta atitude que problemas relevantes na vida humana não são aqueles para os quais o conhecimento científico possa brindar alguma contribuição:

> Sentimos que, mesmo que todas as questões científicas possíveis tenham obtido resposta, nossos problemas de vida (*Lebensprobleme*) não terão sido sequer tocados. É certo que não restará, nesse caso, mais nenhuma questão; e a resposta é precisamente essa. (Wittgenstein 1994, 6.52).

18.2 II

Max Weber respondeu negativamente à pergunta sobre o significado da ciência para a vida humana. O conhecimento científico, escutou-se em 1917 na célebre conferência *Ciência como Vocação*, é parte do processo milenar de racionalização, cujo significado consiste no desencantamento do mundo. No curso deste processo, o conhecimento factual e a tecnologia promovem a experiência de que não há poderes mágicos e imprevisíveis afetando a vida. Num mundo desprovido da magia e do sagrado, em que não há limites para a previsão e controle técnico, a temporalidade linear da vida humana é experimentada como progressiva. Por conseguinte, a morte de uma pessoa é a interrupção indevida da experiência do progresso, mas não mais a culminância de um ciclo em que alguém estaria satisfeito com o que a sua vida lhe concedeu. A ausência de sentido na morte, por fim, priva de um sentido incondicional a vida dos humanos (Weber 2018, 60).

No entanto, a ciência fornece métodos, conhecimentos técnicos de valor prático e instrumental, bem como uma disciplina que contribui para a clareza em relação a pressupostos e consequências. Não obstante esta contribuição, Weber conclui que o conhecimento científico é desprovido de um sentido que não seja condicional e pragmático. De um ponto de vista intrínseco, as ciências não se revestem de significado para a vida humana, porque não respondem à pergunta sobre como devemos viver. Naturalmente, os conhecimentos científicos são tecnicamente relevantes e orientam decisões práticas. Entretanto, isto sempre acontece com base em pressupostos que não são apenas lógicos e epistemológicos, mas valorativos. Tais valorações de fundo, porém, não admitem justificação científica. Os valores supostos nas ciências e em suas aplicações não são outra coisa do que expressões de atitudes últimas diante da vida. Além disso, ao encetar o caminho da racionalização, chega-se à polimorfia das valorações sem universalidade. Caíram, por fim, as ilusões de que a ciência seria o caminho para o verdadeiro ser, para o verdadeiro bem, para a verdadeira beleza e para a verdadeira felicidade (Weber 2018, 67). No mundo desencantado não se encontra uma resposta científica sobre como se deve viver. Soma-se a este *Ignorabimus*, a incontornabilidade da decisão:

> A vida, enquanto deixada a si mesma e enquanto é compreendida a partir de si mesma, conhece apenas a luta eterna dos deuses ou – dito não metaforicamente – só conhece a incompatibilidade dos pontos de vista últimos e possíveis em relação à vida, a impossibilidade de dirimir seus conflitos, e, portanto, a necessidade de decidir-se por um ou por outro (Weber 2018, 86).

Deslocada na ciência, a pretensão de mostrar o caminho para o bem viver pertence aos profetas e suas igrejas. O destino de um tempo sem salvadores, ou que não escuta mais a voz de profetas, reside na probidade intelectual de prestar conta do sentido dos próprios atos e no estoicismo da decisão.

18.3 III

Rudolf Carnap (1933) distinguiu dois significados da noção de decisão. Decisões teóricas são tomadas de posição em relação à verdade ou falsidade de respostas a perguntas. No âmbito das decisões teóricas os conceitos de *verdade*, *prova* e *evidência* são legitimamente empregáveis. Este é o âmbito das perguntas, das exortações para a tomada de decisão acerca do verdadeiro e do falso. As doutrinas das ciências reúnem as expressões particulares de decisões sobre perguntas científicas. Há, contudo, uma diferença fundamental entre o âmbito da decisão teórica e o da decisão prática. Neste campo, a decisão refere-se à tomada de posição em relação a cursos de ações. Este domínio é constituído por situações em que se deve encontrar uma decisão em relação ao agir.

Considerando que a insegurança na decisão é comum ao domínio teórico e ao prático, a ambiguidade no uso da linguagem gera uma confusão expressiva com consequências robustas. A insegurança na decisão teórica é expressa na forma linguística de uma interrogação. Frequentemente, esta é a mesma forma com que se expressa a insegurança nas decisões práticas. No entanto, a forma linguística da interrogação induz à suposição de que também no âmbito da decisão prática haveria perguntas para responder. A forma da linguagem sugere que no domínio das decisões práticas existiriam, além de situações de tomada de posição em relação à ação, decisões sobre o verdadeiro e o falso com base em evidências ou provas. Este não é o caso, pensava Carnap (1933, 2).

A insegurança na decisão prática é expressa com aparentes perguntas. Onde não há perguntas, não está em questão a decisão por verdade ou falsidade. Portanto, nenhum pensamento ou doutrina científica podem responder àquelas pseudoperguntas. Não se trata aqui de um *Ignorabimus*, um limite do entendimento e do conhecimento científico, mas é simplesmente o fato de que as situações de decisão prática não são formadas por perguntas. Carnap reconhece, evidentemente, que o saber científico ou cotidiano pode auxiliar nas decisões práticas ao explicitar as consequências de uma ação ao identificar e os meios adequados para os fins desejados. Não obstante a relevância da educação, da influência e do exemplo nas situações práticas, nenhum saber retira do agente a responsabilidade da decisão. Não há prova ou refutação nas situações de tomada de posição prática. Esta regra vigora nas decisões corriqueiras e nas grandes decisões na vida. A escolha de uma profissão ou a rejeição de um poema lírico, por exemplo, não correspondem à nenhuma pergunta e não constituem uma tomada de posição com base em pensamentos justificados ou resultados científicos. Pode-se provar que a metafísica religiosa e filosófica não contém proposições significativas e genuínas perguntas, mas que é um narcótico (Carnap 1933, 5). A recusa ou uso do narcótico, porém, é uma decisão prática.

18.4   IV

A controvérsia sobre o *Ignorabimus* seguiu uma direção que, de um lado, nega a existência de genuínas perguntas sem respostas nos domínios científicos. Na ciência não há *Ignorabimus*. Na vida, há que reconhecer, existem situações enigmáticas:

> Em verdade, para nós não há "Ignorabimus": não obstante, talvez entre os enigmas da vida existam alguns insolúveis. Isto não é uma contradição. "Ignorabimus" significa que há perguntas cujas respostas nos estão interditadas de princípio. Porém, os "enigmas da vida" não são nenhuma pergunta, mas situações da vida prática. O "enigma da morte" consiste no abalo proporcionado pela morte de alguém próximo ou na angústia diante da própria morte. Não tem nada a ver com as perguntas que se pode formular acerca da morte, apesar de que muitas vezes os homens, mal compreendendo a si mesmos, creem poder formular o enigma enunciando tais questões. Estas questões podem ser em princípio respondidas pela Biologia (apesar de que no seu estado atual apenas numa pequena parcela). Mas estas respostas não auxiliam o homem abalado, e nisto se mostra aquela auto-incompreensão. O enigma consiste, ao contrário, na tarefa de "lidar" com a situação, superar o abalo e talvez até mesmo torná-lo frutífero para a vida restante (Carnap 1961, 260).

Enigmas na vida não são perguntas de decisão teórica, mas situações de decisões práticas. Deste modo, o enigma da morte reside na comoção proporcionada pela morte de alguém próximo e também na comoção, nomeada "angústia", em face da própria morte. Tal comoção dá contorno a uma situação que contém uma tarefa. A tarefa de lidar com a situação, superar a comoção e, eventualmente, fazer deste abalo algo que seja frutífero para a vida que segue. A tarefa é complexa e, ao reconhecer que alguns enigmas da vida são insolúveis, talvez Carnap esteja concedendo que não se consiga lidar com certas situações. Neste contexto de risco, é uma incompreensão buscar auxílio no conhecimento biológico sobre a morte. Em tais situações, os conhecimentos científicos têm uma relevância condicional. Contudo, se eles trazem consigo valorações de fundo, então, mesmo contribuindo para a clareza de pressupostos e de consequências, tais conhecimentos não retiram a responsabilidade pessoal da decisão nem resolvem a dificuldade de quem precisa se decidir. Que não exista *Ignorabimus* nas ciências é relevante para uma avaliação não exaltada dos limites da racionalidade. No entanto, o auxílio esperado nas situações práticas das pessoas abaladas é de outra natureza.

É digno de nota que Carnap descreva uma situação prática como sendo relacionada à afecção: a comoção suscitada pela morte. Neste sentido, a diversidade das culturas mortuárias foi reconhecida como o índice do impacto universal da morte na vida pessoal e coletiva (Pettit 2011, 2). Ademais, a recente filosofia da afetividade reconhece que certos sentimentos manifestam as situações em que uma pessoa se encontra sintonizada. Estes afetos de base condicionam as atitudes intencionais, as percepções, as emoções e o pensamento conceitual (Ratcliffe 2005, 58-62; 2012, 23-26; 2008, 241-267). As pseudo-proposições da metafísica, por exemplo, foram vistas como expressões de um sentimento da vida, de sentimento elevados (Carnap 1999, 200; 1933, 1). Desta sorte, em situações comocionadas certas interrogações estão presentes e outras não. É importante saber que tais frases talvez não sejam expressões de incerteza em relação a decisões teóricas. Não obstante, a lição crítica termina aqui?

18.5 V

"Como devemos viver?" é uma aparente pergunta? Ela admite uma formulação que não seja apenas a expressão incorreta de uma urgência de decisão prática? Dado que esta interrogação pertence à situação prática referida à identidade pessoal, uma sugestão de análise seria: "o que devo fazer?" Tal formulação é condicionada por uma decisão básica: "devo fazer algo?" A situação de quem se encontra diante de tal decisão tem uma estrutura normativa, na medida em que o agir e o viver são experimentados como importando em alguma medida. A decisão não é experimentada como indiferente. Este contexto normativo pode ser descrito em termos do sentido do agir ou do viver. Deste modo, a pergunta sobre como devemos viver pode conduzir à pergunta sobre se o viver tem algum sentido.

Parte da venerável tradição crítica eliminaria este problema, mostrando que não se trata de uma genuína pergunta. Contudo, deixando esta atitude educada e sobranceira momentaneamente entre parênteses, o que é compreendido na interrogação sobre o sentido da vida? Por um lado, a interrogação é referida à vida pessoal, ou seja, à identidade prática que pode ser alcançada ao longo do viver individual. Considerando que a execução projetiva de uma identidade prática acontece num espaço de possibilidades normativamente estruturado, segue, de outro lado, que o vínculo a possibilidades não é indiferente, mas acontece segundo um relevo de importância. Assim sendo, uma identidade prática orientada para propósitos avaliados como importantes, capazes de formar alguma estabilidade nos âmbitos de qualidades de identificação pessoal, pode ser denominada de vida com sentido. Desta sorte, a pergunta sobre o sentido da vida é compreendida como a interrogação sobre a identidade prática numa dimensão de relevância. Caso o núcleo estruturante das categorias de qualidades identificadoras seja formado por aquilo que é designado com a expressão "vida afortunada" (Tugendhat 1996, 143), então a interrogação sobre o sentido da vida pode ser analisada como sendo a pergunta por uma identidade prática afortunada. Talvez esta não seja uma pergunta da ciência ou da filosofia, mas ela não se limita simplesmente a indicar uma decisão. Não obstante, a tradição crítica também sublinhou que a inefabilidade no tema deriva da dissolução da aparente pergunta:

> Percebe-se a solução do problema da vida no desaparecimento desse problema. (Não é por essa razão que as pessoas para as quais, após longas dúvidas, o sentido da vida se fez claro não se tornaram capazes de dizer em que consiste esse sentido?). (Wittgenstein 1994, 6.521)

18.6 VI

A inefabilidade da resposta deve-se exclusivamente à dissolução da pergunta? Admitindo que a interrogação sobre uma identidade pessoal afortunada seja genuína, a razão da inefabilidade pode residir na forma da resposta e não apenas em incapacidades epistêmicas ou expressivas. Uma identidade prática afortunada consiste aparentemente numa especificação na identidade pessoal. Que tipo de generalidade é própria das especificações do viver humano? Uma análise, cuja fonte é atribuída a Brentano, distingue três tipos irredutíveis de relações de gênero e espécie: generalidade acidental, categorial e essencial (Ford 2011). A forma mais conhecida de generalidade, a acidental, apresenta a especificação no âmbito de um gênero por recurso a uma propriedade diferenciadora independente. Espécies acidentais são perfeitamente analisáveis com conceitos que proporcionam definições não circulares. O caso intrigante é o da generalidade categorial. Neste caso, não se consegue oferecer análises não circulares das espécies, pois toda característica diferenciadora não é logicamente independente do *analisandum*.

Este tipo de generalidade também é conhecido como a relação determinável-determinado (Johnson 1921, 173-185, Funkenhauser 2006). A impossibilidade de uma análise em dois passos – identificação de um gênero superior e de uma diferença específica independente – reflete uma prioridade ontológica da espécie categorial em relação ao gênero categorial. Além disso, o conhecimento das diferenças nesta dimensão de generalidade depende de uma epistemologia exemplarista. Tal tipo de generalidade estaria na raiz do problema de Hume, nas dificuldades na análise do conceito de ação e dos conceitos para as espécies biológicas (Ford 2011). O ponto que desejo ressaltar é que não se pode dizer, de maneira independente e não circular, no que consistem as características que respondem pela determinação das espécies categoriais.

Deste modo, não se pode dizer de modo não circular no que reside o sentido da própria vida, ou seja, quais são as notas distintivas de uma identidade afortunada. A razão disso é que a especificação de uma identidade afortunada pertence a uma dimensão de generalidade categorial. Não se trata de que estas notas diferenciais sejam incognoscíveis, mas sim que o seu conhecimento depende da consideração de exemplos perspícuos, cuja expressão depende de uma gramática adequada ao tipo categorial de generalidade. Ultrapassa o objetivo desta nota examinar os conceitos idiográficos necessários para caracterizar as determinações categoriais da identidade afortunada ou vida com sentido. Fora a generalidade apenas acidental, restaria somente o silêncio.

18.7 VII

Até aqui percorri a linha de desenvolvimento da controvérsia sobre o *Ignorabimus* que não reconhece enigmas insolúveis nos domínios da ciência, mas que, no entanto, admite que a vida humana pode ser comovida em situações peculiares. Nesta disposição, a comoção pode fomentar uma interrogação sobre as determinações de uma identidade pessoal afortunada, a pergunta sobre o sentido da vida. No tocante ao silêncio como resposta, a minha sugestão é a seguinte:

a. A inefabilidade não deriva da ausência de uma genuína pergunta, mas sim do tipo de enunciados que expressam identidades práticas afortunadas.

b. Tais enunciados expressam relações de generalidade categorial.

c. A análise das relações de generalidade categorial é circular.

d. O conhecimento das especificações na generalidade categorial requer uma metodologia exemplarista e uma gramática para conceitos idiográficos.

Caso alguém formule a questão sobre como deve viver a própria vida, então deve calar a voz que fala com conceitos de generalidade acidental. Isto implica que também no âmbito das decisões na vida humana não há *Ignorabimus*, mas sim a urgência de encontrar os conceitos para expressar a especificação categorial. Em consonância com as demandas de uma metodologia exemplarista, o contraste com as vidas não afortunadas surge como epistemicamente relevante. Neste sentido, o acesso às variações nas possibilidades em que se especificam as identidades práticas acontece ao modo do que a teoria da afetividade denomina de sentimento pré-intencional (Ratcliffe 2005, 2008). Ao fim e ao cabo, o acesso à dimensão em que se pode, eventualmente, encontrar exemplos privilegiados de vidas afortunadas tem como base um sentimento pré-intencional. Salvo melhor juízo, esta não é uma situação de decisão teórica, nem prática. Seja como for, a razão de por que não se consegue dizer em que consiste o sentido da vida pode não ser a falta de uma genuína pergunta, mas sim a lógica da generalidade categorial expressa na resposta.

Referências

[1] Bayertz, K; Gerhard, M.; Jaescke, W. *Der Ignorabimus Streit. Einleitung*. Hamburg: Felix Meiner Verlag, 2012.

[2] Carnap, R. Theoretische Fragen und praktische Entscheidungen. *Box 111a, Folder 7. Rudolf Carnap Papers, 1905-1970*, ASP.1974.01, Special Collections Department, University of Pittsburgh, 1933.

[3] Carnap, R. Überwindung der Metaphysik durch logische Analyse der Sprache. In: Fischer, K., *Österreichische Philosophie von Brentano zu Wittgenstein*. Wien: WUV-Uni.-Verlag, 181-203, 1999.

[4] Carnap, R. *Der logische Aufbau der Welt*. Hamburg: Felix Meiner Verlag, 1961.

[5] Ford, A. Action and Generality. In A. Ford, J. Hornsby, & F. Stoutland (Eds.), *Essays on Anscombe's "Intention"*. Cambridge: Harvard University Press, 76-104, 2011.

[6] Funkhauser, E. The Determinable-Determinate Relation. *Noûs* 40(3), 548-569, 2006.

[7] Johnson, W. *Logic, Pt. I*. Cambridge: Cambridge University Press, 1921.

[8] Pettitt, P. *The Palaeolithic Origins of Human Burial*. London & New York: Routledge, 2011.

[9] Ratcliffe, M. The Feeling of Being. *Journal of Consciousness Studies* 12, 43–60, 2005.

[10] Ratcliffe, M. *Feelings of Being. Phenomenology, Psychiatry and the Sense of Reality*. Oxford: Oxford University Press. 2008.

[11] Ratcliffe, M. The Phenomenology of Existential Feeling. Fingerhut, Joerg & Marienberg, Sabine. *Feelings of Being Alive*. Berlin: De Gruyter, 23-53, 2012.

[12] Tugendhat, E. Identidad: personal, nacional y universal. *Dissertatio* 4, 135-160, 1996.

[13] Weber, M. *Wissenschaft als Beruf*. Berlin: Matthes & Seitz, 2018.

[14] Wittgenstein, L. *Tractatus Logico-Philosophicus*. São Paulo: Edusp, 1994.

Capítulo 19

O símbolo nada faz sem o ícone

RONAI PIRES DA ROCHA

19.1 O símbolo nada faz sem o ícone

Em *De Anima*, entre 403 e 413, Aristóteles faz uma descrição da alma humana e conclui que ela "não é separada do corpo."[1] Na maioria dos casos

> a alma nada sofre ou faz sem o corpo, como, por exemplo, irritar-se, persistir, ter vontade e perceber em geral; por outro lado, parece ser próprio a ela particularmente o pensar.[2]

O modelo é bem conhecido. A alma é composta por três níveis. O nível básico é o *nutritivo ou vegetativo*; a alma intermediária é a *sensitiva* e alma superior é a *racional*. O nível básico é uma condição necessária para o nível intermediário e estes dois são condições necessárias para o nível racional. Segundo esse modelo as relações entre os níveis não são de simples acréscimo ou acumulação. O nível mais alto impacta a forma de funcionamento do nível anterior e assim nenhum deles pode ter seu funcionamento explicado exclusivamente em seus próprios termos. Nessa descrição a alma nada faz ou sofre sem o corpo porque no modo de operação da alma racional há uma presença substantiva dos níveis anteriores. O tema é intrigante até hoje, como se vê pela constante renovação dos debates sobre o problema da relação mente-corpo.

O ponto que quero indicar nessa nota tem uma certa similaridade com o modelo de Aristóteles e pode ser sintetizado na seguinte frase: *o símbolo nada faz sem o ícone*. O ícone, por assim dizer, dá corpo ao símbolo. Vamos agora ligar Aristóteles a Peirce.

---
[1] *De Anima*, 413a4.
[2] *De Anima*, 403a3.

Peirce sugeriu uma distinção que se tornou clássica no que diz respeito à relação dos signos com suas denotações. Os ícones são os signos que estão por algo mediante uma relação de similaridade e isso inclui coisas como imagens, diagramas e metáforas; os índices estão por algo mediante relações de contiguidade, correlações ou conexões causais, e isso inclui coisas como os dêiticos e as relações de causalidade; os símbolos representam por meio de convenções ou regras e o exemplo tradicional é o da linguagem humana. A assimetria das caracterizações por vezes gera um desconforto didático. O símbolo, ao ser apresentado mediante expressões como "convenção" e "arbitrariedade" pode dar a impressão que se trata de um signo cuja capacidade referencial tem problemas de aterramento.

Minha proposta, nesta nota, é um exercício didático para uma compreensão das relações internas entre os tipos de signos, do ponto de vista da relação denotativa e da dimensão material da linguagem. O exercício consiste em projetar a classificação dos signos em Peirce sobre o modelo da alma de Aristóteles, para então sugerir que *os* símbolos nada são e nada fazem sem os índices e os ícones. Dada a simplicidade do exercício não vou examinar nessa nota a distinção entre "ser" e "fazer", que pode revelar assimetrias na relação de dependência dos símbolos, que é variável, dependendo das características dos mesmos. Penso aqui na diferença de modo de funcionamento dos sistemas formais e da linguagem natural, ambos de natureza simbólica mas com exigências diferentes no que diz respeito ao aterramento semântico.

Nesse exercício de projeção os ícones são pensados como uma espécie de base material e são os únicos cujo modo de funcionamento pode ser explicado sem o recurso dos outros níveis. Mantendo a analogia com o modelo aristotélico, podemos pensar a iconicidade como uma espécie básica ou primitiva de cognição, encontrada naquelas formas de vida desprovidas da dimensão sensitiva e racional, como alfaces, por exemplo. Falaremos, portanto, em *cognição icônica*. A alma da alface opera de forma relativamente simples. Dadas as condições adequadas de solo, ar, água e sol, ela viceja. Não atribuímos a ela a capacidade de se irritar ou de ter vontades e muito menos de refletir sobre o sentido das saladas. Sua "cognição" está limitada a reagir em acordo com as condições ambientais. Ao menos sob uma licença didática podemos dizer que este nível de funcionamento da alface é o da *cognição icônica* porque tudo se passa como se ela estivesse equipada com um mecanismo de leitura das condições ambientais diretamente ligado ao seu processo de desenvolvimento. As variações no solo, no ar, na água e no sol são lidas a partir de um certo padrão de possibilidades. No painel de navegação da alface uma das informações relevantes tem a forma de "semelhante a", dentro de uma certa margem de variação das condições do solo, do ar, da água e do sol. Se forem mantidas as condições minimamente compatíveis, constantemente monitoradas, o vicejamento da planta segue adiante.

Seja agora o caso de uma águia que voa em busca de alimento. Ela possui não apenas a alma vegetativa mas também a alma sensitiva. Ela possui, além de poderes cognitivos icônicos, uma *cognição indexadora*. A lagartixa possui uma camuflagem em verde e move-se lentamente sobre o campo e assim, mesmo para o olhar agudo da águia, tudo fica *semelhantemente* verde. Será preciso que a ave note a *diferença* entre o ondular das folhas das gramas provocado pelo vento e o ondular das folhas das gramas provocado pelo deslizamento do corpo da lagartixa. Junto a esse patamar de cognição icônica está operando a cognição indexadora, que traz à mente da águia lembranças reconfortantes das virtudes nutritivas das lagartixas. Há um vocabulário intuitivo que recomenda esse modelo, pois é com naturalidade que falamos, no caso da cognição icônica, em comportamentos que são regidos pela simples *identificação de semelhanças e diferenças no ambiente* e, no caso da cognição indexadora, em comportamentos que são regidos pela percepção de *relações persistentes entre estados de coisas*. Não se diz que alguns animais mostram comportamentos que revelam aprendizados de habilidades que não estão na sua programação genética? Esses casos seriam de cognição indexadora, que tem como base de sustentação a cognição icônica. Assim, nesse modelo que estou descrevendo, a hierarquia entre os tipos de signos é, por assim dizer, genética, baseada em relações internas de dependência entre os níveis.

Seja agora o caso da cognição simbólica, cujo paradigma é a linguagem. Wittgenstein escreveu no começo do *Livro Azul* que os signos da nossa linguagem *parecem* não ter vida sem os processos mentais. Ele acrescentou que *temos a impressão* de que a função dos signos é a de provocar os processos mentais, estes sim dignos de interesse e explicação. Wittgenstein sugeriu que sofremos de uma espécie de patologia, que consiste na *tentação* de pensar que a linguagem é composta de duas partes, uma inorgânica, a de manipulação de signos, e outra orgânica, a da compreensão deles.

> Somos tentados a pensar que a ação da linguagem consiste de duas partes: uma parte inorgânica, a manipulação dos signos, que podemos chamar de compreensão dos signos, e uma parte orgânica, que podemos chamar de compreensão desses signos, atribuição de sentido, intepretação deles, pensamento. [3]

Quando cedemos a essa tentação seguem-se mistérios sobre a natureza do pensamento. O exercício aristotélico-semiótico que estou propondo aqui pode ser uma forma de tratamento desse tipo de patologia.

A projeção do modelo de Aristóteles permite dizer que as criaturas que chegam ao patamar do conhecimento simbólico chegam, com ele, a um tipo de pensamento indexador e icônico substantivamente diferente daquele que está ao alcance das criaturas dotadas de cognição apenas indexadora e icônica. A literatura

---

[3]Wittgenstein, 1965, p. 3.

sempre manteve que a cognição icônica vai além das semelhanças constatadas pela percepção sensível, pois além dos exemplos escolares de desenhos e diagramas, existem as metáforas. Mas é possível radicalizar um pouco mais, pensando na patologia psicologista.

A pergunta retórica que fazemos em aula é essa: "como um signo se torna um símbolo?" Ou ainda "de que modo um som ou um rabisco adquire sentido?". Quando fazemos essa pergunta para nossos alunos estamos pressupondo a distinção entre relações de referência ou significado *transparentes* e *opacas*.[4] As primeiras estão baseadas nas formas básicas da alma, na percepção, por exemplo. Não precisamos de um código para compreender as direções do riso e do choro. Já o funcionamento da linguagem natural presta-se a intrigas porque é dependente da mestria de um código. O escrito em chinês é apenas um rabisco para quem não domina a língua. O ícone usualmente é visto como um exemplo de signo transparente, que pode ser compreendido sem o auxílio de um código. O apelo do ícone como um facilitador visual da compreensão em diagramas estaria assim ligado às possibilidades cognitivas da alma sensível, que opera sem a necessidade de um código cuja mestria depende dos poderes da alma racional. Tudo muda quando passamos para o campo da língua escrita. E tudo muda mais quando, sob o impacto da cognição simbólica, o *sapiens* pode chegar ao ponto de concluir que, sob certo ponto de vista, "tudo é a mesma coisa". Não é a suposta iconicidade natural que produz a semelhança; dependendo da forma de consideração, qualquer coisa pode ser semelhante a qualquer outra.[5]

Trata-se, então, de explicar para os alunos uma constelação: código, linguagem natural, símbolos, são coisas opacas, que somente existem em um espaço de razões, ou, como diria Searle, de regras constitutivas, nas quais um certo X contará como Y em um contexto C;[6] o que são essas coisas e como elas se relacionam com "a parte inorgânica"?

O movimento explicativo mais usual consiste em introduzir o conceito de "sistema", de uma forma que permita ao estudante compreender que o modo de funcionamento dos símbolos tem uma característica singular, do ponto de vista referencial: os símbolos somente podem fazer seu trabalho de referenciar coisas no mundo porque simultaneamente fazem referências uns aos outros. Quando dizemos que as palavras somente adquirem sentido no contexto de uma sentença estamos, a rigor, dando uma definição do símbolo: a capacidade de uma sentença em descrever um estado de coisas (isto é, fazer referência a algo no mundo) surge do fato que ela é, por assim dizer, um pequeno sistema com partes que referem-se umas às outras para poder referir-se à algo no mundo. As palavras vivem

---

[4]Deacon, 1997, cap. 2.
[5]Deacon, 1997, cap. 3.
[6]Searle, 1981, p. 49.

essa vida dupla. É somente porque elas podem referir-se umas às outras que elas podem apontar para o mundo.

Segue-se, nessa estratégia didática, a explicação de que devemos olhar para além das palavras, que devemos vê-las como classes, como categorias. Uma introdução às noções fundamentais de semântica formal certamente dará conta do resto do recado e todos ficamos razoavelmente satisfeitos, especialmente se houver um par de aulas sobre o modo de funcionamento dos dêiticos e dos sistemas de substituição, uma providência sem a qual nossos alunos continuarão com dúvidas radicais sobre as possibilidades de aterramento de uma língua natural.

O problema que vejo aqui é que algumas fichas de compreensão não caem na cabeça de nossos alunos, porque deixamos algumas coisas implícitas e não explicadas nessa estratégia didática. Ela não me parece suficientemente genética e terapêutica como para evitar a patologia psicologista de pensar a linguagem como tendo uma parte inorgânica, que inclui a sua base material, visual, e uma parte orgânica, o sentido, a compreensão. Na minha experiência alguns alunos, quando entram em contato com as explicações da tradição, são acometidos por síndromes de descolamento entre sentido, materialidade da linguagem e a referência, porque vários passos explicativos são deixados de fora.

Nos enfoques didáticos mais usuais predominam conceitos e autores preocupados com explicações para o funcionamento de línguas naturais. Nem sempre conseguimos projetar nossa definição de símbolo em contextos mais amplos da cultura. Para explicitar melhor isso e depois ir ao ponto final dessa nota, recorro aqui a Jablonka & Lamb:

> Os signos tornam-se símbolos (...) por serem parte de um *sistema* no qual seu significado é dependente tanto das relações que eles têm com a maneira como objetos e ações no mundo são vividas pelos humanos quanto das relações que tem com outros signos no sistema cultural. *Um símbolo não pode existir isolado*, pois é parte de uma rede de referências. No entanto, o ponto até o qual a interpretação de um símbolo depende de outros símbolos não é o mesmo em todos os sistemas.[7]

Entre os símbolos religiosos e a notação matemática vai uma distância muito grande. Há algo ainda mais básico. Quando falamos das "teorias do significados" como elaborações que dão conta da pergunta sobre como um som adquire sentido, como um rabisco adquire sentido, seria preciso acrescentar um certo "faz de conta" genético, de tipo evolucionário, que é facilitado pelo modelo de Aristóteles: é preciso que um certo som seja *o mesmo som*, que um certo rabisco seja *o mesmo rabisco*, para começar a conversa. Ou seja, para voltar ao tema de Wittgenstein, sob um ponto de vista genético, a questão a ser desenvolvida é que *não*

---
[7]Jablonka & Lamb, 2010, p. 241. Os itálicos são meus.

existe uma parte inorgânica na linguagem, pois a constituição *do mesmo som* e *do mesmo rabisco* são atividades somente tornadas possíveis pelas dimensões mais básicas da alma.

Não escapou a Aristóteles a diversidade de sons que os humanos podem produzir. Em *Sobre a Alma* (em 420b14) e em *História dos Animais* (535a27) Aristóteles fez observações sobre fonologia ligadas à sua curiosidade sobre o modo de funcionamento da linguagem articulada. A fonologia de Aristóteles descreve os detalhes do mecanismo biológico de pronúncia das vogais e das consoantes mediante as variações de abertura e fechamento da laringe pela língua e lábios. Conversar é uma atividade que depende de nossa capacidade fonológica de controlar os sons, e por essa razão Aristóteles diz que devemos considerar como linguagem propriamente dita apenas aquela que tem a capacidade de articular os sons vocais. Ora, isso equivale a dizer que uma língua natural depende da estabilização dos fonemas de uma língua, para que os sons pronunciados sejam sempre os mesmos sons. Por mais trivial que seja essa ideia, ela está carregada de consequências interessantes, pois ela traz foco para o *trabalho* sócio-cultural de manutenção da estabilidade sonora. A estabilidade sonora pressuposta em uma língua natural é tudo menos um presente da natureza, é tudo menos um pedaço inorgânico de onda sonora. Não há uma parte inorgânica na linguagem, porque o trabalho relevante para a produção do significado começa no corpo, passa pelo trabalho de estabilização sonora - o *sapiens* pode produzir mais de cem fonemas, mas nenhuma língua natural usa sequer a metade deles -, para só então ingressar em sistemas de codificação, opacos, as línguas naturais.

O conceito de "fonema" foi elaborado apenas no século dezenove, e adquiriu expressão apenas nos anos 1950, quando André Martinet e Charles Hockett teorizaram sobre a dupla articulação da linguagem. Trata-se, em parte, da estrutura indicada por Aristóteles, a saber, aquela que decorre da existência de um pequeno número de unidades, discerníveis, discretas, que são desprovidas de significado, que servem para a produção de outras unidades, estas sim dotadas de significado e sem restrição de número. Tudo está baseado no modo de funcionamento do aparelho fonador, que podemos considerar uma legítima peça de tecnologia biológica, ainda mais fascinante do que as articulações da mão. O aparelho fonador humano, único na natureza, é capaz de produzir uma grande variedade de sons, mediante o funcionamento integrado e simultâneo do pulmão, traqueia, laringe, lábios, dentes, palato, etc. Essa "grande variedade", no entanto, é *pequena*.

> Cada língua falada possui um pequeno número de sons de fala básico: seus *fonemas*. Seu número varia entre um mínimo de dez e um máximo de mais ou menos cem, sendo a média em torno de trinta. O importante é que esses fonemas não têm sentido por si mesmos, mas podem ser combinados em

sequencias dotadas de sentido.⁸

Nas frases de uma língua natural há uma combinação dessas unidades sonoras básicas. Junto a essa articulação de tipo biológico, agrega-se outra, a da cultura, que aporta as unidades mínimas de significado. Podemos dizer então que a nossa capacidade de produção simbólica tem um pé solidamente cravado na história natural. Nossa capacidade de *digitalizar* o som – a saber, produzir unidades sonoras discretas, segmentáveis e perfeitamente discerníveis umas das outras é uma condição de nosso corpo, nessa peça de tecnologia nem sempre devidamente vista como tal, o aparelho fonador.

A importância da cognição de tipo icônico para a escrita é trivial e a mesma coisa acontece com a língua falada, pelas razões expostas acima. A capacidade do signo de fazer referência supõe as propriedades do *veículo* do signo e isso nos permite pensar que uma das condições necessárias para a cognição simbólica é essa estabilização dos veículos do signo. A ela se segue a fixação de correlações entre estados de coisas, o que nos leva ao nível da cognição indexadora. A definição de referência simbólica, nessa linha de reflexão, sugere que ela deve ser vista como "mediada por um sistema fechado de relações indexadoras";⁹ esta é outra condição necessária. Dizendo de outra forma, os sistemas simbólicos são, por assim dizer, emergentes e internamente ligados aos níveis icônico e indexador. A tentação de ver a cognição simbólica como um processo misterioso e desligado do mundo inorgânico é uma espécie de fetichismo do pensamento, em certo sentido semelhante ao fetichismo da mercadoria, que se apresenta aos olhos do consumidor como se estivesse desligada do mundo de sua produção

Para ilustrar essa dependência hierárquica eu sugiro aos estudantes que reflitam sobre o esforço para se chegar, por exemplo, ao conceito "paternidade". Peço que eles lembrem dos sistemas matrilineares de parentesco e do provável fundamento cognitivo para os mesmos: a indexação da mãe como autora inconteste da prole. O longo intervalo entre o ato sexual e os sinais da gravidez sugerem que o estabelecimento dessa correlação não é imediato, como aquele que acontece entre o contato com o fogo e a queimadura da pele. O surgimento do conceito de paternidade aparenta ter sido tardio e provavelmente foi facilitado pela observação da vida de animais de ciclo reprodutivo curto como os coelhos.¹⁰ No nível icônico é possível ver que há *alguma semelhança* entre os órgãos sexuais do *sapiens* e dos coelhos e de outros animais. É possível ver também *alguma semelhança* entre as atividades sexuais de uns e de outros, também. Somente depois da percepção de muitas ocorrências das *mesmas semelhanças* e, portanto, da estabilização de *classes de semelhanças*, é que surgirá a reflexão indexadora, capaz

---

⁸Trask, 2004 p. 89.
⁹Deacon, 2011, p. 401.
¹⁰Sobre isso ver Dupuis, 1985.

de fazer o vínculo entre o ato sexual nos animais e as mudanças morfológicas típicas da prenhez e, mais adiante, entre o ato sexual e o nascimento de um novo ser. A paternidade, como conceito, é o ponto de chegada de um largo processo de acumulação de informações, que supõe um trabalho cognitivo icônico e depois dele um período de cognições indexadoras tentativas, que ligarão o ato sexual à gravidez, *etc*, e daí a noções culturais e sociais como as de responsabilidade, contrato, justiça, divisão de trabalho.

Esse tipo de enfoque sobre o modo de constituição de uma língua natural pode oferecer uma outra dimensão para o argumento que diz que aquilo que *anima* o signo é sua *utilização*. Além disso, pode ajudar a diminuir a paixão de ver os símbolos como coisas desligadas do mundo material, o que abriria espaço para se perceber as relações interessantes entre coisas que parecem estar tão distantes, como os símbolos religiosos e a notação matemática.

Bibliografia

[1] Aristóteles. *De Anima*. Tradução de Maria Cecília Gomes dos Reis. São Paulo: Editora 34, 2006.

[2] Deacon, Terrence W. *The Symbolic Species. The co-evolution of language and the brain*. New York. W. W. Norton & Company. 1997.

[3] Deacon, Terrence W. "The Symbol Concept". In: Tallerman, M. & Gibson, K, Eds. *Oxford Handbook of Language Evolution*. Oxford, 2011.

[4] Dupuis, Jacques. *Em nome do pai. Uma história da paternidade*. São Paulo. Ed. Martins Fontes, 1985.

[5] Jablonka, E. & Lamb, M. J. *Evolução em quatro dimensões. DNA, comportamento e a história da vida*. São Paulo. Companhia das Letras, 2010.

[6] Searle, John R. *Os actos de fala. Um ensaio de Filosofia da Linguagem*. Coimbra. Livraria Almedina. 1981.

[7] Trask, R. L. *Dicionário de Linguagem e Linguística*. Tradução de Rodolfo Ilari. São Paulo: Editora Contexto, 2004.

[8] Wittgenstein, Ludwig. *The Blue and Brown Books*. New York. Harper, 1965.

Capítulo 20

Definições como atos ilocucionários

Marco RUFFINO

20.1 Introdução: Frege e a Linguagem Não Tão Pura

Dentre os filósofos e matemáticos proponentes das linguagens formais no final do séc. XIX e início do séc. XX, talvez ninguém tenha sido tão enfático quanto Frege com relação à necessidade de purgar tais linguagens de características presentes na linguagem natural que podem afetar o rigor do raciocínio lógico e matemático. Aspectos como vagueza, ambiguidade, dependência contextual de significado, etc. foram cuidadosamente eliminados para que apenas estivesse representado na linguagem (*Begriffsschrift*) aquilo que fosse estritamente necessário e suficiente para representar relações lógicas entre conceitos e inferências de proposições verdadeiras a partir de proposições verdadeiras. O expurgo parece incluir em sua totalidade aquilo que hoje chamaríamos de elementos *pragmáticos* da linguagem natural, ou seja, fenômenos como pressuposições (i.e., o fato de outras proposições serem assumidas como verdadeiras para que um proferimento tenha valor de verdade), implicaturas (i.e., o fato de muitas vezes um proferimento transmitir mais informação que aquilo que foi estritamente dito), e aspectos ilocucionários (i.e., diferenças entre proferimentos usados para produzir afirmações, ordens, pedidos, perguntas, etc.). Pelo menos esta é a impressão que Frege parece querer causar em seus leitores:

> Todos os aspectos da linguagem ordinária que resultam da interação entre falante e audiência[...] não encontram correspondente na minha linguagem de fórmulas porque aqui a única coisa considerada em um juízo é aquilo que tem influência sobre *consequências possíveis*. (Frege, 1972, §3)

Um fato curioso, no entanto, é que, não obstante o expurgo de elementos pragmáticos, Frege inclui em seu sistema formal (Frege, 1972, §2) o símbolo '⊢' composto pelo traço vertical de asserção ('|') que, juntamente com o traço horizontal de conteúdo ('–'), precede toda e qualquer proposição afirmada em seu sistema lógico. Este traço corresponde à força assertórica, um elemento que não tem a ver com o conteúdo da proposição, mas é antes algo adicionado ao mesmo e essencial para que uma afirmação seja feita. Outro fato curioso é que Frege não tratou este símbolo como algo metalinguístico ou como uma mera marca marginal em seu sistema, mas como algo essencial. E.g., em sua correspondência com Peano (que também tinha desenvolvido uma linguagem lógica, mas a qual não incluia o sinal de asserção) Frege protesta que a lógica daquele carece de um símbolo que expresse a diferença entre meramente considerar um conteúdo e afirmar que o mesmo é verdadeiro (Frege, 1982, p. 117). No jargão da teoria contemporânea de atos de fala, Frege inclui na linguagem objeto de sua lógica um indicador de força ilocucionária (de asserção). Tal indicador é, vale a pena insistir, o primeiro símbolo lógico introduzido em seu sistema simbólico, e permanece no sistema posteriormente mais elaborado das *Grundgesetze der Arithmetik* (Frege, 2013).[1]

Mas asserção não é a única força ilocucionária representada na *Begriffsschrift* A partir do §24 (mais precisamente, da sentença 69) Frege passa a introduzir definições, e estas não são precedidas pelo símbolo de asserção, e sim pelo símbolo '⊫', e a novidade é explicada da seguinte maneira:

> Esta sentença (69) é diferente daquelas considerada previamente porque nela ocorrem símbolos que não foram definidos anteriormente; ela mesma dá a definição. Ela não diz "O lado direito da equação tem o mesmo conteúdo que o lado esquerdo"; e sim "Eles deverão ter o mesmo conteúdo". Esta sentença não é, portanto, um juízo. (Frege, 1972, §24)

A justificativa de Frege apela ao fato de termos, nas definições, algo que não tem originalmente a força de uma asserção (embora possa ser usado, imediatamente

---

[1] A tradição lógica do séc. XX se "esqueceu" do caráter original do símbolo '⊢' de Frege como parte da linguagem objeto e passou a tratá-lo como um símbolo metalinguístico representando derivabilidade. Como notou Daniel Vanderveken,

> Modern logicians and philosophers of language did not recognize fully the philosophical importance of Frege's idea of admitting illocutionary force markers in the ideal object-languages of logic. Rapidly Frege's assertion sign was eliminated from the object-language of logic, and became a metalinguistic sign used only to identify the sentences of object-language which are provable in axiomatic systems. I believe that this failure to recognize the indispensability of illocutionary force markers in language is responsible for the failure of contemporary logical semantics to interpret adequately performatives and non-declarative sentences (Vanderveken, 1990, p. 68).

depois, como asserção), e sim algo diferente. Esta força diferente é representada também na linguagem objeto, e como parte essencial da mesma, pelo símbolo '⊩'.

Temos então uma situação algo contraditória: Frege defendeu radicalmente a (quase completa) eliminação de elementos pragmáticos da linguagem da lógica mas, ao mesmo tempo, foi o primeiro a defender a necessidade de inclusão, na linguagem objeto, de pelo menos dois marcadores de força ilocucionária (asserção e definição), que são elementos tipicamente pragmáticos (e dizendo respeito à interação entre falante e audiência, contrariamente ao que Frege diz na primeira citação).[2]

O propósito desta nota é tentar sistematizar o *insight* de Frege lançando mão da teoria contemporânea de atos de fala. Conforme veremos, a aplicação desta teoria à ideia de Frege se mostra interessante por levar a uma melhor compreensão não apenas da natureza mesma do ato da definição como também da natureza da proposição que é seu objeto.[3]

20.2 Definições Como Atos Declarativos

A teoria mais amplamente aceita, e que será bastante útil para nossos propósitos, é aquela originalmente proposta em Searle (1975) e posteriormente aprimorada em Searle, 1989.[4] A teoria parte de dois pressupostos fundamentais:

i. todo ato de fala tem a forma **F(P)**, onde **F** é alguma força ilocucionária aplicada a algum conteúdo proposicional **P**, e

ii. todo ato de fala tem 7 dimensões básicas, sendo que a diferença entre as forças ilocucionárias são explicadas por variações em uma (ou mais) destas dimensões. A mais importante destas dimensões é o *ponto ilocucionário* (que é o propósito geral da elocução); as demais dimensões são o grau de intensidade do ponto ilocucionário, a condição psicológica (i.e., o estado psicológico requerido para que o ato seja sincero), o grau de intensidade

---

[2]Embora Frege não os reconheça explicitamente como tais, há outros símbolos em seu sistema que são essencialmente marcadores de força ilocucionária, e.g., o traço separando as premissas da conclusão de uma derivação (indicando uma permissão ou ordem), e o uso de letras latinas como variáveis, que indicam um tipo diferente da asserção ordinária, a saber, a asserção simultânea de todas as instâncias substitucionais de uma fórmula aberta. Sobre este ponto, ver Ruffino, Venturi e San Mauro (2020).

[3]Uma visão alternativa seria a de dizer que não há uma proposição envolvida na definição porque não há verdade ou falsidade antes da definição; esta não será a perspectiva aqui adotada, por razões que ficarão claras ao longo da nota. A ideia da definição operando sobre uma proposição é perfeitamente articulável.

[4]Tal teoria é um aprimoramento da teoria original de Austin (1962) a qual, no entanto, não fornece uma taxonomia e classificação clara e nem bem motivada.

da condição psicológica, possíveis restrições do conteúdo proposicional, condições preparatórias, e modo característico de realização.

Não entraremos nos detalhes desta base de classificação; apenas apontaremos que ela permite a divisão (amplamente aceita contemporaneamente) de todos os atos ilocucionários em 5 grandes categorias:

Assertivos. (como afirmar, prever, duvidar, negar, etc., cujo ponto ilocucionário é a descrição, com maior ou menor grau de precisão e de crença, de uma realidade existente independentemente do ato linguístico);

Comissivos. (como prometer, aceitar, ameaçar, etc., cujo ponto ilocucionário é o comprometimento do falante, com maior ou menor intensidade da intenção correspondente, com um curso de ação futura descrita no conteúdo proposicional);

Diretivos. (como ordenar, pedir, implorar, sugerir, etc., cujo ponto ilocucionário é tentar engajar a audiência, com diferentes graus de desejo por parte do falante, em um curso de ação futura descrito no conteúdo proposicional);

Expressivos. (como lamentar, comemorar, saudar, etc., cujo ponto ilocucionário é expressar o estado psicológico do falante diante de um conteúdo proposicional tomado como verdadeiro);

Declarativos. (como declarar, nomear, contratar, demitir, definir, etc., cujo ponto ilocucionário é tornar um conteúdo proposicional verdadeiro através da própria elocução).[5]

Atos declarativos são de grande importância porque geram fatos especiais através do uso da linguagem, fatos que Searle, seguindo Anscombe (1958), chama de *fatos institucionais* (por oposição a fatos *brutos*, que existem independente de atos linguísticos) (Searle, 1969). Evidentemente tais fatos estão na base da criação de instituições sociais e políticas, mas, concebidos de maneira ampla, também estão na base de outros domínios (como a própria linguagem e a matemática, conforme ficará claro). Alguns atos declarativos exigem, para seu sucesso, uma posição institucional prévia do falante (e.g., a autoridade para emitir um decreto),

---

[5] "By definition, a declarative illocution is successful only if the speaker brings about the state of affairs represented by its propositional content in the world of utterance [...] All successful declarations have a true propositional content and in this respect declarations are peculiar among speech acts in that they are the only speech acts whose successful performance is by itself sufficient to bring about a word-world fit. In such cases, "saying makes it so"." (Searle e Vanderveken, 1985, p. 57)

mas outros atos deste mesmo tipo não exigem nenhum tipo de autoridade especial.[6]

O vocabulário empregado por Frege na explicação da diferença entre definições e asserções parece sugerir que aquelas são atos diretivos (i.e., imperativos), diferentemente destas que claramente são atos assertivos (o reconhecimento da verdade de um conteúdo proposicional, dadas certas condições preparatórias como a existência de uma prova, etc.). No entanto, se considerarmos o ato da definição segundo o seu ponto ilocucionário (que é uma das bases da taxonomia acima),vemos que definições se encaixam melhor na categoria de atos declarativos, pois o seu propósito é instituir, por meio do ato linguístico, a verdade de um conteúdo proposicional. Este conteúdo proposicional está sujeito a restrições características do campo específico da definição. Por exemplo, definições matemáticas não podem ser feitas sobre um conteúdo proposicional que inclua noções externas à matemática, ou que inclua algum tipo de indexicalidade. O mecanismo de uma definição enquanto ato ilocucionário pode ser mais claramente compreendido usando a noção introduzida por Searle de *direção de ajuste* entre linguagem e mundo. Esta direção pode ser: linguagem-mundo, i.e., aquilo que é dito tem que se encaixar em como o mundo independente é (como em uma asserção ou descrição, por exemplo); ou mundo-linguagem, i.e., o mundo tem que se encaixar naquilo que é dito (como em uma ordem ou pedido, por exemplo), ou pode ter uma direção nos dois sentidos, i.e., aquilo que é dito transforma o mundo criando um fato através do próprio proferimento, e este último verifica aquilo que é dito, de tal forma que há um alinhamento automático entre linguagem e mundo. Este último é o caso das declarações (caso sejam bem sucedidas). Isto é o que, de fato, uma definição faz: ela institui um fato (inexistente antes do ato definitório) por meio da elocução, fato este representado no conteúdo proposicional sobre o qual incide a força declaratória. Neste sentido, uma definição é análoga a atos do tipo 'eu nomeio fulano meu advogado' (dito por um cliente), onde o verbo 'nomeio' (caracterizado por Austin como *performativo*, i.e., um verbo cuja elocução em uma situação apropriada é a própria ação descrita pelo mesmo) é um indicador de que a força ilocucionária de declaração incide sobre o conteúdo expressado por 'fulano é meu advogado', ou 'a reunião está suspensa' (dito pelo diretor da reunião), onde a força ilocucionária não está explicitamente expressa pelo verbo, mas é dada por outros fatores contextuais (como o cargo ocupado pelo falante, a circunstância do proferimento, etc.).

---

[6]Proferimentos performativos em geral são, de acordo com Searle (1989), atos declarativos, i.e., pelo mero ato de dizer de maneira bem sucedida eles se tornam verdadeiros. Alguns performativos requerem, para seu sucesso, uma posição especial do falante, e.g., 'eu condeno' requer que o falante seja um juiz autorizado, mas outros não, e.g., dizer 'eu pergunto se …' ou 'eu afirmo que…', pelo mero dizer, é verdade que eu perguntei se … ou que afirmei que …, sem que nenhuma posição especial seja requerida.

20.3 Uma Dificuldade

Segundo a perspectiva da teoria de atos ilocucionário contemporânea, portanto, definições são atos declarativos, que transformam um conteúdo proposicional (i.e., o conteúdo da definição) em verdadeiro por meio do próprio proferimento. Mas aqui esbarramos em uma dificuldade. Pois, como foi notado por Vanderveken (1990, p. 140), este tipo de ato parece impor uma condição sobre o conteúdo proposicional, a saber, que o mesmo seja contingente, e não necessário, pois do contrário ele não seria, em princípio, tornado verdadeiro pela elocução, mas teria sido sempre verdadeiro independente da mesma. Este é o caso dos exemplos acima, i.e., os conteúdos proposicionais correspondentes a 'você é meu advogado' e 'a reunião está suspensa' não são verdadeiros antes da elocução, mas são tornados verdadeiros a partir da mesma. Mas estes são exemplos de fora da matemática e da lógica; nestas últimas disciplinas, todo conteúdo proposicional é necessário, e não contingente. Como conciliar isto com a perspectiva segundo a qual definições são declarações? Somos obrigados a fazer um exame mais cuidadoso das definições matemáticas como atos ilocucionários.

A primeira coisa a notar é que devemos reconhecer dois tipos muito gerais de definições:

i. Algumas definições são meramente *abreviativas*, i.e., introduzem expressões simples no lugar de expressões complexas; tais definições não têm critério de correção, mas apenas de praticidade; por exemplo, a definição de número primo ou de conjunto transitivo, que não pretende apanhar uma noção intuitiva previamente existente mas sim apenas abreviar 'números com tal e tal propriedade' ou 'conjuntos com tal e tal propriedade'.

ii. Algumas definições, além de abreviações, têm a pretensão de capturar corretamente alguma noção pré-teórica importante (podemos chamá-las de *conteudísticas*); por exemplo, a definição de conjunto infinito de Cantor, ou de número real de Dedekind, ou de *x vem depois de y na sequência gerada pela relação z* de Frege são do segundo tipo pois, além de introduzirem uma abreviação, têm a pretensão de apreender de maneira pelo menos materialmente correta as respectivas noções fundamentais da matemática.

Como devemos entender as definições de um tipo e de outro segundo o modelo de atos ilocucionários declarativos? Em primeiro lugar, com relação às definições meramente abreviativas, devemos notar que sempre pelo menos um termo novo (o *definiendum*) ocorre na expressão do conteúdo proposicional (que deve ser uma sentença). Mas se isso é assim, estritamente falando, a expressão em questão (sentença) não expressa ainda nenhum conteúdo proposicional e, portanto, não há o que ser tornado verdadeiro pelo ato declarativo. A alternativa mais plausível é entender as definições do primeiro tipo como tendo um conteúdo proposicional metalinguístico, algo do tipo "a expressão 'a' refere-se a 'Fbc'", onde 'a' é o *definiendum* 'Fbc' é o *definiens*, e a força declarativa é aplicada a este conteúdo (que existe independentemente da definição, é contingente e é tornado verdadeiro pelo ato da definição, contanto que o falante (o definidor) tenha a autoridade requerida para fazer a definição). Antes do ato declarativo da definição, a proposição metalinguística é normalmente falsa (porque até então o termo definido não é usado em lugar do *definiens*), passando a ser verdadeira apenas após o mesmo.

Notemos agora que, em definições conteudísticas, também ocorre na expressão correspondendo ao conteúdo proposicional um termo (*definiendum*) ainda não definido e, portanto, esta expressão ainda não expressa nenhuma proposição antes do ato definitório. Deve haver, portanto, por trás da definição conteudística, e simultaneamente, uma definição abreviativa como um de seus aspectos. Ou, melhor dizendo, uma definição conteudística pressupõe uma definição meramente abreviativa (embora o contrário não seja o caso).

Conforme comentamos antes, alguns atos declarativos podem requerer um papel institucional prévio da parte do falante como condição de sucesso. No exemplo anterior de nomear um advogado, o único papel institucional requerido é que o falante tenha personalidade jurídica que lhe permita nomear um advogado; no segundo caso (da suspensão de uma reunião), o papel institucional requerido é aquele do diretor de uma reunião (nenhum outro participante estaria em uma posição que lhe permitisse suspender a reunião). No caso de uma definição matemática não parece haver nenhum papel institucional requerido uma vez que qualquer pessoa, em princípio, pode fazer matemática (e, portanto, criar definições).

20.4 Definições Conteudísticas e Conteúdos Semi-contingentes

Voltemos agora ao problema de como conciliar o fato de atos declarativos terem a restrição de que seu conteúdo seja contingente com o fato de conteúdos matemáticos serem sempre necessários e não contingentes. Um conteúdo necessário não pode, conforme vimos, ser tornado verdadeiro através de um proferimento, da mesma forma que 'a reunião está suspensa' ou 'o réu é culpado' é primeiro tornado verdadeiro pelo proferimento da autoridade correspondente (o chefe da reunião ou o juiz). Por outro lado, conforme Frege notou, o conteúdo de uma definição não é simplesmente asserido da mesma forma que proposições ordinárias (teoremas) são asseridos. Temos que tentar entender melhor qual é o conteúdo de uma definição. Note-se que, muitas vezes, ela não tem a forma metalinguística (i.e., o *definiendum* entre aspas), mas deve ser entendida como contendo, pelo menos em parte, este conteúdo metalinguístico. Lembremos também que a definição conteudística não apenas fixa uma abreviação. Portanto, a proposição metalinguística deve ser vista como, em parte, o conteúdo da declaração. Mas vimos que definições conteudísticas não são meras abreviações, mas sim têm também a pretensão de capturar a essência de (ou pelo menos de maneira materialmente correta) alguma noção pré-teórica importante (infinitude, continuidade, sucessão, etc.). Portanto, há, além da força puramente declarativa, também uma dimensão assertiva neste tipo de definição. Temos, assim, um caso de força ilocucionária híbrida, correspondendo ao que Searle chamou de *declarações assertivas* (Searle, 1975), e na vizinhança do que Carnap chamou de *explicação* (Carnap, 1950).

No caso de definições meramente abreviativas, o elemento contingente da proposição sobre a qual a força incide é a relação de nomeação entre o termo introduzido e a entidade (objeto ou conceito) nomeada. A força ilocucionária declarativa fixa o fato institucional (semântico) de que este termo está para esta entidade. E no caso de proposições conteudísticas? A ideia é que, aqui, teríamos duas proposições sobre as quais a força ilocucionária incide: uma puramente metalinguística, e outra proposição aponta uma dentre as múltiplas perspectivas possíveis de explicação de uma noção pré-teórica. O elemento puramente declaratório da definição aplicado a esta segunda proposição fixa a perspectiva "oficial" da teoria (instituindo, portanto, um tipo intra-teórico de fato institucional). Assim, no caso de definições conteudísticas, temos um efeito híbrido em duas dimensões: primeiro com relação à força ilocucionária que é, como sugeriu Searle, ao mesmo tempo declarativa e assertiva, mas também (diferentemente do que sugere Searle), a força híbrida opera sobre duas proposições diferentes, uma puramente metalinguística, e outra que fixa uma (dentre outras possíveis) perspectiva para uma noção pré-teórica. A dimensão puramente declarativa fixa o fato linguístico e "perspectival", e a dimensão assertiva corresponde à pretensão de que esta perspectiva corresponde à realidade. Onde está então o elemento contingente? Ele deriva do fato de que a perspectiva fixada pela definição não é a única possível. Podemos chamar proposições como estas, do tipo *X é infinito sse X existe uma bijeção entre X e um subconjunto próprio de X* (sobre a qual será aplicada a força ilocucionária declarativa) de *semicontingente*, não em virtude de algum fato matemático que a mesma decreva (isto seria absurdo), mas em virtude do fato de ela apontar uma perspectiva possível para a noção de infinitude que, através da declaração, será tornada a perspectiva oficial da teoria (um fato institucional intra-teórico).

Embora não seja usual nem entre filósofos da matemática nem entre filósofos da linguagem (sendo Frege a grande exceção, como vimos) considerar os símbolos para a introdução de definições em textos matemáticos (como 'Def.' ou '≡')

como indicadores de força ilocucionária, eles evidentemente são deste tipo, da mesma forma que os diferentes termos que atribuem papéis especiais a proposições em uma teoria (como 'Teorema', 'Lema' ou 'Corolário') também são, no fundo, indicadores de força ilocucionária. Tais indicadores são elementos indispensáveis das teorias matemáticas. Uma questão que não teremos tempo de abordar aqui de maneira mais profunda é se o reconhecimento da presença essencial de elementos ilocucionários na matemática nos compromete com alguma forma de construtivismo. A resposta é não.[8]

Referências

Anscombe, G. E. M. (1958). "On Brute Facts". Em: *Analysis* 18.3, pp. 69–72.
Austin, J. L. (1962). *How to do Things With Words*. Oxford University Press.
Carnap, R. (1950). *Logical foundations of probability*. University of Chicago press Chicago.
Frege, G. (1972). "*Begriffsschrift*". Em: *Frege. Conceptual Notation and related Articles*. Oxford University Press, pp. 83–89.
— (1982). *Philosophical and Mathematical Correspondence*. Chicago University Press.
— (2013). *Basic Laws of Arithmetic*. Vol. 1. Oxford University Press (UK).
Ruffino, M, G. Venturi e L. San Mauro (2020). "Speech Acts in Mathematics". Em: *Synthese*.
Searle, J. (1969). *Speech acts: An Essay in the Philosophy of Language*. Vol. 626. Cambridge University Press.
— (1975). *A Taxonomy of Speech Acts. In: Expression and Meanings: Studies in the Theory of Speech Acts, 1-29*.
— (1989). "How performatives work". Em: *Linguistics and philosophy* 12.5, pp. 535–558.
Searle, J. e D. Vanderveken (1985). *Foundations of Illocutionary Logic*. Cambridge: Cambridge University Press.
Vanderveken, D. (1990). *Meaning and Speech Acts*. Vol. I. Cambridge University Press.

---

[7]Este ponto foi mais extensamente discutido em Ruffino, Venturi e San Mauro (2020).
[8]Este trabalho teve apoio da FAPESP (Proc. 2018/17011-9) e CNPq (Proc.428084/2018-4).

Capítulo 21

Cálculo de Problemas e Teoria de Problemas

WAGNER DE CAMPOS SANZ

21.1 Introdução

O acrônimo BHK nomeia o conjunto de cláusulas que descrevem a interpretação intuicionista das constantes lógicas, como em Heyting (1956). O acrônimo corresponde às iniciais de Brouwer, Heyting e Kolmogorov, historicamente envolvidos na formulação da semântica intuicionista para as constantes lógicas. Dentre os três, Kolmogorov (1932, p.151) propôs uma interpretação da lógica intuicionista baseada no conceito de *problema*:

> Em adição à lógica teórica, a qual sistematiza os esquemas de prova das verdades teóricas, podemos sistematizar os esquemas de solução de problemas, por exemplo, os problemas de construção geométrica. ... Será mostrado que a lógica intuicionista deve ser substituída pelo cálculo de problemas, pois seus objetos são em realidade os problemas, não as proposições pertinentes a uma teoria.

O conceito de problema seria para o autor, dessa forma, um conceito fundamental para a lógica intuicionista.[1] Ele também sugere que esse ponto de vista é diferente daquele outro que visa as prova das verdades teóricas. Que a afirmação acerca do intuicionismo seja correta é tema de discussão. Com efeito, alguns

---

[1] Mais tarde, diz o autor acerca de seu Kolmogorov (1932) "... foi escrito com a esperança de que a lógica da solução de problemas viria mais tarde a se tornar parte regular dos cursos de lógica. Ela foi planejada para construir um aparato lógico unificado que lidasse com objetos de dois tipos – proposições e problemas." (Tikhomirov, 1991, p. 452).

acreditam que existem diferenças substanciais nas interpretações associadas às letras do acrônimo BHK.[2]

Porém, é fato, o desenvolvimento da lógica desde fins do século XIX parece estar umbilicalmente ligado a uma revolução cozinhada lentamente no foco das investigações matemáticas, mudança da qual os *Fundamentos da Geometria* de Hilbert são um marco: a transição dos problemas para os teoremas matemáticos.

Averiguemos onde o ponto de vista de Kolmogorov pode nos conduzir. Pensamos que alguns resultados são surpreendentes. Dentre eles, o mais importante talvez, o de que a lógica proposicional intuicionista é incompleta em sua expressividade com respeito a uma semântica de problemas que é, segundo nossa perspectiva, a forma como a lógica intuicionista estava sendo interpretada pelo autor. É provável que ele visse na sistematização dos esquemas de solução de problemas os esteios para a elucidação dos princípios lógicos intuicionistas tomando por base o esquema de solução de problemas usados nas construções geométricas. Os escritos traduzidos de Kolmogorov são bastante sucintos a esse respeito e uma investigação mais detalhada, de arquivos, poderia se revelar esclarecedora.

A interpretação de Kolmogorov não está livre de dificuldades internas. Em particular, há certa tensão envolvida na ideia de redutibilidade entre problemas. Pensamos que esse ponto é sumamente relevante para a interpretação intuicionista das constantes lógicas.

Nossa proposta elucidatória retoma ideias apresentadas parcialmente em Sanz, 2012 sobre o conceito de problema – onde se interpreta a implicação como redutibilidade; em Sanz, 2013 no que tange à relação entre os conceitos de ação e de problema – que contêm uma reflexão sobre ações como elementos basilares da geometria de Euclides; e em Sanz, 2019 no tocante à relação semântica de redução – alicerce para a interpretação das constantes intuicionista. Essa elucidação consiste em usar o conceito de redução entre problemas como ferramenta semântica primitiva, alargando assim uma via que Veloso, 1984 havia entrevisto.[3]

A história da matemática é fundamentalmente uma história de problemas e da busca de soluções a eles, desde a geometria antiga. Desenvolvimentos teóricos mais profundos ocorrem quando determinados problemas se mostram recalcitrantes com os meios disponíveis. Há vários exemplos, como a quadratura do círculo, a trissecção do ângulo, etc.

Mas o que é um problema? E o que é a solução de um problema? São questões gerais e para as quais Kolmogorov não ofereceu uma resposta. Certamente existem problemas que não são de natureza matemática, a grande maioria. Neste ensaio, entretanto, nos limitaremos aos problemas que são intuitivamente conside-

---

[2]Veja Atten (2008).
[3]Para uma referência bibliográfica que vai de modo global na mesma direção que adotamos, ver Cellucci (2013).

rados matemáticos. Uma proposta acerca desse ponto específico – a natureza dos problemas matemáticos – transparece nas considerações de Lassalle-Casanave (2019) sobre a filosofia da matemática de Kant e, por essa razão, dedicaremos algumas linhas a essa apreciação.

De modo geral, resolver um problema matemático equivale a mostrar como satisfazer uma intenção: a intenção de realizar um ato. Veloso, 1984 propôs um esboço do que deveria ser uma teoria de problemas, tomando como um de seus esteios o texto clássico de Polya sobre resolução de problemas: *How to Solve It*. Veloso descreve os problemas em termos conjuntistas. Ele propõe tomar uma solução como uma função que relacionaria um dado a um resultado ou estado desejado, com base em uma condição ou especificação. Assim, a tripla domínio-contradomínio-especificação capturaria segundo o autor todos os elementos básicos de um problema. Ocorre que, pelo simples fato de considerar a noção de problema explicável em termos conjuntistas, essa concepção de solução trivializa-se, pois sempre existirá uma função solução para uma especificação consistente desde um ponto de vista clássico, o que certamente viola nossas intuições.

Uma forma de evitar esse resultado contra-intuitivo consiste em considerar as soluções como receitas: a descrição de um rol de ações. As receitas estarão compostas de dois tipos principais de componentes: operações/ações gerais, ditas lógicas, e aplicáveis a qualquer âmbito de problemas; e operações/ações de base, específicas de um âmbito. Veloso designa aqueles problemas nos quais a solução consiste em oferecer um algoritmo, ou receita, como intensionais. Nossa tese é a de que todos os problemas devem ser vistos como intensionais nesse sentido.

Imediatamente, uma distinção precisa ser feita. Problemas podem ser vistos como tipo ou como caso concreto. Quando se visa um problema como tipo – por exemplo, a construção de triângulos equiláteros, dado um segmento de base – a solução ao problema será uma uma receita cuja efetivação leva ao estado de coisas intencionado. Mais precisamente, uma receita contém a descrição de ações que se efetivadas preenchem a intenção daquela ação posta como problema: construir um triângulo equilátero, por exemplo. Quando se visa um problema concreto é comum considerar o resultado ou estado de coisas como a solução ao problema. A abordagem de problemas tipo não funciona assim, a receita é considerada a solução. Como forma de simplificar a abordagem de problemas concretos, também assimilaremos sua solução à receita que descreve as ações concretas que levam ao resultado.

Uma teoria geral de problemas deve permitir uma descrição dos problemas e uma descrição das receitas de solução aos problemas. Esses dois elementos distinguidos são na verdade de mesma natureza: envolvem ações. O que muda em cada caso é a relação intencional com a ação. Um problema envolve a intenção de realizar uma determinada ação – o que é pedido. A solução é a receita, ou descrição da sequência de ações, de como realizar aquela intenção, de como satisfazer o que é pedido.

A interpretação que oferecemos parte da distinção entre problemas básicos e problemas complexos. Letras latinas minúsculas serão usadas indistintamente para representar problemas básicos e não-básicos, em homogeneidade com o texto de Kolmogorov, 1932. Problemas complexos serão representados por fórmulas construídas a partir dessas letras e de constantes lógicas. Claramente, há um paralelo entre as sentenças da lógica e os problemas.

Quando um problema está resolvido, ou seja, quando estamos da posse de uma receita capaz de preencher uma intenção de ação, de produzir o estado de coisas desejado, diremos que o problema é *positivamente solucionável*. Normalmente, a exibição da receita é requisito para dizer que o problema está resolvido. Quando uma solução ao problema for impossível diremos que o problema é insolúvel ou que ele é *negativamente solucionável*. E ele será impossível – de ser positivamente solucionado –, ou seja, estará negativamente solucionado, quando ficar estabelecido que é impossível exibir a receita requerida. Uma forma de entender que esse requisito de impossibilidade foi satisfeito será o de mostrar que qualquer problema básico se reduziria ao problema em questão. Qualquer solução do problema em questão tornar-se-ia assim uma panaceia a todos os problemas básicos e, *a fortiori*, como se pode demonstrar depois de estabelecer as bases de uma semântica de problemas, uma panaceia a todos os problemas.

Doravante, *problemas resolvidos* serão todos aqueles positiva ou negativamente solucionados. Um problema será considerado não-resolvido em caso contrário. Fica claro que problemas não-resolvidos podem mudar de status. Problemas efetivamente resolvidos não mudam de status. Se mudar, era porque não estava resolvido. O princípio de terceiro excluído vale para problemas resolvidos e não-resolvidos de modo trivial, ou um problema está resolvido ou ele não está resolvido, lembrando que os resolvidos podem ser de duas naturezas distintas: positivamente resolvido ou negativamente resolvido.

21.2 Problemas na geometria euclidiana

A Geometria Euclidiana serviu a Kolmogorov, e servirá a nós, como exemplo privilegiado para considerar os problemas matemáticos. Os enunciados de suas *Propositiones* são de dois tipos: a afirmação de determinadas relações, i.e., teoremas; e o pedido para oferecer uma construção ou resolver um problema de construção. As afirmações vem seguidas de prova e, nas edições mais comuns da obra, o fim da prova vem acompanhado de uma expressão que significa *como era para ser demonstrado*. Exemplo típico é o teorema de Pitágoras (I.47). Já os problemas de construção vêm seguidos de um procedimento de construção e um procedimento de averiguação da justeza da construção, tudo enfeixado com uma expressão que significa *como era para ser construído*. Em particular, as três primeiras *Propositiones* do Livro I de Euclides são desse segundo tipo, elas pedem: (I.1) *construir* um triângulo equilátero a partir de um dado segmento de reta; (I.2) *colocar/replicar* um segmento de reta (seu ponto inicial) sobre um ponto dado; (I.3) *diminuir* de um segmento de reta dado o comprimento de outro segmento de reta (menor). Subentende-se que o que se pede é que se descreva um procedimento geral que permita obter o resultado a partir de certos parâmetros iniciais, ou seja, uma receita. A literatura contemporânea também chama de prova a esse tipo de construção/receita que se segue ao enunciado dos problemas.

De forma imediata e simples, resolver um problema é uma ação de natureza prática. Tomando por base os exemplos da geometria recém mencionados, pode-se dizer que problemas envolvem uma ação com características específicas: construir, replicar, diminuir, etc. Essas ações qualificadas são exatamente aquilo que a receita deve dizer como realizar. O estado de coisas mencionado seria o resultado da ação sob certos parâmetros, como descrito pelo complemento que segue o verbo de ação: *desenhar um triângulo equilátero a partir de um dado segmento de reta*; *colocar um segmento de reta (seu ponto inicial) sobre um ponto dado*; *diminuir de um segmento de reta dado o comprimento de outro segmento de reta (menor)*. Que ações problema podem ser resolvidas é o que se deve garantir por meio da receita, da solução. No caso particular das três primeiras *Propositiones* a "prova" consiste da exibição da receita seguida da demonstração de que ela cumpre com a intenção. No algoritmo, uma sequência de ações vem descrita com o objetivo de produzir um estado de coisas a partir de certos parâmetros. Que o algoritmo funciona e é capaz de produzir o estado de coisas visado é algo que requer prova. A ação descrita é complexa e obtida pelo encadeamento de ações mais simples. Mas que elementos são esses a partir dos quais se obtém a solução no caso da geometria?

As ações postuladas no Livro I de Euclides são as ações básicas a partir das quais a construção/receita de solução de um problema deve ser constituída. Lassal Casanave tece dois tipos de considerações sobre os Postulados no livro I, em particular os três primeiros. Em publicação prévia Lassalle-Casanave e Panza (2012, pág.110) havia sugerido que eles podem ser interpretados como norma de autorização.[4] Sob essa perspectiva, uma receita constituída a partir do uso dessas normas seria uma espécie de "jogo correto", assumindo que a composição de "movimentos" corretos é sempre correta. Em publicação mais recente, Lassalle-Casanave (2019, pág.80 e ss., pág. 186 e ss.) ainda usa o termo "autorizar" mas trata os Postulados como regras de resolução de problemas, sugerindo que esse

---

[4] Os autores dizem dos três primeiros Postulados do Livro I de Euclides que eles autorizam a fazer algo. Interpreta-se usualmente o termo *aitemata* – Postulado – como "aquilo que se pede" ou "aquilo que é pedido [que seja concedido]".

teria sido o caminho trilhado na modernidade, em particular Kant, e que consistiria em considerar estes princípios como princípios práticos. Das duas, essa segunda leitura nos parece a mais fecunda. Efetivamente, os três primeiros Postulados são formulados em termos de ação, e essa parece-nos uma boa razão para dizer que eles são princípios práticos.

As três primeiras ações postuladas no livro I podem ser interpretadas como problemas de construção, ainda que de natureza especial: (1) *traçar* uma reta finita que então terá duas extremidades; (2) *estender* uma reta dada; (3) *traçar* um círculo com base em uma reta e um ponto dados. Se as interpretamos como problemas, então o fato de que sejam ações postuladas deve significar que esses são *problemas considerados imediatamente e positivamente solucionáveis*.[5] A diferença entre um problema e uma solução vem por assim dizer dada na relação com a intenção daquele que as toma em consideração. Como problema, podemos expressar o primeiro Postulado assim: como traçar uma reta entre dois pontos dados? Como solução, podemos expressar o primeiro Postulado assim: sabemos ou supomos saber como traçar uma reta entre dois pontos dados. Que a solução seja considerada imediata significa que não se requer apresentar nenhuma receita. E, claro, se outros problemas puderem ser reduzidos a esses problemas básicos supostamente resolvíveis, então esses outros também serão considerados resolvíveis.

Lassalle-Casanave (2019, pág.189) ao examinar a construtividade dos objetos matemáticos na filosofia da matemática de Kant aporta uma perspectiva assaz interessante: para Kant as definições genéticas dos objetos básicos da geometria seriam a fonte de validade das ações postuladas. Enquanto princípios práticos, os Postulados não seriam deduzidos das definições construtivas dos elementos, mas reflexão dessa construção. A ideia funciona claramente para o caso do Postulado I.3. Para o Postulado I.1 essa leitura requer que a definição da linha reta seja interpretada em termos de ação.

Porém, Os dois últimos Postulados do livro I parecem ter estrutura distinta dos três primeiros. É difícil vê-los como norma de autorização. Poderão ainda ser lidos como princípios práticos, mas sob um ângulo especial. O quarto Postulado do livro I envolve uma *aferição*: sob certas condições envolvendo ângulos, haverá um ponto de confluência a ser obtido por extensão indefinida dessas duas retas. Sua formulação envolve uma ação e podemos associá-la a um princípio prático ou a um problema de natureza condicional.

Segundo a definição I.10, teremos dois ângulos retos quando da incidência de uma linha sobre outra formam-se ângulos adjacentes iguais. Duas formas de

---

[5]Uma questão interessante a fazer é a seguinte: o que significa isso? Significaria dizer que temos e sabemos como usar a régua e o compasso? Ou significaria dizer que se tivéssemos uma régua e um compasso adequados saberíamos o que fazer?

interpretar o Postulado I.4 se nos afiguram, ambos estabelecendo a igualdade dos ângulos de duas situações de incidência distintas, já que pela definição os ângulos de uma mesma incidência são idênticos. E é obscuro porque esse princípio seria de natureza prática. As alternativas para interpretá-lo seriam: ou, seguindo a linha de interpretação de Lassalle-Casanave para Kant, a validade do Postulado repousaria sobre a definição da construção das incidências, ou resultaria de acrescentar à definição de ângulo reto uma característica de todas as configurações espaciais no plano euclidiano. No primeiro caso, porém, a construção para obter a incidência de perpendiculares só é efetivamente apresentada na *Propositio* I.11. No segundo caso, o Postulado não teria sua legitimidade haurida da definição de ângulo reto como propunha nosso autor. Aqui está envolvida a questão da homogeneidade da curvatura do espaço, como diríamos em termos atuais.[6] Curiosamente, esse Postulado não é usado de forma explícita como justificativa em nenhuma das *Propositiones* do livro I na tradução de Fitzpatrick.[7] Juntos, o Postulado I.4 e o Postulado I.5 determinam um espaço plano.

O Postulado I.5 também não se deixa imediatamente entender como uma norma de autorização. Ele oferece não uma aferição, mas uma *condição de aferição* de não-paralelismo: quando uma reta corta outras duas e os ângulos internos que ela forma com essas duas são menos que dois retos, então essas duas não são paralelas ou, mais precisamente, se adequadamente estendidas, essas duas retas se encontrariam desse lado onde os ângulos internos somam menos que dois retos – e, como a definição de paralelas diz que elas não poderiam se encontrar, então elas não são paralelas. Esse Postulado pode ser interpretado claramente como um problema: o problema de determinar quando duas retas são ou não paralelas no plano, ou ainda o problema de determinar se há um ponto de confluência para duas retas cujo ângulo internos não somam dois retos quando cortados por uma terceira reta.

Desde nossa perspectiva, o Postulado I.4 é requerido se queremos garantir a existência de paralelas. Tome-se qualquer situação de incidência de retas formando quatro ângulos iguais. Suponhamos que sobre uma dessas retas – a reta base – encontramos outra situação de incidência de mesmas características. Seriam as duas retas que incidem sobre a reta base paralelas entre si? Ora, para garantir que os ângulos internos nas incidências sejam idênticos[8] – e portanto que os internos somam o mesmo que dois retos – seria preciso garantir que quaisquer

---

[6]Espaços tais que os ângulos idênticos de uma situação de incidência são iguais aos ângulos idênticos de outra situação de incidência são espaços que apresentam certa homogeneidade.

[7]Ver http://farside.ph.utexas.edu/Books/Euclid/Elements.pdf.

[8]A geometria sobre uma superfície esférica é tal que os ângulos retos são todos idênticos, porém não é verdade que paralelas não tenham ponto em comum, basta considerar que o ângulo entre o equador e dois meridianos distintos quaisquer é reto segundo a definição, mas os meridianos se tocam nos polos.

dois ângulos idênticos de distintas incidências são todos eles idênticos, independente da incidência em que se encontram.

O Postulado I.5 pode ser interpretado como um problema tipo: um teste de não-paralelismo. A forma de testar será a de traçar uma reta que incida sobre as retas dadas, um problema prático portanto. Se os Postulados e as Definições nos facultam construir incidências perpendiculares, então, além de ser um teste de não-paralelismo, ele ensejará a existência de paralelas desde que se possa concluir dos Postulados que as retas dadas tem que ser paralelas quando a soma dos ângulos internos for igual a dois retos. Assim, juntos, esses dois últimos Postulados determinariam a factibilidade de configurações de três retas onde duas são paralelas, usando perpendiculares. O Postulado I.4 garantiria que duas incidências perpendiculares a uma reta base devem ter ângulos iguais. Porém, o Postulado I.4, deve ser considerado um problema de provar identidade de quaisquer ângulos retos e, desse modo, seria um princípio prático envolvendo o ato de provar.

Se quiséssemos interpretar os dois últimos Postulados como normas, obteríamos uma espécie de norma de autorização ditatorial com I.4 e uma norma que autoriza encontrar um ponto comum entre duas retas indefinidamente estendidas sob certas condições em I.5. Mas isso não faz sentido.

Por sua vez, a interpretação de problemas pode ser aplicada imediatamente a ambos Postulados. No caso de I.4, o Postulado deve ser entendido como o problema de saber quando dois ângulos categorizados como retos são iguais. Resposta: sempre. E isso por *fiat*.[9] Problema assumido como resolvido. Não é claro como esse Postulado poderia extrair validade da definição de ângulo reto. Já o Postulado I.5 é o problema de encontrar um ponto comum entre duas retas sob uma condição precisa, quando a soma dos ângulos internos não é igual a dois retos para uma terceira reta que corte as duas primeiras. Problema assumido como resolvido.[10]

As três construções exemplificadas nas primeiras *Propositiones* do livro I cons-

---

[9]Essa consideração é importante, pois o problema recebe uma solução imediata: qualquer ângulo reto tem que ser igual a outro. Esse princípio não pode ser uma noção comum, pois ele aplica-se somente a uma configuração de retas determinada: aquela que forma ângulos retos. Desde outro ponto de vista, podemos dizer que esse Postulado estabelece restrições quanto à natureza da superfície a ser considerada, isto é, que esse espaço deve ter curvatura homogênea. Considere as perpendiculares que se cruzam na ponta de uma superfície cônica formando quatro ângulos iguais. Embora iguais, eles não são idênticos aos ângulos de outras situações de incidência de perpendiculares na superfície do cone. A superfície cônica não tem curvatura homogênea. A superfície de uma esfera tem curvatura homogênea, e todos retos são iguais sobre ela. Mas as "paralelas" na superfície de uma esfera podem fechar um espaço, ou seja, na superfície da esfera temos biângulos.

[10]Para superfícies que violam o Postulado I.4, pode ocorrer de não haver o tal ponto de confluência. Pense-se na superfície de uma esfera.

tituem esquemas – problemas tipo – que serão empregados em outras construções envolvidas nas *Propositiones* subsequentes da geometria. É esse sentido que propomos seja dado à sistematização de esquemas de solução para problemas da qual falava Kolmogorov.[11] Restará esclarecer porque Kolmogorov afirmava ser a lógica intuicionista uma lógica de problemas.

Sob a interpretação proposta por Kolmogorov substitui-se o conceito de problema no lugar do conceito de proposição ou de asserção. Os conceitos contemporâneos de prova e asserção não são imediatamente aplicáveis a todas as *Propositiones* da geometria, em especial aos três casos citados. Lassalle-Casanave (2019, pág.100 e 186) entende que as reconstruções contemporâneas transformaram os problemas geométricos em asserções de segunda ordem.[12] Porém, em apoio a crítica desse autor, acrescentamos, o reverso parece muito mais natural. Todos os teoremas podem ser interpretados como problemas de demonstrar. Resolver um problema desse tipo requer a exibição de um procedimento que faria evidente a asserção em questão.

Assim, todas as *Propositiones* da geometria euclidiana podem naturalmente ser interpretadas como problemas, de duas naturezas distintas: problemas de construção e problemas de demonstração. Mais interessante ainda, a solução a qualquer dos dois tipos de problemas requer que resolvamos subproblemas de construção e de demonstração ao mesmo tempo em cada caso.

Kolmogorov (1932) parece intuir algo da correlação das proposições matemáticas com o conceito de problema via ação de demonstrar. Ao propor um cálculo de problemas, pensamos que ele tem em mente um objetivo específico entrelaçado ao problema de demonstrar. Vale ressaltar, não se encontra no texto referido nenhuma proposta elucidatória da noção de problema, o autor considera os exemplos dados como suficientes para caracterizar o emprego do termo.

Nossa hipótese é a de que os problemas são tomados pelo autor como esteio da lógica intuicionista porque, principalmente, o princípio de terceiro excluído não vale para a solução de problemas: não é o caso que para todo problema se possa encontrar uma solução positiva ou uma solução negativa. O mesmo se aplica aos problemas de demonstrar.

---

[11]Também aplica-se com justeza às *Propositiones* que são para demonstrar, pois as *Propositiones* posteriores são provadas com apoio das *Propositiones* anteriores. Nesse caso, o fato de podermos sistematizar esquemas é uma das característica importantes dos sistemas de princípios.

[12]Ele parece ter chegado a essa conclusão a partir de uma passagem de Wolf, segundo ele refere à página 124, para quem todo problema a ser demonstrado seria convertido em teorema cuja resolução constitui a hipótese, e a proposição constitui a tese.

21.3 Kolmogorov: a semântica da teoria de problemas

Kolmogorov (1932, pág.151) equipara a lógica intuicionista a um cálculo de problemas. A interpretação das fórmulas do cálculo de problemas é dada como a seguir:[13]

> Se c e d são dois problemas, então $c \wedge d$ designa o problema "de resolver ambos problemas c e d", enquanto $c \vee d$ designa o problema "de resolver ao menos um dos problemas c e d".

Nessa interpretação, as fórmulas tradicionais da lógica representariam problemas.[14] O autor tem em mente, ao que tudo indica, uma definição indutiva na qual a palavra "resolver" é um termo de ação que pode ser iterado.

Infere-se do contexto apresentado que deve existir um âmbito de problemas básicos. Um problema básico, conforme os exemplos que ele dá, involucra uma ação, por exemplo: *desenhar* um círculo. Resolver um problema significará de modo geral estar de posse de uma receita - ou procedimento - que ao ser posto em marcha resultaria o estado de coisas intencionado no problema.

Entendemos que a solução ao problema de construir triângulos equiláteros usando régua e compasso será dada pela descrição de um procedimento em que estão ordenadas e arranjadas uma série de ações: com base em um segmento dado produzir um primeiro círculo e um segundo círculo – a ordem em que são feitos é irrelevante. Em seguida produzir dois segmentos de reta do ponto de intersecção dos círculos a cada uma das extremidade do segmento dado – novamente, a ordem em que são feitos é irrelevante, porém os segmentos de reta só podem ser produzidos se as intersecções dos círculos já tiverem sido obtidas. A solução ao problema tipo – construir triângulos equiláteros – é uma receita, a descrição de um procedimento.

Visando dar tratamento homogêneo aos problemas, entenderemos que a solução a um problema concreto também será uma receita, ou seja, a descrição de um procedimento conforme nossa proposta elucidatória. O procedimento nesse caso poderá constar pura e simplesmente de uma exibição. A solução de um problema-tipo normalmente requer, para além da exibição/descrição do procedimento, uma comprovação de que os resultados desejados serão alcançados. Este é o caso da construção de triângulos equiláteros.

---

[13] A palavra "designa" é a tradução empregada para o vocábulo alemão "bezeichnet" e a palavra "resolver" é a tradução empregada para o vocábulo alemão "lösen" do original. Na tradução inglesa os termos empregados são "designates" e "to solve", respectivamente.

[14] Ver nota de rodapé anterior.

Com problemas concretos, a produção de um estado de coisas é frequentemente suficiente como garantia de que o procedimento efetivou o que era demandado.

A diferença entre lidar com tipos e lidar com casos concretos aparece na formulação de dois problemas mencionados em Kolmogorov (1932, pág.151): (i) encontrar quatro números inteiros x, y, z e n para os quais valha a relação $x^n + y^n = z^n$, para $n > 2$; (ii) desenhar um círculo que passe através de três pontos (x, y, z). O primeiro problema é concreto e bem poderíamos considerar irrelevante a forma como os quatro números foram encontrados. Qualquer sequência de quatro números que tivesse a propriedade em questão seria virtualmente chamada de solução. Seguindo nossa proposta elucidatória preferiremos reservar o termo "solução" à descrição do procedimento para obter os quatro números ou que mostre ser impossível dar esse procedimento. Claro, não pode haver solução, nesse sentido, a esse problema.[15] O exemplo (ii) é o de um problema tipo, e a solução visada é a posse de um procedimento, se entendermos que o uso das variáveis indica generalidade. É bastante claro que um mesmo problema pode admitir mais de uma solução.

Problemas complexos são vistos como compostos analisáveis em problemas mais simples. E as constantes lógicas, conforme descrição de Kolmogorov dada mais acima, constituem diferentes formas de compor e decompor problemas. Veloso (1984, pág.84) trata longamente da decomposição de problemas, mas não oferece detalhes sobre quais operações consistiriam em formas de decomposição. Parece-nos bastante natural tratar toda operação lógica como uma forma de composição e decomposição de problemas, segundo a proposta de Kolmogorov. Desse modo, disjunção e conjunção seriam duas formas diferentes de compor e decompor problemas. Veremos, todavia, que há razões para acreditar que na matemática e em particular na geometria euclidiana há outras formas de composição não contempladas no conjunto de constantes lógicas intuicionistas.

21.4 Os "problemas" da implicação e da negação

De acordo com Kolmogorov (1932, pág.151):

> ... $a \supset b$ é o problema "de resolver b assumindo que a solução para a seja dada" ou, equivalentemente, "de reduzir a solução de b à solução de a".

Duas formulações são oferecidas para interpretar uma implicação e depreende-se que ele as considera equivalentes. A primeira formulação aproxima-se de

---

[15] Sabe-se que nenhum procedimento poderá ser a solução para o problema em questão e, em particular, nenhum procedimento cujo ato final exiba quatro números.

perto da formulação BHK que encontramos em Heyting (1956, págs.102-103). Na primeira descrição a expressão "a solução ..." é usada como se estivesse nomeando um objeto definido. Porém, essa interpretação da implicação como operador de problemas envolve uma heterogeneidade importante com respeito aos casos da disjunção e da conjunção pois para elas a interpretação da operação não emprega o termo "solução", apenas o termo de ação "resolver". A distinção é sutil mas relevante, conforme apontaremos. Nos casos anteriores o autor limitava-se a dizer como resolver um problema complexo se se sabia como resolver suas componentes. É provável que ele esteja usando o termo "solução" para designar aquilo que chamamos aqui de solução positiva.

Desde nosso ponto de vista, a segunda das leituras acima oferece um ponto de partida interpretativo mais promissor, pois, após leve alteração, todas as constantes lógicas passariam a ser caracterizadas de uma forma homogênea. A noção axial para esta caracterização é a de *redução*.

O autor parece pensar a redução como uma relação entre soluções de problemas distintos. Todavia, mais adequada parece-nos a noção de que a redução relaciona problemas: um problema se reduz a outro. É neste sentido que interpretamos Veloso quando ele aponta que a redução de um problema a outro envolve uma transformação de problemas.[16] Quando há a redução de um problema p a outro problema p' fica garantido que qualquer solução a p' também constituirá solução a p.[17]

Por essa razão, propomos, $a \supset b$ será doravante interpretado como o *problema da redutibilidade* de b a a, sendo a e b dois problemas. Portanto, nessa ótica, a redutibilidade envolve primariamente problemas e só secundariamente soluções. A primeira das leituras interpretativas de Kolmogorov a respeito da implicação inverte essa prioridade.

Finalmente, $\neg a$ será o problema de mostrar que a é negativamente solucionável. Pelo menos essa é a forma pela qual interpretamos a seguinte afirmação em Kolmogorov (1932, p. 151):

> No que segue, a prova de que um problema é sem conteúdo será sempre

---

[16]Entendemos que Veloso (1984, p.28) adota postura semelhante quando diz: *Aqui estamos encarando a redução como uma transformação de problemas, antes e independentemente de qualquer solução particular. ... Por isso, nosso conceito de redução envolve quantificação sobre todas as soluções.*

[17]Em Veloso (1984, p.26) a noção de redução é associada a de elo:
Um elo Γ de p para p' consiste em
 - uma função $\tau : D \to D'$, dita função de tradução;
 - uma função $\rho : R' \to R$, dita função de recuperação.
Não estamos interessados em elos arbitrários, mas sim naqueles que atendem a ideia básica de que uma solução para p' fornece uma solução para p. Assim, dizemos que um elo Γ de p para p' é uma redução se e só se, para qualquer solução $\sigma' : D' \to R'$ de p', a função composta $\rho.\sigma'.\tau : D \to R$ é uma solução para p.

considerada como sua solução.

Ao descrever a negação o autor apoia-se de forma não muito clara na noção de contradição e recorre novamente à noção de solução (*ibid.*):

> ... ¬*a* designa o problema "de obter uma contradição assumindo que a solução para *a* seja dada".

Porém, essa explicação nos envolve aparentemente em um círculo vicioso ao tentarmos explicar o que é uma contradição. Evitaríamos esse beco-sem-saída se considerarmos que ¬*a* significa que o problema *a* é impossível de solucionar, ou ainda, conforme a convenção mais acima, que o problema *a* é negativamente solucionável. Desse modo, qualquer procedimento que seja considerado solução negativa de *a* transforma-se também automaticamente em solução positiva de ¬*a*. E, finalmente, dizer que um problema é negativamente solucionável equivalerá a dizer que qualquer problema básico se reduz a ele. Nessa explicação, o conceito de absurdo ou de contradição não comparece de modo explícito, apenas de modo implícito. Em outros termos, um problema é impossível se se mostra que ele pode ser usado como uma panaceia. Essa noção será precisamente explicitada logo abaixo.

21.5 Semântica de problemas

Há uma forma de uniformizar o tratamento semântico dos operadores lógicos para problemas. A explicação semântica homogênea requer usarmos como conceito semântico primitivo a redução entre problemas, mais precisamente a relação baseada na ação de redução. Assim, leremos $\gamma \Vdash b$ como "*o problema b reduz-se ao multiconjunto finito de problemas γ*" – um multiconjunto admite repetições de um elemento. Para que sedê a redução, será preciso garantir a obtenção de uma solução ao problema *b* sempre que hajam soluções quaisquer para cada um dos problemas do conjunto γ de problemas. Para essa relação valem os seguintes princípios:

Princípios estruturais

$$c \Vdash c \quad \textbf{(Identidade)}$$

$$\gamma \Vdash d \Rightarrow \gamma, c \Vdash d^{18} \quad \textbf{(Monotonicidade)}$$

---

[18]A implicação inversa não vale. O problema de traçar uma perpendicular a uma reta dada reduz-se aos problemas (simples) de traçar retas, traçar círculos e determinar pontos de intersecção entre linhas, mas claramente não se reduz ao problema de traçar círculos ele sozinho.

$(\gamma, c \Vdash d \,\&\, \gamma \Vdash c) \Rightarrow \gamma \Vdash d$[19]   (**Dispensabilidade**)

Os operadores lógicos, enquanto operadores de problemas, serão agora tratados por meio de cláusulas semânticas explicativas. As cláusulas tem seu *definiendum* à esquerda e o *definiens* à direita. O *definiens* apresenta as condições necessárias e suficientes ($\cong$) para o uso desses operadores sob a relação primitiva de redução. Cada operador por sua vez pode aparecer ou como *foco* – o problema b em $\gamma \Vdash b$ – ou como parte do *repertório* – qualquer problema que ocorre no conjunto γ.

Cláusulas para o uso de constantes lógicas no repertório:

($\wedge^l$) $\gamma, c \wedge d \Vdash e \cong \gamma, c, d \Vdash e$

($\vee^l$) $\gamma, c \vee d \Vdash e \cong \gamma, c \Vdash e$ e $\gamma, d \Vdash e$

($\supset^l$) $\gamma, c \supset d \Vdash e \cong$ dado um problema qualquer $p : (p, c \Vdash d \Rightarrow \gamma, p \Vdash e)$

($\bot^l$) $\gamma, \bot \Vdash p \cong$ sempre (onde p é um problema básico)

Cláusulas para o uso de constantes lógicas no foco:

($\wedge^r$) $\gamma \Vdash c \wedge d \cong \gamma \Vdash c$ e $\gamma \Vdash d$

($\vee^r$) $\gamma \Vdash c \vee d \cong$ dado um problema qualquer p (($\gamma, c \Vdash p$ and $\gamma, d \Vdash p$) $\Rightarrow \gamma \Vdash p$)

($\supset^r$) $\gamma \Vdash c \supset d \cong \gamma, c \Vdash d$[20]

($\bot^r$) $\gamma \Vdash \bot \cong$ dado um problema básico qualquer $p : \gamma \Vdash p$

Até aqui temos os operadores lógicos tradicionais do intuicionismo. Ou seja, semanticamente as cláusulas acima caracterizam a lógica proposicional intuicionista.[21] Todavia, acreditamos, em uma teoria semântica molecular de problemas deve-se ainda adicionar ao menos mais um operador lógico.[22] Que ele deva ser adicionado significa que esse operador não pode ser definido a partir dos anteriores. Portanto, a tese de Kolmogorov de que a lógica intuicionista é uma teoria de

---

[19] O princípio de transitividade da relação de redução é facilmente derivado dos princípios de dispensabilidade e de monotonicidade

[20] Como regra semântica, podemos lê-la como segue: para que o problema da reducibilidade de d a c se reduza, ele mesmo, ao conjunto de problemas γ é necessário e suficiente que d se reduza ao conjunto $\gamma \cup \{c\}$.

[21] As cláusulas no foco são equivalentes às cláusulas no repertório e vice-versa assumindo os princípios estruturais.

[22] Os operadores lógicos entre problemas são, como se percebe, idênticos aos operadores lógico proposicionais.

problemas implicaria que a lógica intuicionista como formulada por Heyting é incompleta em termos de expressividade caso esse operador se mostre necessário e não possa ser definido por intermédio dos demais..

Vimos que problemas e soluções envolvem ações. Ações podem ser organizadas em um antes e um depois, exemplos são as provas matemáticas e os seus passos de constatação. Aqui, a sucessão de ações será explicitamente representada por um operador de problemas "$\leadsto$". Ele é uma conjunção sequencializada. Na linha interpretativa de Kolmogorov, a fórmula "$c \leadsto d$" pode ser lida como o problema de resolver primeiro c e depois resolver d:

No repertório:

$(\leadsto^l)$ $\gamma, c \leadsto d \Vdash e \cong$ dado um problema qualquer p ((primeiro $p \Vdash c$ e depois $p \Vdash d) \Rightarrow \Gamma, p \Vdash e)$

No foco:

$(\leadsto^r)$ $\gamma \Vdash \leadsto d \cong$ (primeiro $\gamma \Vdash e$ depois $\gamma \Vdash$

21.6 A conjunção sequencializada na geometria euclidiana

Ilustremos a nova constante. Considere a *Propositio* I.1 de Euclides novamente. Nela se pede que seja construído o triângulo equilátero ABC, dado o segmento AB. Seja δ o conjunto das ações básicas a seguir:

- $-^{XY}$: significa traçar uma reta finita qualquer cujas extremidades serão nomeadas X e Y

- $\circ(WX)^{XYZ}$: que significa traçar um círculo de centro W e raio WX, para quaisquer centro W e raio WX, e que será nomeado de XYZ[23].

Esses atos aparecem como os Postulados I.1 e I.3 na geometria de Euclides. Encarados como problemas, eles são problemas assumidos como imediatamente resolúveis (ou problemas de solução postulada, ou ações postuladas como exequíveis). Se θ é o conjunto dos Postulados e noções comuns (toda noção comum é um problema de demonstrar), então $\delta \subseteq \theta$, consequentemente o problema da *Propositio* I.1 requer seja solucionada a redução: $\theta \Vdash$ traçar o triângulo ABC equilátero, dado AB. As noções comuns podem ser tratadas de diversas maneiras diferentes, como regras gerais para termos definidos. A solução ao problema é obtida

---

[23] Segundo a definição de círculo $WX = WY = WZ$

com um procedimento que envolve as ações de traçar círculos, traçar segmentos e demonstrar igualdade de segmentos. A seguinte redução é semanticamente correta:

$$\delta \Vdash_k [\circ(AB)^{BCD} \wedge \circ(BA)^{ACE} \rightsquigarrow [-^{AC} \wedge -^{BC}].$$

Essa redução corresponde aquela da *kataskeue* da *Propositio* I.1. Essa parte involucra, segundo a definição I.19, a ação descrita na expressão: traçar um triângulo equilátero, dado o segmento AB. Se adicionarmos a *apodeixis*, a prova completa da *Propositio* efetuaria a redução a seguir, onde $= (UV, WX, YZ)$ significa "demonstrar que os segmentos UV, WX e YZ são iguais:

$$\theta \Vdash [[\circ(AB)^{BCD} \wedge \circ(BA)^{ACE}] \rightsquigarrow [-^{AC} \wedge -^{BC}]] \rightsquigarrow= (CA, AB, BC)$$

O problema de demonstrar que os segmentos CA, AB e BC são iguais entre si é basicamente decomposto no problema de demonstrar que ele são iguais dois a dois. Essa demonstração usa a definição I.15 e a noção comum I.1. Que o triângulo é efetivamente equilátero estabelece-se ao resolver o problema $= (CA, AB, BC)$.[24]

Com o novo operador, a linguagem de problemas pode também ser usada para a descrição das soluções. Sob este ponto de vista, linhas, retas, círculos e figuras planas são vistas como traços da ação. E as figuras que compõem uma demonstração podem assim naturalmente ser interpretadas tanto como representações desses traços, tanto como os próprios traços ou sinal – *semeia* – dessas ações. Na segunda alternativa, um desenho concreto constituiria uma *exemplo da aplicação das ações*.[25] Os traços são assim resultado da ação, portanto, parte essencial das provas. Por isso não são dispensáveis, não ao menos sem que se modifique a natureza dos elementos considerados e que são de dois tipos: ações e configurações de traços. A mudança acarretaria um câmbio de teoria.

21.7 Lógica proposicional intuicionista e cálculo de problemas

Em Kolmogorov (1932, págs.151-152):

---

[24] A noção comum I.1 versa: *coisas iguais a uma terceira são elas mesmas iguais*. A noção pode ser tratada como uma regra de redução de demonstrações: (demonstrar $X = Z$),(demonstrar $Z = Y$) $\Vdash$ (demonstrar $X = Y$), para quaisquer termos X e Y. Ela pode ser tratada como uma regra semântica. Aliás isso justificaria porque chamá-la de "noção comum", pois enquanto problema de demonstrar a igualdade ela pode ser aplicada a uma variedade de objetos distintos: retas, círculos, etc. Ou seja, comum a vários tipos de objetos definidos. Os Postulados, diferentemente, envolvem objetos específicos.

[25] As duas perspectivas podem ser mantidas concomitantemente, se considerarmos que as ações são os elementos mais básicos no livro I da Geometria de Euclides.

Se $a, b, c, d, ...$ são problemas, então, de acordo com as definições acima, toda fórmula $p(a, b, c, ...)$ construída com ajuda dos signos $\wedge, \vee, \neg, \supset$ [e $\leadsto$]²⁶ também designa um problema. No entanto, se $a, b, c, ...$ são somente símbolos para problemas indeterminados, então diz-se que $p(a, b, c, ...)$ é um função das variáveis de problemas $a, b, c, ...$.

Além disso, para funções $p(a, b, c, ...)$ de problemas indeterminados $a, b, c, ...$ escreve-se simplesmente $\vdash p(a, b, c, ...)$ ao invés de $(a)(b)(c)...p(a, b, c, ...)$. Assim $\vdash p(a, b, c, ...)$ designa o problema de "dar um método geral como solução de $p(a, b, c, ...)$ para quaisquer escolhas determinadas de $a, b, c, ...$".

Os problemas da forma $\vdash p(a, b, c, ...)$, onde p é expressado por meio dos signos $\wedge, \vee, \neg, \supset$ [e $\leadsto$]²⁷ constituem o objeto do cálculo elementar de problemas

Na proposta de Kolmogorov, $\vdash p(a, b, c, ...)$ designa um problema tipo e a solução deste problema é um método geral, a ideia aqui é condizente com a caracterização da quantificação construtiva que faz Heyting (1956). Porque um problema tipo? Porque na fórmula se considera unicamente a composição de problemas gerando problemas e seus componentes mais simplesmais complexos a partir dos mais simples.

Já adiantamos anteriormente por qual motivo nos parecia que Kolmogorov queria usar o conceito de problema em conexão com o intuicionismo. Mas agora podemos aduzir o suporte textual acima. O princípio de terceiro excluído não pode ser considerado válido para o cálculo de problemas. Solucionar o problema $\vdash c \vee \neg c$ seria o mesmo que solucionar o problema $(c) \, c \vee \neg c$. Isso, por sua vez, requereria a posse de um método geral que ou resolvesse positivamente ou resolvesse negativamente todo problema. E, desde essa perspectiva, o princípio de terceiro excluído não pode realmente ser considerado válido.

O próprio autor observa que a adição do princípio de terceiro excluído resultaria uma lógica equivalente à lógica proposicional clássica. E isso seria equivalente a postular a posse de um método geral para todo problema c capaz de ou encontrar a solução de c ou mostrar que uma solução é impossível.

21.8 Construções

Com base na elucidação proposta acima, nesta secção teceremos alguns comentários ao texto *Por Construção de Conceitos*. Lassalle-Casanave (2019, pág.185) resume assim sua tese interpretativa principal sobre a filosofia da matemática de Kant:

---

²⁶Interpolação nossa.
²⁷Interpolação nossa.

> ... o conhecimento matemático, o conhecimento racional por construção de conceitos, é conhecimento por resolução de problemas.

Nossos esforços elucidatórios até aqui consistiram de uma reelaboração conjunta tanto dos pontos de vista de Kolmogorov sobre problemas quanto dos de Veloso. Com Lassalle-Casanave tomamos ciência de que o tema da resolução de problemas já havia de algum modo sido objeto de investigação na modernidade, ainda que poucas menções sejam encontradas nos autores contemporâneos. Uma constatação admirada não pode deixar de ser expressada aqui acerca do seguinte trecho da Lógica Jäsche, § 38, de Kant:[28]

> Os problemas (*problemata*) são proposições demonstráveis que carecem de uma instrução, ou aquelas que enunciam uma ação cujo modo de execução não é imediatamente certo.

Segundo essa tradução, para Kant os problemas requereriam uma solução, aquilo que é chamado de instrução no trecho destacado. Não deixa de ser curioso que o conceito de demonstração esteja aí associado com o de proposição prática e o de solução.

A perspectiva que demos ao conceito de problema coaduna-se com a conceituação kantiana, o que amergulha em uma longa tradição filosófica. Intuitivamente, um problema é enunciável e, portanto, dele há um enunciado. Mas um problema não é nem um enunciado veritativo nem uma proposição no sentido contemporâneo usual na lógica. O uso do termo "proposição" na citação acima deve ser entendido em um sentido que deriva da tradição dos *Elementos de Euclides*.[29] Porém, é a ocorrência do termo "demonstrável" em conexão com problemas que mais impacta. Normalmente dizemos dos problemas que eles são solúveis ou insolúveis.

Em nossa exposição fizemos questão de salientar a dupla interpretação que pode ser aplicada aos Postulados do Livro I de Euclides. Eles envolvem ação. Por sua vez, um problema pede uma ação e carece de uma solução, para utilizar a terminologia kantiana. E a solução é também uma ação. Os problemas das três primeiras *Propositiones* se reduzem aos Postulados lidos como problemas. Os Postulados são problemas de natureza especial. Sua solução é considerada imediata ou suposta. Já as três primeiras *Propositiones* do Livro I são de solução mediata. Pensamos que esse é em resumo a forma como devemos elaborar o ponto de vista de Kolmogorov e nosso esforço mais acima foi no sentido de aclarar esse ponto.

Não acreditamos que os Postulados possam ser lidos como ação de resolução, pois essa opção envolveria pressupostos difíceis de resolver. Traçar um círculo

---

[28]Reproduzido em Lassalle-Casanave (2019, pág.82).
[29]É lamentável que a lógica contemporânea tenha subvertido esse uso.

de raio cósmico é de dificuldade galáctica. Assumir que a postulação nos dê essas capacidades de "botas de sete léguas" é a mesma atitude que transforma pontos e traços em entidades de outro mundo.

Interpretados como problemas, a dificuldade desaparece. Sempre que os problemas mediatos se reduzem aos imediatos, a posse de procedimento de solução aos imediatos será suficiente para resolver os mediatos. A geometria plana euclidiana seria assim interpretada como uma teoria de ações-problema que produzem configurações de traços. Certas configurações recebem nomes comuns: triângulo, linha reta, círculo, etc. Os elementos básicos dessas configurações são o traço reto, o ponto – de parada e/ou início de um traço –, e o traço circular – tal que qualquer ponto sobre o traço pode ser unido a um mesmo ponto dito central por traços de idêntico comprimento.

Desde esse ponto de vista, que os traços de dois círculos possam se encontrar em um mesmo ponto – de intersecção – não chega a ser exatamente uma descoberta importante, nem se veria nenhuma necessidade de aclarar isso explicitamente de modo postulacional. Dois movimentos que se cruzam tem que se cruzar em algum ponto.

Lassalle-Casanave entende que as reinterpretações da geometria transformam as proposições em teoremas e transformam os problemas de construção, como a *Propositio* I.1, em teoremas de segunda ordem de caráter universal. Nesta roupagem eles expressariam que uma dada construção é a solução de um determinado problema, como já apontamos acima. Lassalle-Casanave (2019, pág.145) observa corretamente que a reinterpretação lógica dessas frases introduz provavelmente um passo espúrio de eliminação de quantificadores. Agregamos, ela dá uma forma espúria condicional a um teorema que originalmente era uma *Propositio* que expressava um problema de construção.

As reconstruções lógicas da geometria tendem a transformar os Postulados em axiomas existenciais. O axioma da geometria hilbertiana correspondente ao Postulado I.1 versaria que dois pontos A e B quaisquer determinam uma única reta como aponta Lassalle-Casanave (2019, pág.100). Porém, desde uma perspectiva prática, da ação, uma enormidade de atos distintos de traçar uma reta poderiam levar de A a B, pois o tempo introduz distinção entre esses movimentos. O que há de idêntico entre eles é a configuração que se visualizaria depois do ato. Se os Postulados são princípios práticos, a geometria hilbertiana envolveria uma alteração compreensível mas, mesmo assim, notável com respeito à euclidiana. Os atos se objetificam e se tornam indistinguíveis das configurações que produzem.

O objetivo declarado de Lassalle-Casanave no volume sobre a filosofia da matemática de Kant é o de tentar aclarar o que significaria para este este último uma construção de conceitos. Ainda que a análise não se restrinja a considerar apenas a geometria, ela é o foco principal. Os conceitos matemáticos para Kant seriam construídos. As definições genéticas na geometria seriam apenas subespécie dessas definições construtivas. Os Postulados dependeriam dessas construções genéticas de um modo não-dedutivo. O caso do círculo é o mais claro, o Postulado I.3 derivaria da definição de círculo compreendida desde um ponto de vista genético[30] que por outro lado também serviria de fundamento à afirmação de que qualquer traço do centro até a circunferência tem sempre o mesmo comprimento, (*ibid.*; pág.189). Mas, é preciso apontar, não é claro que a definição I.15 de círculo possa ser considerada genética na geometria euclidiana. Que ela tenha sido tomada assim compreende-se como uma interpretação em voga na modernidade. Antes, há mais razões para crer que as definições falam de configurações resultantes de determinadas ações, elas mesmas subsumíveis a um único tipo de ação: traçar. Que um ato possa ser substituído pelo seu vicário na imaginação ainda não transforma a geometria em uma teoria de entidades abstratas da imaginação.

Pelo conceito de construtivo neste contexto deveria entender-se, basicamente, acreditamos: por meio de ações-tipo. Uma definição genética em particular caracteriza uma ação-tipo que gera o objeto sob definição. Em um esforço de aclaração Lassalle-Casanave (2019, pág.189) usa a expressão "por resolução de problemas", assim propondo que "por construção" seja lido como "por resolução de problemas":

> ... os Postulados são resoluções de problemas, que decorrem de maneira imediata da definição genética.

Justamente tocamos um ponto amplamente tratado em nosso texto. Os Postulados enunciam uma ação, mas tanto podem ser lidos como problemas quanto ser lidos como resolução de problema. Não cabe dúvida, porém, que as *Propositiones* devem ser lidas como problemas quando enunciadas, pois sua solução não é imediata. Que elas venham posteriormente a ser usadas na solução de outro problema significa apenas que as usamos para a resolução. Efetua-se desse modo uma redução.

A semântica com a qual efetuamos uma elucidação da interpretação de problemas de Kolmogorov assume o conceito de redução, ou transformação, de problemas como a base sobre a qual esclarecemos o que é a resolução de problemas. Uma ação pode ser considerada problemática. Como por exemplo, a ação de viajar de Goiânia ao Rio de Janeiro. No momento em que se obtém uma receita de como efetuar essa ação, ela deixa de ser problemática e poderá passar a ser empregada na resolução de outros problemas, como ir de Goiânia até a Puc-Rio. Podemos ir via São Paulo, mas também podemos ir via Belo Horizonte, etc.

Na interpretação de Kant que nos propõe Lassalle-Casanave a própria definição genética é considerada uma construção e, naturalmente, involucra uma ação.

---

[30] Quando um segmento de reta é girado fixando uma de suas extremidades.

Porém, se quisermos dizer que ela é a resolução de um problema, deveríamos poder formular antecipadamente o problema ao qual a construção seria uma resolução, e não é claro exatamente o que seria isso. Que uma ação do tipo traçar seja utilizada na definição de uma configuração geométrica não nos parece nada excepcional. Excepcional seria estender o conceito de resolução de problema aos tipos mais básicos de ação. Assim, pensamos, há limites para o emprego da expressão "por resolução de problemas". Na verdade, os problemas elementares da geometria, aqueles Postulados, podem eventualmente ser resolvidos de modos práticos distintos com aproximações distintas. Tanto uma régua escolar pode ser usada para traçar retas quanto um fio de nylon estendido e essas são resoluções diferentes, e não são objeto de estudo da geometria.

Talvez mais importante fosse aqui observar estritamente que as configurações de traços recebem nomes comuns, são conceituadas. A construção de uma configuração é resultado de certos atos. Portanto, os conceitos têm associados a eles certas receitas. Antes de dar a receita de como construir um triângulo equilátero precisamos ter clareza de qual é a configuração que se busca. Nesse caso é um triângulo, e todos seus lados são iguais. O problema exposto na *Propositio* I.1 é assim o de determinar com quais atos podemos obter essa configuração, mas precisamos nos fazer uma ideia dela antes. A receita oferecida, em algum sentido, torna o ato de construir um triângulo equilátero efetivo, mas apenas depois de provarmos que de fato obtivemos o que era pedido. De um problema associado a um Postulado não se pede a exibição da receita muito menos sua adequação.

Considerando a reconstrução da terminologia kantiana que faz o autor, uma construção ostensiva é dada pela receita nos casos em que a configuração não é primitiva. Para configurações primitivas o próprio ato-tipo primitivo será categorizado segundo a configuração que ele produz: traçar reta, traçar círculo, etc. Mas não é de modo nenhum imediatamente claro que algo além do que o simples ato-tipo de traçar tivesse que ser assumido previamente aos Postulados, embora Kant e outros assim o tenham feito na opinião de Lassalle-Casanave. Em particular, se a definição genética do círculo requer a rotação de uma reta mantendo um ponto fixo, a rigidez do objeto que faz as vezes de reta é importante, pois a rotação de um objeto mole não gera um círculo. E se a rigidez é importante, a manutenção de uma postura perpendicular desse objeto rígido com respeito à tangente da circunferência entraria como elementos dessa geração, mas isso não é parte explícita da definição.

Ainda sobre as construções ostensivas, observa nosso querido amigo homenageado que em determinados casos a construção é impossível, e que haverá duas formas de mostrar isso. Nas *Propositiones* será feito por uma redução ao absurdo. Em outros casos a impossibilidade da construção seria imediata, e ele exemplifica o que está pensando pedindo que consideremos o caso de duas retas formando um "biângulo", cf. Lassalle-Casanave (2019, pág.190). Ocorre que essa construção não é impossível. Na geometria sobre a superfície de uma esfera, determinadas "paralelas" delimitam biângulos. O que verdadeiramente impede que a superfície de uma esfera seja considerada como espaço geométrico no sentido do livro I de Euclides é o quinto Postulado. Este Postulado seria de algum modo violado com construções paralelas em superfície esférica. Assim, no caso em tela, a impossibilidade da construção tem que se dar por uma espécie *reductio* envolvendo o Postulado I.5, ou seja envolvendo uma cosntrução. Talvez uma *reductio* de natureza prática, se de fato esse quinto Postulado for interpretado como um princípio de natureza prática que de algum modo permite estabelecer quando e que haverá paralelas.

Finalmente, acreditamos que há evidência para a intepretação que avançamos em uma citação de Kant (Critica da Razão Pura, A234/B287):

> ... em matemática *um Postulado é a proposição prática* que contém nada mais que a síntese através da qual nós primeiro damos a nós mesmos um objeto e geramos seu conceito, e.g., descrever um círculo com uma dada reta a partir de um ponto dado no plano; ** e *uma proposição desse tipo não pode ser provada*, já que *o procedimento que ela demanda é precisamente aquele através do qual nós primeiro geramos o conceito de uma tal figura* **.

Kant aponta um fato importante na segunda parte da citação, aquela que destacamos com **. Desde seu ponto de vista, o mesmo procedimento que será usado para gerar o círculo sob o Postulado I.3 é também usado e está por trás da definição do que é um círculo. Assim, definições e Postulados apenas compartilhariam da mesma ação comum, segundo uma outra leitura.

21.9 Conclusões

Kolmogorov mantém suas considerações sobre semântica em um nível intuitivo. Essa proposta ensejou a apresentação do esboço de uma teoria de problemas como quadro semântico para o cálculo de problemas que ele havia formulado, com algumas modificações necessárias.

O autor trata especificamente do caso proposicional e não dá muita atenção aos quantificadores, em seu tratado. O tema dos quantificadores bem merece um artigo inteiro mais tarde. As cláusulas para os quantificadores não são especialmente difíceis. Todavia, é preciso repensar e rearticular filosoficamente os objetos sobre os quais se estenderia essa quantificação, o que demanda espaço e tempo.

Uma das modificações efetuadas sobre a interpretação intuitiva oferecida por Kolmogorov diz respeito à noção de redução. A redutibilidade é a relação oriunda da redução entre problemas e que serve de noção semântica fundamental para a teoria semântica de problemas delineada acima. Com essa modificação elimina-se uma fonte de heterogeneidade na interpretação que Kolmogorov havia proposto.

A relação de redutibilidade empregada está intimamente conectada com a noção de redução que Veloso divisa em sua abordagem da teoria de problemas. Entendemos que o termo problema deveria ser reservado apenas àquilo que ele chamou de problemas intensionais, dessa forma resolvendo o problema da trivialização da busca de soluções apontado anteriormente.

Lassalle-Casanave deixa evidente que a teoria de problemas é um tema de investigação muito mais antigo do que a literatura contemporânea em filosofia transparece, e aponta quão importante é o espaço que o tema ocupou na filosofia kantiana da matemática.

A lógica proposicional intuicionista deve ser vista como incompleta em termos de expressividade se se assume *à la* Kolmogorov que ela deveria ser interpretada como um cálculo de problemas. Uma teoria semântica de problemas parece requerer uma constante lógica nova que não se deixa definir pelas demais constantes "intuicionistas" usuais: a conjunção temporalizada. Essa constante é bastante natural na interpretação de problemas geométricos. A questão de se este acréscimo é suficiente para tornar o conjunto das constantes expressivamente completa é uma questão em aberto.

Com respeito à noção de decomposição de problemas, sobre a qual Veloso disserta longamente em sua proposta de uma teoria de problemas, ela é aqui compreendida a partir das constantes lógicas para problemas. A disjunção é um tipo de composição, a conjunção outro, a negação, a implicação, etc. A decomposição poderia eventualmente dar-se ainda de acordo com outros padrões. É o rol desses padrões que constituirá o conjunto das constantes lógicas. Claro está ele deverá contemplar todas as formas de decomposição de problemas.

Finalmente, a teoria semântica de problemas oferece um novo instrumento para a análise das provas da geometria euclidiana. Esse instrumento não reduz as provas da geometria a entes meramente lingüísticos. Além disso, a análise aponta a necessidade de considerar como formas lógicas algumas operações que dependem da variável tempo, o que parece natural quando os elementos conjugados envolvem ações e seus respectivos traços, os diagramas.

Referências

Atten, Mark van (2008). "The development of intuitionistic logic". Em: *Stanford Encyclopedia of Philosophy*. url: http://plato.stanford.edu/entries/intuitionistic-logic-development/.

Cellucci, Carlo (2013). *Rethinking Logic: Logic in Relation to Mathematics, Evolution, and Method*. Heidelberg: Springer.

Heyting, Arendt (1956). *Intuitionism: An introduction*. Amsterdam: North-Holland.

Kolmogorov, Andrei (1932). "Zur Deutung der intuitionistischen Logik". Em: *Mathematische Zeitschrift* 35.1. Paginação da edição inglesa em Tikhomirov, 1991., pp. 58–65.

Lassalle-Casanave, Abel (2019). *Por Construção de Conceitos*. Rio de Janeiro: Puc-Rio/Loyola.

Lassalle-Casanave, Abel e Marco Panza (2012). "Sobre el significado del postulado 2 de los Elementos". Em: *Notae Philosophicae Scientiae Formalis* 1.2, pp. 103–115. URL: http://gcfcf.com.br/pt/npsf/.

Sanz, Wagner de Campos (2012). "Kolmogorov e a Lógica de Problemas I". Em: *Notae Philosophicae Scientiae Formalis* 1.2, pp. 184–197. URL: http://gcfcf.com.br/pt/npsf/.

— (2013). "Postulados, diagramas, ¡acción!" Em: *Conocimiento Simbólico y Conocimiento Gráfico. Historia y Teoría*. Ed. por Oscar M. Esquisabel e Frank T. Sautter. Buenos Aires: Academia Nacional de Ciencias de Buenos Aires, pp. 29–38.

— (2019). "Hypo: a simple constructive semantics for intuitionistic sentential logic; soundness and completeness". Em: *Proof-Theoretic Semantics: Assessment and Future Perspectives. Proceedings of the Third Tübingen Conference on Proof-Theoretic Semantics, 27–30 March 2019*, pp. 153–178. URL: http://dx.doi.org/10.15496/publikation-35319.

Tikhomirov, V. M., ed. (1991). *Selected Works of A. N. Kolmogorov*. Vol. 1. Translated from the Russian by V. M. Volosov. Dordrecht: Kluwer.

Veloso, Paulo (1984). "Aspectos de uma teoria geral de problemas". Em: *Cadernos de História e Filosofia da Ciência* 7, pp. 21–42.

Capítulo 22

Recta

Frank Thomas SAUTTER

> Yo sé de un laberinto griego que es una línea única, recta. En esa línea se han perdido tantos filósofos que bien puede perderse un mero *detective*.
> Jorge Luís Borges

> *Traça a reta e a curva,/ a quebrada e a sinuosa./*
> *Tudo é preciso./ De tudo viverás.*
> Cecília Meireles

22.1 Introdução

A Filosofia da Prática Matemática é o setor principal da pesquisa filosófica mais recente de Abel Lassalle Casanave. Sua produção bibliográfica nesta temática inclui o trabalho em colaboração com Marco Panza sobre a retórica das provas euclidianas [14], o trabalho sobre a recepção moderna da geometria euclidiana [12], o trabalho em colaboração com Eduardo Nicolás Giovannini e Paulo Augusto da Silva Veloso sobre o Princípio de De Zolt [8], e o livro sobre a filosofia kantiana da matemática [13]. Nesta homenagem ao colega e amigo tematizo um dos objetos mais básicos, senão o mais básico, da geometria: a linha reta. Na próxima seção analisarei distintas caracterizações, métricas e não-métricas, da linha reta; na seção seguinte farei uma pequena digressão sobre a família dos retilíneos (e dos curvilíneos); e na última seção examinarei instrumentos adequados para traçar linhas retas.

22.2 Definições

Euclides define linha reta como um caso particular de linha; esta é definida como comprimento sem largura e aquela, como a linha que está posta por igual com os pontos sobre si mesma [5, p.97]. Russo [15, p.196] esclarece que as sete primeiras definições de "Os Elementos", inclusive as definições de linha e de linha reta, são uma interpolação das "Definições" de Heron, o que explica, segundo ele, que não são utilizadas na obra e, inclusive, que é impossível utilizá-las! Russo conclui que a eliminação destas definições resultaria no fortalecimento da consistência metodológica de "Os Elementos" [15, p.206].

A definição euclidiana de linha reta pertence a um grupo de definições de linha reta fundadas na noção de direção e, portanto, vinculadas a uma geometria não-métrica. As caracterizações de Platão e de Aristóteles [9, p.68], e a caracterização de Poncelet [9, p.72-73] também pertencem a este grupo.

A definição popular de linha reta – dentre todas as linhas que têm as mesmas extremidades, a linha reta é a menor, na definição de Proclo [9, p.68] – pertence a um segundo grupo, mais numeroso, de definições fundadas na noção de distância, e, portanto, vinculadas a uma geometria métrica. A definição de Leibniz e as definições de Fourier e de Lobachevski [9, p.70], assemelhadas à definição leibniziana, constituem um importante subgrupo.

Na primeira subseção examinarei a definição leibniziana, segundo a qual a linha reta é concebida como um determinado lugar geométrico, pois na Seção 4 apresentarei um instrumento para traçar linhas retas que utiliza a definição leibniziana. Na segunda subseção examinarei uma característica das linhas retas – a homeomericidade – que também remete à definição de linhas retas como um determinado lugar geométrico.

Leibniz e o Lugar Geométrico da Linha Reta

Leibniz ensaiou diversas caracterizações de linha reta, tanto métricas como não-métricas[1]. A mais amplamente discutida caracterização de linha reta por Leibniz, e que se encontra no coração de sua geometria da situação, utiliza a noção primi-

---

[1] De Risi [4, p.226-264] examina essas diversas caracterizações. Por exemplo, Leibniz discute a *via minima* dada pela caracterização arquimediana métrica da linha reta como a menor linha entre dois distintos pontos quaisquer(ver [4, p.236ss]). Ele também discute a caracterização da linha reta como *linea simplicissima*, segundo a qual a linha reta é, entre as linhas, a mais simples, ou seja, ela é aquela na qual não há variedade de formas (ver [4, p. 238ss]). Na próxima subseção discutirei mais detalhadamente esta caracterização.

tiva de situação e a relação de congruência.

A situação entre os pontos A e B é expressa por A.B, e expressarei a congruência entre as situações A.B e C.D por A.B $\cong$ C.D[2]. De Risi [4, p.135] observa que todos os axiomas de Pasch para a congruência podem ser encontrados nos escritos de Leibniz, e que a noção de situação, embora não possa ser propriamente definida, é informalmente caracterizada, aqui em terminologia contemporânea, pelo seu uso conjunto com a relação de congruência: A.B $\cong$ C.D vigora se há uma isometria que leva A a coincidir com C e B com D, ou A com D e B com C [4, p.133].

A linha geométrica pode ser caracterizada a partir destas noções como um lugar geométrico, ou seja, como um conjunto cujos elementos satisfazem uma mesma condição:

Definição 1. *(Lugar geométrico de uma linha reta) O conjunto de pontos $R \neq \emptyset$ é uma linha reta se, e somente se,* $\exists x \exists y (x \notin R \land y \notin R \land x \neq y \land \forall z (z \in R \supset x.z \cong y.z))$

Esta minha reconstrução formal corresponde à caracterização leibniziana de linha reta em um plano [4, p.230]. Uma caracterização similar, mas no espaço, requer a utilização de três pontos fora da linha reta ao invés de dois; ela também tem o inconveniente que esses três pontos não podem ser colineares [4, p.231].

Um conjunto adequado de axiomas em associação com esta definição deve permitir a demonstração de que dado um ponto x não pertencente à linha reta, existe um *único* ponto y, distinto de x e igualmente não pertencente à linha reta, tal que a linha reta é o lugar geométrico dos pontos equidistantes de x e de y.

Essa caracterização leibniziana é elegante à medida que ela é uniforme com a caracterização usual de circunferência como um lugar geométrico:

Definição 2. *(Lugar geométrico de uma circunferência) O conjunto de pontos $C \neq \emptyset$ é uma circunferência se, e somente se,* $\exists x (x \notin C \land \forall y \forall z ((y \in C \land z \in C) \supset x.y \cong x.z))$

Um conjunto adequado de axiomas em associação com esta definição deve permitir a demonstração de que o ponto x ao qual os pontos da circunferência são equidistantes – o centro do círculo – é *único*.

Na última seção utilizarei a caracterização leibniziana de linha reta em associação com um novo tipo de compasso: o compasso-caranguejo.

---

[2]Freudenthal[6, p.62] esclarece que Leibniz utiliza outro símbolo, uma variante da letra minúscula gama, para expressar a relação de congruência.

A Homeomericidade da Linha Reta

A caracterização da linha reta como um lugar geométrico remete a uma caracterização de linha reta que encontramos na geometria grega: a linha reta é uma linha homeomérica.

A homeomericidade de substâncias desempenha um papel fundamental na cosmologia grega[3]. Substâncias homeoméricas correspondem a substâncias fundamentais da realidade. Segundo Acerbi [1, p.2], Galeno caracteriza substâncias homeoméricas como 'aquelas cujas partes são similares umas às outras e ao todo'. Isso pode ser formalmente estabelecido do seguinte modo:

Seja Pxy o predicado binário 'x é uma parte de y', e Sxy o predicado binário 'x é similar, por superposição, a y'[4]. A definição homeomérica de linha em termos da operação de superposição é a seguinte:

Definição 3. *(Ser homeomérica) A linha x é homeomérica se, e somente se,* $\forall y \forall z [\{Pyx \wedge Pzx\} \supset \{\exists v(Pvy \wedge Svz) \vee \exists v(Pvz \wedge Syv)\}]$

Dada esta caracterização, há três, e somente três, linhas homeoméricas: a linha reta, a circunferência, e a hélice cilíndrica [1, p.4, 9].

Acerbi [1, p.19] observa que a linha reta e a circunferência podem ser ulteriormente distinguidas da hélice cilíndrica por um critério de simplicidade: essa não é uma linha simples, enquanto que aquelas o são. Este critério de simplicidade não é explicitado por Acerbi, mas aparentemente está relacionado à existência de somente dois movimentos simples – o movimento retilíneo e o movimento circular – na cosmologia aristotélica, na qual se entende movimento simples como aquele gerado por movimentos similares [1, p.24][5].

Heron, segundo Acerbi [1, p.9], fornece um critério ulterior para distinguir a linha reta da circunferência[6]. Trata-se de um critério da invariância da família de linhas: "(...) toda linha reta coincide com toda linha reta, enquanto as outras [circunferência e hélice cilíndrica], côncavas ou convexas, não o fazem, cada qual

---

[3]Segundo Acerbi[1, p.2], a terminologia 'homeomericidade' foi fixada por Aristóteles; 'substância homeomérica' corresponde a 'semente' em Anaxágoras e a 'substância primigênia' em Platão (*apud* Galeno).
[4]A superposição é uma relação de equivalência. A relação de equidistância a dois distintos pontos dados – o lugar geométrico da linha reta – também é uma relação de equivalência.
[5]A hélice cilíndrica nã seria simples porque nem todas as suas concavidades estão do mesmo lado.
[6]Em rigor, este critério distingue a linha reta das duas outras linhas homeoméricas.

com cada qual". Ou seja, o critério estende a homeomericidade de algo que é exigido das partes de uma linha para a exigência do mesmo entre os membros da mesma família de linhas. Obviamente a linha reta satisfaz trivialmente o critério por não ter nem concavidades nem convexidades.

22.3 Digressão sobre retilíneos (e curvilíneos)

Na Metafísica 992a20-30 Aristóteles menciona duas afirmações de Platão sobre pontos: 1) eles são ficções geométricas e 2) eles são linhas indivisíveis (ver Cleary [3, p. 156, nota 9])[7]. Essas afirmações não são independentes, ao contrário, a segunda afirmação constitui uma razão para a primeira.

Nesta seção utilizarei relações mereológicas e um cenário inicialmente pobre, constituído exclusivamente por segmentos de linha reta[8], e depois enriquecido com linhas retas, para propor um tratamento formal a essas afirmações de Platão. Faço o mesmo com arcos de circunferência[9]. Essas estruturas formais constituem um cenário mínimo para discutir o valor e a importância dos postulados de Euclides relativos aos segmentos de linha reta: o Postulado 1 e o Postulado 2.

Suponha que o universo do discurso seja constituído exclusivamente por segmentos de reta e seja Pxy o predicado mereológico primitivo para "x é uma parte de y".

O predicado mereológico "x é uma parte própria de y" ($PPxy$, em símbolos) é definido de modo usual:

Definição 4. *(Ser uma parte própria)* $PPxy =_{def.} Pxy \land \neg Pyx$

Que x seja um ponto ($Q_1 x$, em símbolos) pode ser caracterizado como um caso limite de segmento de reta:

Definição 5. *(Ser um ponto)* $Q_1 =_{def.} \neg \exists y PPyx$

O Postulado 2 de Euclides é adotado como um axioma, na seguinte formulação:

---

[7]Reale [2, p. 61] traduz a passagem relevante do seguinte modo: Platão contestava a existência desse gênero de entes [os pontos], pensando que se tratasse de uma pura noção geométrica: ele chamava os pontos de "princípios da linha", e usava amiúde a expressão "linhas indivisíveis".

[8]Pontos serão concebidos como casos limite de segmentos de linha reta.

[9]Pontos também serão concebidos como casos limite de arcos de circunferência.

Axioma 1. *(Postulado 2 de Euclides)* $\forall x \exists y PPxy$

Definirei a seguinte função parcial f_1, que toma como argumentos pares de pontos e cujos valores são os segmentos de reta cujos extremos são os pares de pontos:

Definição 6. $f_1(x,y) =_{def.} \iota z(Pxz \land Pyz \land \forall v((Pxv \land Pyv) \supset (v = z \lor PPzv)))$

Com auxílio de f_1 o Postulado 1 de Euclides é adotado como um axioma, na seguinte formulação:

Axioma 2. *(Postulado 1 de Euclides)* $\forall x \exists y \exists z (x = f_1(y,z))$

Seja $x \cong y$ o predicado geométrico primitivo "x é congruente com y".

Definirei a seguinte função parcial que toma como argumentos pares de pontos e cujos valores são as medianas dos segmentos de reta cujos extremos são os pares de pontos:

Definição 7. $f_2(x,y) =_{def.} \iota z(f_1(z,x) \cong f_1(z,y) \land \forall((f_1(v,x) \cong f_1(v,y)) \supset (v \cong z \lor \exists w(PPwf_1(v,x) \land f_1(z,x) \cong w)))$

Com auxílio de f_2 o predicado geométrico "x está entre y e z" ($Q_2 xyz$, em símbolos) pode ser definido indutivamente do seguinte modo:

Definição 8. *(Estar entre)*

- $Q_2 f_2(y,z) yz$

- $Q_2 xyz \supset Q_2 xzy$

- $(Q_2 xyz \land Q_2 vxy) \supset Q_2 vyz$

- $(Q_2 xyz \land Q_2 vxz) \supset Q_2 vyz$

Novos tipos de objetos geométricos podem ser acrescentados ao universo do discurso, constituindo uma ontologia progressiva, desde que os novos tipos de objetos possam ser distinguidos entre si e dos tipos pré-existentes, e axiomas e teoremas prévios sejam ajustados conforme o caso. Por exemplo, podemos acrescentar linhas retas à ontologia de segmentos de reta mediante o predicado "x é uma linha reta" ($Q_3 x$, em símbolos):

Definição 9. *(Ser linha reta)* $Q_3 x =_{def.} \neg \exists y PPxy$

A definição de ponto requer um ajuste:

Definição 10. *(Ser ponto)* $Q_1 x =_{def.} \exists y PPxy \wedge \neg \exists z PPzx$

Que x seja um segmento de reta próprio, quer dizer, um segmento de reta que não é um ponto ($Q_4 x$, em símbolos) é definido do seguinte modo:

Definição 11. *(Ser um segmento de reta próprio)* $Q_4 x =_{def.} \exists y PPyx \wedge \exists z PPxz$

O Postulado 2 de Euclides, relativizado a pontos e segmentos de reta próprios, passa a ser um teorema sob as novas definições:

Teorema 1. *(Postulado 2 de Euclides)* $\forall x((Q_1 x \vee Q_4 x) \supset \exists y PPxy))$

Kempe [11, p.43-44] também argumenta que o Postulado 2 não é propriamente um postulado, mas um problema, pois pode ser construído a partir das autorizações dadas pelos Postulados 1 e 3:

> É difícil vislumbrar o porquê Euclides utilizou o segundo Postulado – que requer 'que uma linha reta terminada seja produzida para qualquer comprimento em uma linha reta,' – ou melhor, por que ele não o colocou como um problema nas proposições do Livro Primeiro. Não é difícil , por uma adesão estrita aos métodos de Euclides, de encontrar um ponto fora de uma linha reta terminada que esteja na mesma linha reta com ela, e provar que assim o é, sem a utilização do segundo Postulado. Esse ponto pode, então, pelo primeiro Postulado, ser unido à extremidade da linha reta dada que é assim produzida, e o processo pode continuar indefinidamente, uma vez que pelo terceiro Postulado círculos podem ser produzidos com qualquer centro e raio[10].

Na passagem acima, Kempe menciona a construção de um ponto externo a um dado segmento de reta e alinhado a ele, tal que apenas o terceiro Postulado seja utilizado em sua construção. A Figura 22.1 descreve a construção de Mohr-Mascheroni-Gardner (ver Gardner [7]) para a obtenção do Ponto E, externo e alinhado ao segmento de reta AB, na qual foi utilizado somente o terceiro postulado: trace a circunferência com centro em A e raio AB, trace a circunferência

---

[10]It seems difficult to see why Euclid employed the second Postulate – that which requires 'that a terminated straight line may be produced to any length in a straight line,' – or rather, why he did not put it among the propositions in the First Book as a problem. It by no means difficult by a rigid adherence to Euclid's methods to find a point outside a terminated straight line which is in the same straight line with it, and to prove it to be so, without the employment of the second Postulate. That point can then, by the first Postulate, be joined to the extremity of the given straight line which is thus produced, and the process can be continued indefinitely, since by the third Postulate circles can be drawn with any centre and radius.

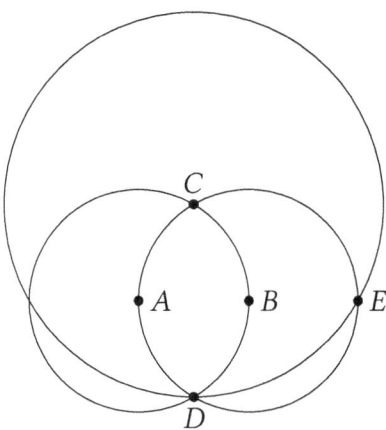

Figura 22.1: Duplicação de segmento de reta por Construção de Mohr-Mascheroni-Gardner.

com centro em B e raio BA, obtivemos os pontos C e D, trace a circunferência com o centro em C e raio CD, obtivemos o ponto E. Q.E.F.

O Postulado 1 de Euclides, relativizado a pontos e segmentos de reta próprios, também passa a ser um teorema sob as novas definições:

Teorema 2. *(Postulado 1 de Euclides)* $\forall x((Q_1 x \vee Q_4 x) \supset \exists y \exists z(x = f_1(y,z)))$

Se, ao invés de um universo do discurso constituído por segmentos de reta, tivermos um universo do discurso constituído exclusivamente por arcos de circunferência, a Definição 9 continua caracterizando pontos, agora como casos limite de arcos. O Postulado 2 de Euclides também vale para arcos de circunferência, pois todo arco de circunferência pode ser estendido (a outro arco de circunferência). Circunferências podem ser diferenciadas de arcos de circunferência por serem todos que não são partes próprias de outros todos.

Pontos são, ao mesmo tempo, "retilíneos" e "curvilíneos"; mas segmentos de reta e linhas retas, por um lado, e arcos de circunferência e linhas circunferentes, por outro lado, podem ser diferenciados pela função f_1. Enquanto que o valor de f_1 está definido para segmentos de reta quando os argumentos são pontos, são necessários três pontos (não-colineares) para definir um arco de circunferência. Isso sugere que o Postulado 1 de Euclides é, de fato, a tese central acerca de retilíneos.

22.4 Instrumentos

Nesta seção examinarei três instrumentos para a construção de linhas retas e discutirei os seus méritos e os seus deméritos, especialmente no que diz respeito à capacidade para colocar em relevo a natureza das linhas retas.

O instrumento mais amplamente utilizado para traçar linhas retas é a régua não-marcada. Kempe [11, p.2] propõe um argumento de "petição de construção" contra a utilização da régua não-marcada para a produção de linhas retas:

> Nossos livros didáticos afirmam que o primeiro e o segundo Postulados [de Euclides] postulam uma régua não-marcada. Mas certamente isso é uma petição de princípio. Se desenhamos uma linha reta com uma régua nã-marcada, a régua não-marcada deve ela mesma ter uma borda reta; e como vamos fazer uma borda reta? Chegamos ao nosso ponto de partida[11].

Kempe [11, p.3] ressalta a inadequação da utilização da régua não-marcada ao encontrar um análogo para a produção de círculos:

> Se aplicar o método da régua não-marcada à descrição de um círculo, eu deveria adotar uma lâmina circular, por exemplo uma moeda, e traçar meu círculo passando o lápis pela borda, e teria a mesma dificuldade que tive com a borda reta, porque eu deveria primeiro fazer a lâmina ela mesma circular[12].

Para evitar a petição de construção, Kempe [11] propõe a utilização de sistemas articulados (*linkages*) para a produção de linhas retas[13].

A Figura 22.2 mostra o grafo da Célula de Peaucellier (ver [11, p.12-15], um dos primeiros e mais simples sistemas articulados para a produção de linhas retas. A Célula de Peaucellier é composta por seis articulações (CD, CE, DF, DG, EF e EG) tal que a distância de C a D é igual á distância de D a F, e as distâncias de D

---

[11]Our textbooks say that the first and second Postulates postulate a ruler. But surely that is begging the question. If we are to draw a straight line with a ruler, the ruler must itself have a straight edge; and how are we going to make the edge straight? We come to our starting-point.

[12]If I applied the ruler method to the description of a circle, I should take a circular lamina, such as a penny, and trace my circle by passing the pencil round the edge, and I should have the same difficulty that I had with a straight-edge, for I should first have to make the lamina itself circular.

[13]Kempe [10] demonstrou que a utilização de *linkages* pode ser estendida à produção de qualquer curva algébrica plana. Este resultado é conhecido na literatura como "Teorema da Universalidade de Kempe".

a F, de D a G, de E a F e de E a G também são todas iguais, neste útimo caso as quatro articulações formam um losango[14]. As cinco junções (pivôs) são rígidos, o que gerará um movimento rígido do sistema articulado, sendo a junção C a única fixada na superfície. A linha reta AB é produzida na junção G movimentando-se todo o sistema articulado por rotação em torno da junção C, o que ocasiona a movimentação da junção F na circunferência representada na Figura 22.2.

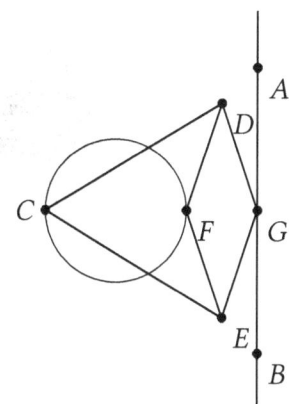

Figura 22.2: Grafo da Célula de Peaucellier

Este sistema articulado e outros similares a ele apresentam dificuldades técnicas, a despeito de estarem imunes à petição de construção. Estas dificuldades técnicas incluem o alinhamento de junções, o estabelecimento de distâncias e do ponto de fixação do sistema articulado adequados à produção, ao menos, do segmento de reta AB, e a igualdade de distâncias entre junções. Contudo, a principal dificuldade não é técnica, mas conceitual: não há um vínculo imediato entre o instrumento e a natureza do objeto cuja construção é visada.

No XIX Colóquio Conesul de Filosofia das Ciências Formais, realizado em Salvador da Bahia no mês de outubro de 2015, apresentei um instrumento alternativo para a construção de linhas retas, batizado de "compasso-caranguejo" (ver Figura 22.3). Ele implementa a definição de linha reta como o lugar geométrico dos pontos equidistantes a dois distintos pontos dados (ver Seção 2). Há um eixo composto por dois braços não-articulados com ponta seca[15]; na construção de uma linha reta estes braços são fixados em pontos em relação aos quais os pontos da linha reta são equidistantes. Há um segundo eixo, perpendicular ao

---

[14] A igualdade de distâncias não requer, em sua implementação física, a utilização de quaisquer elementos que induzam o projetista a incorrer em petição de construção.

[15] Na Figura 22.3 vemos os braços não-articulados com ponta seca em vista frontal.

primeiro, composto por dois braços articulados com abraçadeiras para posicionamento de grafite ou outro material para o traçado[16]; a movimentação destes braços é a responsável por traçar linhas retas.

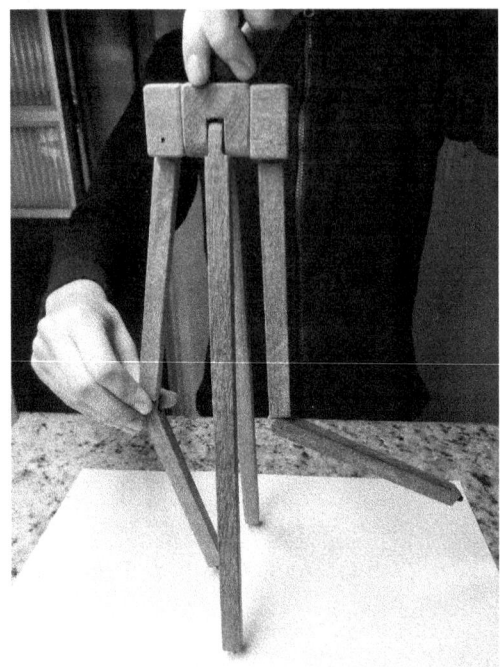

Figura 22.3: Compasso-caranguejo

A Figura 22.4 indica os preparativos para operar de modo simples com o compasso-caranguejo em associação com o compasso comum. Suponha que se quer traçar uma linha reta passando pelos pontos A e B. Trace com o compasso comum o círculo com centro em A e raio AB; trace com o compasso comum o círculo com centro em B e raio BA; obtem-se os pontos C e D nas interseções destes círculos; fixe os braços não-articulados do compasso-caranguejo nestes pontos e, com os braços articulados, trace a linha reta pretendida. $Q.E.F.$

A Figura 22.5 indica os preparativos para operar de modo mais complexo com o compasso-caranguejo em associação com o compasso comum. Esta sofisticação consiste em obter a mediana H do imaginário segmento de reta AB, o que também pode ser feito exclusivamente com o compasso comum. Esta mediana permite a divisão de trabalho dos braços articulados: um deles traça a semirreta

---

[16]Na Figura 22.3 vemos os braços articulados em vista lateral, com as partes inferiores parcialmente retraídas.

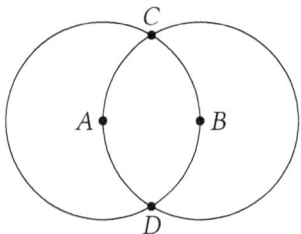

Figura 22.4: Construção de segmento de reta entre A e B, sem ponto médio.

com extremidade H e que contém o ponto A, o outro traça a semirreta com extremidade H e que contém o ponto B. Os passos na obtenção desta mediana são os seguintes:

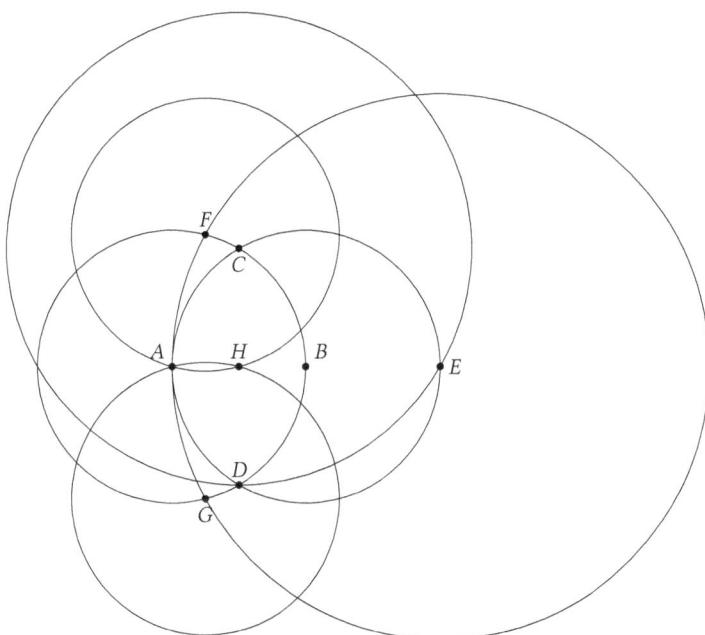

Figura 22.5: Construção de segmento de reta entre A e B, com ponto médio.

- Os três primeiros passos são os mesmos da construção da Figura 22.4.

- Com o compasso comum trace um círculo com centro C e raio CD, obtendo o ponto E.

- Com o compasso comum trace um círculo com centro E e raio EA, obtendo os pontos F e G.

- Com o compasso comum trace um círculo com centro F e raio FA.

- Com o compasso comum trace um círculo com centro G e raio GA, obtendo o ponto H.

É discutível se o compasso-caranguejo escapa à objeção formulada por Kempe, devido à exigência de perpendicularidade de seus eixos, mas, ao contrário da régua não-marcada e dos sistemas articulados, ele claramente implementa uma definição real de linha reta.

Referências

[1] Acerbi, F. (2010). "Homeomeric Lines in Greek Mathematics". Em: *Science in Context*. Vol. 23. 1, pp. 1–37.

[2] Aristóteles (2002). *Metafísica*. vols. I, II, III. Ensaio introdutório, tradução do texto grego, sumário e comentários de Giovanni Reale. Tradução de Marcelo Perine. 2ª ed. São Paulo: Loyola.

[3] Cleary, J. J. (1995). *Aristotle and Mathematics*. Aporetic Method in Cosmology and Metaphysics. Leiden, New York, Köln: Brill.

[4] De Risi, V. (2007). *Geometry and Monadology*. Leibniz's *Analysis Situs* and Philosophy of Space. Basel, Boston, Berlin: Birkhäuser.

[5] Euclides (2009). *Os Elementos*. Tradução de I. Bicudo. São Paulo: UNESP.

[6] Freudenthal, H. (1972). "Leibniz und die Analysis Situs". Em: *Studia Leibnitiana* 4.1, pp. 61–69.

[7] Gardner, M. (1992). "Mascheroni constructions". Em: *Gardner, M. Mathematical Circus*. Washington: The Mathematical Association of America.

[8] Giovannini, E.N., A. Lassalle Casanave e P.A.S. Veloso (2017). "De la Práctica Euclidiana a la Práctica Hilbertiana: las Teorías del Área Plana". Em: *Revista Portuguesa de Filosofia* 73.

[9] Gray, J. (2015). "A Note on Lines and Planes in Euclid's Geometry". Em: *Mathematizing Space. The Objects of Geometry from Antiquity to the Early Modern Age, Trends in the History of Science*. Ed. por V. De Risi. Heidelberg New York Dordrecht London: Birkhäuser.

[10] Kempe, A. B. (1875). "On a General Method of describing Plane Curves of the nth degree by Linkwork". Em: *Proceedings of the London Mathematical Society*. s. 1-7 1, pp. 213–216.

[11] — (1877). *How to Draw a Straight Line; a Lecture on Linkages*. London: Macmillan.

[12] Lassalle Casanave, A. (2016). "Uma introdução à recepção moderna da geometria euclidiana". Em: *O Que Nos Faz Pensar* 25.39, pp. 7–29.

[13] — (2019). *Por construção de conceitos: em torno da filosofia kantiana da matemátic*. São Paulo: Loyola.

[14] Lassalle Casanave, A. e M. Panza (2015). "Pruebas entimemáticas y pruebas canónicas en la geometría plana de Euclides". Em: *Revista Latinoamericana de Filosofía* 41.2, pp. 147–170.

[15] Russo, L. (1998). "The Definitions of Fundamental Geometric Entities Contained in Book I of Euclids Elements". Em: *Archiv for History of the Exact Sciences* 52.3, pp. 195–219.

Capítulo 23

Relações de estilo. Filosofia, Matemática, Prova

GISELE DALVA SECCO

> *El poema, la música, el teorema,*
> *presencias impolutas nacidas del vacío*
> *edifícios ingrávidos*
> *sobre un abismo construidos:*
> *en sus formas finitas caben los infinitos,*
> *su oculta simetría rige también al caos.*

Octavio Paz - "Respuesta y Reconciliación"

    É sabido que àquele que homenageamos neste volume interessaram temas, problemas e autores decisivos nas histórias da filosofia, da matemática, e da filosofia da matemática. Sem escrúpulos de completude, mas buscando respeitar certa estética de simetrias, menciono como exemplo das predileções temáticas de Abel as modalidades do conhecimento simbólico, o uso de figuras em geometria e o formalismo como posição filosófica ante da matemática; as implicações da comparação entre métodos filosóficos e matemáticos, as especificidades do pensamento algébrico e o papel da notação nas práticas matemáticas como exemplos dos problemas que prefere; dos autores, Descartes, Kant e Hilbert.

    Um assunto, entretanto, alinhava todos os componentes de tão diminuto exemplário: os usos, os aspectos ou a natureza das provas (ou demonstrações).

    Em "De teólogos e matemáticos" (Lassalle Casanave 1997) – aliás publicado no ano de nascimento dos *Colóquios Conesul de Filosofia das Ciências Formais* – o conceito de demonstração é um conceito operatório. Chamá-lo operatório significa, por um lado, que não é o objeto de tematização e, de outro, que desempenha papel central na *estratégia* do texto, pela qual

(a) se comparam as posições de Descartes, Leibniz e Kant acerca da possibilidade de demonstrar, à moda matemática, teses metafísicas;

(b) se exploram as semelhanças e diferenças entre as abordagens de Leibniz e Hilbert no que diz respeito às especificidades do conhecimento matemático – indicando ao menos três temas leibnizianos no projeto hilbertiano de fundamentação da matemática; e por fim, mas não menos relevante em considerando o livro cuja publicação também comemoramos (Lassalle Casanave 2019), é dizer que

(c) a comparação metodológica de corte kantiano entre filosofia e matemática, e portanto entre as possibilidades de prova em filosofia como em matemática, já aparece então como foco da atenção de Lassalle Casanave, ao anunciar surpresa diante do "poderoso impacto que teve entre os matemáticos de cunho construtivista até os nossos dias sua [a de Kant] filosofia da matemática." (1997, p. 51)

Agora, se dentre as diversas manifestações textuais de suas ideias, atentarmos para as ocasiões em que Abel se dedicou a refletir sobre o conceito de prova ou demonstração, creio ser possível dizer algo assim: similarmente a Euclides – que no registro textual da prática geométrica de seu tempo (seus *Elementos*) não ousou se pronunciar acerca da noção mesma de prova ou demonstração matemática, Lassalle Casanave optou por não se pronunciar em primeira (ou segunda) pessoa acerca da noção de prova em filosofia, tendo sua prudência de bom *orator* lhe guiado na prática mesma da boa argumentação. Senão, vejamos como se passam as coisas na nota em que Abel oferece uma comparação das concepções de demonstração de Platão e Aristóteles.[1]

Para Abel, tudo se passa como se a abordagem platônica (na famosa passagem 510a de *República*) fornecesse uma análise dos procedimentos demonstrativos típicos da geometria sintética clássica, na qual os aspectos constitutivos dos mesmos são esclarecidos. Este modelo de análise *modulo* clarificação se sugeriria, dentre outros fatores, pelo respeito que Platão mantém para com o uso de diagramas nas demonstrações geométricas praticadas em seu tempo. De outra parte, é como se o enfoque aristotélico, tal como formulado nos *Segundos Analíticos*, consistisse em uma análise ao modo da substituição, pois estabelece que uma demonstração científica constitui-se de uma cadeia de silogismos (formas válidas de inferência que preservam a verdade de seus componentes proposicionais) – nas quais as figuras tão comuns na prática matemática grega são eliminadas, substituídas por componentes do maquinário silogístico. O problema

---

[1] "Acerca de la concepción de demostración em Platón y Aristoteles". *Methéxis*, XVIII (2005), 89-95.

neste caso, segundo sugere Abel desde uma perspectiva que poderíamos nomear de *epistemologia da demonstração matemática*, consistiria em certa insuficiência da análise aristotélica. Ainda que barbaramente resumida, a menção a esta nota de Abel serve como uma segunda amostra da importância que possuem em sua prática filosófica a estratégia de comparação entre autores, seus procedimentos argumentativos ou modelos de análise.[2] Para conservar os furores simétricos que agradam a quem aqui festejamos, observemos ainda um terceiro exemplo de seu uso da comparação como recurso literário.

Pois é no diálogo estabelecido desde fins dos anos 1990 com Oswaldo Chateaubriand, sobre o tratamento filosófico que este oferece da noção de prova matemática, que escolhi rastrear os *fatos de estilo* de Abel. Sua primeira reação filosófica ao modo como Chateaubriand analisa a noção de prova em "Proof and Logical Deduction" (1999) pode ser resumida em um pedido de esclarecimento acerca da noção de compreensão ali involucrada, e que aparece com igual ou mais importância em *Logical Forms*. Como sabemos,[3] Chateaubriand dedica boa parte do segundo volume de sua obra ao tema das provas, tecendo uma crítica da concepção standard, na qual se opera uma idealização por redução, a seu ver descabida, das provas à dedução lógica. É nesse contexto crítico que Chateaubriand fornece uma distinção chave (π) entre:[4]

> (π_1) *proofs* – as representações formais idealizadas das provas tais como trabalhadas, por exemplo, em teoria da prova;
>
> (π_2) *provings* – os fenômenos efetivos de prova, tal como observados nas práticas matemáticas correntes: uma parte importante daquilo que os matemáticos fazem quando fazem seu trabalho, criam, publicam e comunicam suas obras, e ensinam a seus estudantes.

E, como aprofundamento de (π_2), uma caracterização (φ_{1-4}) dos critérios ou exigências fundamentais para que um procedimento seja uma prova no sentido efetivo:

> (φ_1) possuir uma certa estrutura dedutiva de concatenação de ideias (condição *lógica*);
>
> (φ_2) capacidade de gerar convicção (condição *psicológica*);
>
> (φ_3) ser relativa a um grupo (condição *social*);
>
> (φ_4) ser preservadora de verdade (condição *ontológica*).

---

[2]Os dois modelos de análise filosófica ao modo de clarificação e substituição são o tema de outra nota de Abel (Lassalle Casanave 2003) sobre o qual Nastassja Pugliese trata em sua contribuição a este volume.

[3]E como ele nos lembra em sua contribuição a este volume.

[4]Esta apresentação da noção de prova de Chateaubriand foi extraída parcialmente de Secco (2013).

O papel fundamental que Chateaubriand confere à noção de compreensão fica evidente quando se trata de por em epítome sua concepção de prova, afirmando que provas visam gerar "compreensão e explicação por referência ao que já é compreendido." (Chateaubriand, 2005, p. 291). Mesmo a exigência epistemológica que subordina as demais, relacionada à finalidade de alcançar a verdade, é a de "alcançá-la com compreensão. Oráculos e revelações podem nos dar a verdade, mas não compreensão. *Todas as exigências das provas são subordinadas a esses fins.*" (p. 340, grifo meu).

Ora, em sua resposta ao desenvolvimento da noção de prova de Chateaubriand, publicado em "Entre la retórica y la dialectica", vemos Abel colocar novamente em jogo o expediente de comparação entre posições filosóficas distintas, agora incluída uma distância temporal significativa entre os filósofos cotejados. É que ao designa-la como *retórico-dialética*, Abel realiza uma leitura da epistemologia da prova de Chateaubriand à luz da retórica clássica, de linhagem aristotélica. (Há ainda outro elemento sem dúvida crucial para a leitura que faz Abel da análise de Chateaubriand, a saber, sua comparação entre as práticas matemáticas e as práticas jurídicas de prova. Mas ele não será abordado aqui.)

Assim, para Abel, o aspecto retórico da análise de provas de Chateaubriand se revelaria em dois tempos. Primeiro, no reconhecimento de diferentes contextos sociais de realização das práticas matemáticas de prova (a sala de aula, os colóquios de especialistas, as variadas sortes de publicação, como destacado em (φ_3) – ou seja, dos diferentes tipos de auditórios diante dos quais (ou com os quais?) as performances matemáticas se realizam.[5] Em segundo lugar, e como consequência da auditório-dependência, é retórica a abordagem de Chateaubriand na medida em que aceita como legítimas provas compostas por raciocínios cuja estrutura (exigida em (φ_1)) é entimemática (ou seja, raciocínios com premissas cuja plausibilidade é aceita pelo auditório em questão, "sabidas por todos", e que por isso não necessitam ser enunciadas). Por fim, a abordagem de Chateaubriand seria dialética no sentido em que para Aristóteles ela versa sobre uma discussão de princípios que somente pode ser desenvolvida por um auditório de *experts*. Assim, por exemplo, aceitar ou não o axioma de escolha ou uma demonstração como construtiva é coisa de experts.[6]

Sabemos que o que primeiro se chamou "a análise retórica de provas" de Abel gerou diversos frutos: foi apresentada como peça original em sua conferência no III Encontro da APMP em Paris (2015); em versão agora denominada "análise entimemática" foi utilizada na crítica que elaborou com Panza (em 2018) ao sistema

---

[5] Que se poderia ainda comparar com o aspecto da "campo-dependência" de que fala Toulmin (2001) em *Os usos do argumento* ou com a auditório-dependência de Perelman e Tyteca nas obras em que revisitam, renovando-a, a retórica aristotélica. Vale ainda notar que Abel não fala de performance – essa é minha extrapolação.

[6] Agradeço ao homenageado a correção desse ponto.

formal para a geometria euclidiana de Avigad *et. al.*; certamente está incorporada como procedimento de análise histórico-conceitual da filosofia da matemática de Kant, em especial no capítulo 5 de Lassalle Casanave (2019), onde buscou mostrar quais eram os entimemas de Kant quanto à geometria; foi apropriada por Marcos Silva em seu projeto de estudo sobre o revisionismo na lógica,[7] e segue sendo tematizada e esclarecida na continuidade do diálogo com Chateaubriand.

Sobre este diálogo, que muitos já acompanhamos e presenciamos, ainda outras perguntas poderiam dar prosseguimento a investigações filosóficas futuras, como em uma sorte de síntese. Pois quer me parecer que se há desarmonia de perspectivas entre Chateaubriand e Lassalle Casanave, ela está relacionada com os pressupostos acerca das noções de conhecimento (Chateaubriand) e de conhecimento simbólico (Lassalle Casanave); com as relações entre cálculo e demonstração, e com o papel que nessa trama desempenha a noção de compreensão.

Poderia bem ser o caso que assim como a convicção que um auditório alcança de um resultado matemático é indexada por seu conhecimento prévio (em termos de habilidades, competências e outros tipos de conhecimentos anteriores), também a compreensão de processos e resultados seria variável – tanto em termos da modalidade de compreensão envolvida nos aspectos calculatórios ou computacionais, quanto nos aspectos visuais ou ectéticos de cálculos e demonstrações, ou mesmo aos aspectos discursivos que constituem o universo das práticas matemáticas de provas. Essa ideia, entretanto, não as desenvolverei aqui, firmando apenas outra promissória para trabalhos futuros.

De todo modo, o que pretendia inicialmente com a referência aos trabalhos de Abel sobre, ou derivados de, sua análise da concepção de Chateaubriand era não apenas apontar o frutífero que foi, e ainda é, esse diálogo, mas sublinhar o que, apropriando-me do conceito de Gilles-Gaston Granger,[8] considero como os *fatos de estilo* das práticas filosóficas de Abel.

Nota bene: tal como compreendo, fatos de estilo são aspectos das práticas discursivas que se analisam por meio de comparações entre textos de um ou mais autores, comparações que revelam analogias, mutações ou mesmo degenerescências na evolução do trabalho científico; em matemática, fatos de estilo consistem nos modos de organizar o pensamento – o que na retórica literária cabe à *dispositio* como parte da *tractatio*, ou elaboração do discurso[9] – ou ainda, fatos de estilo se revelam na maneira de introduzir conceitos, de construir objetos abstratos por meio de procedimentos metodológicos determinados etc..

Ocorre que parte central de minha estratégia inicial de leitura dos poucos tex-

---

[7]Conferir o texto de Marcos Silva neste volume.
[8]Em sua *Filosofia do estilo* (Granger 1974).
[9]Cf. os *Elementos de retórica literária* de Lausberg, uma das leituras formadoras a mim sugeridas por Abel, e sem a qual este insensato exercício de análise retórica de seus textos não teria sido possível.

tos de Abel que aqui elegi, inspirada em sua própria estratégia de explicitar os pressupostos de certos entimemas kantianos com relação à geometria euclidiana, consistia em revelar alguns de *seus* pressupostos metodológicos, *seus* entimemas – tais como a importação de ferramentas conceituais extraídas da discussão sobre o formalismo na literatura russa para pensar o formalismo de Hilbert, a importação de instrumentos conceituais da filosofia do direito para pensar os aspectos normativos da matemática elementar e a importação de ferramentas conceituais tanto da retórica de matriz aristotélica quanto das discussões sobre metodologia histórica de Carlo Ginzburg nas análises do conceito de demonstração de Chateaubriand e no desenvolvimento da análise entimemática de provas.

Ocorre que nos comentários realizados aos textos aqui publicados, o próprio Abel tirou-me o gosto da revelação. Como já não preciso senão lembrar-lhes desses pontos, restaria ainda duas coisas a fazer nesta nota. A primeira, alegar com base em meu brevíssimo exercício de análise estilística que um fato do estilo de Abel é a presença de elementos da análise estilística ela mesma (seja *à la* Granger ou *à la* Ginzburg): a comparação entre as estratégias metodológicas de Descartes-Leibniz-Kant, ou entre os modelos de análise Platão-Aristóteles; entre Chateaubriand e a tradição retórica aristotélica). A segunda, finalizar como havia planejado, ao modo de dupla glosa, a Ginzburg e Granger. Diria eu, então: Se a imagem que uma filosofia deixa de si é condicionada por relações de estilo – quero dizer, dos arranjos argumentativos identificáveis como constâncias entre os inúmeros traços aparentemente não pertinentes que aquela filosofia elabora – indispensáveis às elucidações dos problemas que animam sua composição, resta averbar a de Abel Lassalle Casanave como filosofia de inigualável dicção.[10]

De acordo com Giovanna Cifoletti, a partir de Valla, Agripa e Ramus (em matemática, portanto), a *dispositio* que há pouco mencionei forma parte significativa dos argumentos matemáticos, como "o processo de dar forma ao discurso, no qual o último é o pensamento articulado (...) essa articulação está em estrita dependência da relação que se tem com sua língua mãe" (Cifoletti 2006, p. 379).

Por importação, como a ele convém fazer, o que poderíamos (se ele permitisse) chamar de filosofia de Abel foi engendrada em ciganos caminhos, nos trânsitos entre o castelhano natal com o qual entrou na filosofia e o português no

---

[10]Do belíssimo *Relações de força: história, retórica, prova,* livro de Guinzburg que Abel uma vez mencionou, glosei o título desta nota e, por uma sorte de sequestro, a ideia de "relações de estilo": "Todo ponto de vista sobre a realidade, além de ser intrinsecamente seletivo e parcial, depende de relações de força que condicionam, por meio da possibilidade de acesso à documentação, a imagem total que uma sociedade deixa de si." (Guinzburg, 2002, p. 43). Da *Filosofia do estilo* de Granger, que não estou certa de que Abel conheça, e como já afirmei, extraí a noção de fatos de estilo que utilizo aqui (cf. 1974, p. 17). Para uma investigação específica acerca da importância da comparação como recurso de análise retórica, cf. *Aristotle and His Afterlife: Rhetoric, Poetics and Comparison* (Hart 2019)

qual aprendeu a ser professor. Mas bem, conhecendo meu professor, sei que o melhor é terminar com outro, engenhoso arremate.

É que estamos para publicar, Nastassja Pugliese e eu, um trabalho sobre o ensino de lógica desde um ponto de vista feminista, no qual defendemos a arte frente a certos argumentos feministas, digamos, inadequados. Parte principal de nossa defesa está baseada em outra, a da didática da lógica. De modo assaz resumido, o que alegamos é que não é, nem pode ser, a natureza da lógica ela mesma o fator explicativo para o conhecido afastamento de meninas e mulheres do seu aprendizado e exercício, mas mais bem as estratégias didáticas de seus professores (em sua imensa maioria homens, e em grande parte ignorantes de esquemas preconceituosos quanto a gênero e outros vieses mais). A solução para a dissolução do que chamamos de "círculo de expectativas antimatemáticas", bastante mais nocivo para mulheres do que para homens, seria, assim, sugerir algumas modificações no modo como ensinamos lógica – desde a escolha de exemplos mais representativos para mulheres, até a inclusão de resultados de lógicas mulheres nos programas de cursos, passando pela atenção mais cuidadosa às dinâmicas didáticas em sala de aula.

A referência a este trabalho com Nastassja é importante pois finalizo esta nota sublinhando meu lugar de fala, contando-lhes de um privilégio: o de ter tido um professor de lógica que me salvou do vício típico do referido círculo. As estratégias didáticas de meu primeiro professor de lógica compartilham aspectos cruciais de seu estilo como escritor de filosofia. O meu professor de lógica iniciou-nos na arte por meio de muitas conexões e comparações, importando elementos e instrumentos "de fora da lógica", a começar pela filosofia (lembro-me de lermos trechos do *Político* de Platão, dos *Segundos Analíticos*, e mesmo um capítulo de *A verdade e as formas jurídicas*, de Foucault); da literatura (o gracioso conto de Max Schulman intitulado "O amor é uma falácia"), do teatro – para que entendêssemos o que discutia Foucault era preciso ler *Édipo-Rei*, movimento com o qual já se anunciava (em prolepse) sua agora revelada estratégia de comparação entre procedimentos jurídicos e matemáticos.

Mas para além das escolhas bibliográficas, que já mostram linhas de conexão entre os fatos de estilo que sublinhei acima e sua didática, é preciso ainda dizer que meu professor de lógica lecionava (e ainda o faz, e cada vez melhor) em genuíno diálogo com seus estudantes, embora sem nunca deixar de nos dar a impressão de estar desenvolvendo um enredo, narrando uma história. A despeito de eu sempre ter sido uma aluna abaixo da média em matemática na escola, meu atento professor de lógica me fez sentir capaz de aprender quando disse "Gosto de dar aulas para estudantes como você, que se percebe que é curiosa, mas nunca se mostra satisfeita com o modo como lhe explicamos". Mais importantemente, meu professor de lógica fez-me sentir capaz de ser uma boa professora, quando observou que eu deveria explorar a facilidade que então notara, a de que eu me saía bem em explicar aos colegas os procedimentos e conceitos lógicos que ele, em tão peculiar português, nos ensinava. Também foi ele a me encaminhar a meu orientador de toda a *Bildung*, Frank Sautter, e a meu outro querido orientador, Luiz Carlos Pereira. E que inúmeras outras coisas disse, fez e ensinou para meu bem profissional e pessoal, tão valiosas e diminutas como ensinar a alguém a "cortar o seu t".

O real fechamento de meu presente ao aniversariante que comemoramos vai então, assim: creio estar legitimada a atestar a pedagogia de Abel Lassalle Casanave, essa mescla vigorosa de dialética e retórica, senão como a mais elegante personificação *de una filosofía rioplatense*, certamente como sua mais potente manifestação.

Referências

[1] Chateaubriand, Oswaldo. (1999) "Proof and logical deduction". In: *Pratica: Proofs, Types and Categories*. Rio de Janeiro: PUC-Rio, p. 79-98.

[2] Chateaubriand, Oswaldo. (2005) *Logical Forms Part II – Logic, Language, and Knowledge*. Campinas: Centro de Lógica, Epistemologia e História da Ciência.

[3] Cifoletti, Giovana. (2004) "The Algebraic Art of Discourse. Algebraic *Dispositio*, Invention and Imitation in Sixteenth-Century France". In: Karine Chemla (Ed.). *History of Science, History of Text*, pp. 123-135.

[4] Ginzburg, Carlo. (2002) *Relações de força: história, retórica, prova*. Tradução de Jônatas Batista Neto. São Paulo: Companhia das Letras.

[5] Granger, Gilles-Gaston (1974) *Filosofia do estilo*. Tradução de... São Paulo: Perspectiva.

[6] Lassalle Casanave, Abel. (1997) "De teólogos e matemáticos"

[7] _____ (1999) "La concepción de demonstración de Oswaldo Chateaubriand". In: *Manuscrito – Logic Language and Knowledge – Essays in Honour of Oswaldo Chateaubriand Filho*. Vol. XXII, n°2, outubro, pp. 95-107.

[8] _____ (2003) "Dos Modelos de Análisis filosófico". *Que nos Faz Pensar*, v. 17, p. 7-13.

[9] _____ (2005) "Acerca de la concepción de demostración em Platón y Aristoteles". *Methéxis*, XVIII, pp. 89-95.

[10] _____. (2006) "Matemática elemental, cálculo y normatividad". *O Que nos Faz Pensar*, v. 20, pp. 67-72.

[11] _____. (2008) "Entre la retórica y la dialectica". In: *Manuscrito – Logic Language and Knowledge – Essays on Chateaubriand's Logical Forms.* Vol. 31-nº1 (Jan-Jun), pp. 11-18.

[12] _____. (2019) *Por construção de conceitos: em torno da filosofia kantiana da matemática.*

[13] Lausberg, Heinrich (1975) *Elementos de retórica literária.* Madrid: Biblioteca Románica Hispánica. Editorial Gredos.

[14] Pugliese, Nastassja. (2021) "Três modelos de análise filosófica". Neste volume.

[15] Secco, Gisele Dalva (2013) *Entre Provas e Experimentos: uma leitura wittgensteiniana das controvérsias em torno na prova do Teorema das Quatro Cores.* Rio de Janeiro. Tese de Doutorado - Departamento de Filosofia, Pontifícia Universidade Católica do Rio de Janeiro. Orientador: Luiz Carlos Pereira.

[16] Silva, Marcos (2021) Neste volume.

Capítulo 24

Demostración euclidiana y ambigüedad perceptual[1]

José SEOANE

> Para Abel, por nuestra amistad, esa charla demorada en un viejo café, que está en Zárate y en Tacuarembó, al mismo tiempo.

La difusión de la teoría psicológica gestáltica hizo populares en su momento una serie de singulares imágenes. Entre ellas, por ejemplo, aquella denominada "la copa de Rubin":

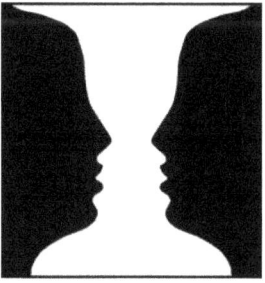

Figura 1

O la muy conocida

---
[1]Cuando había concluido este trabajo, encontré un excelente artículo de Danielle Macbeth que propone entender los diagramas euclidianos como – expresado en mi terminología – ambiguos perceptualmente – véase Macbeth (2010), pp. 253-255. A pesar de tal coincidencia, su análisis y sus motivaciones son ciertamente diferentes a las mías, así como sus muy valiosas conclusiones.

Figura 2

La singularidad de las mismas (como el lector seguramente sabe) consiste en que ellas exhiben una suerte de *dualidad* perceptual. En la fig. 1 pueden verse, alternativamente, dos perfiles enfrentados o una copa; en la fig. 2 el perfil de una joven o el de una anciana. Un rasgo importante a destacar es que estos ejemplos hacen evidente el diferente "papel" o "función" que puede jugar la misma parte en una totalidad perceptual; la ambigüedad se origina precisamente en ese rasgo. Paul Guillaume, en su clásico manual de psicología, escribe[2]:

> Una figura, desde el punto de vista psicológico, no es una yuxtaposición de elementos cuyas características serían invariablemente determinadas por la excitación local. La figura tiene una unidad, una estructura, en la cual cada parte posee una *función* que contribuye a determinar su aspecto sensible.

Este "aspecto sensible" u "organización figural" (como la denomina Guillaume) es, naturalmente, la experiencia perceptual; aunque el objeto gráfico permanezca exactamente igual, pueden darse diversas organizaciones figurales. Thomas Moro Simpson lo dice con su habitual ingenio:

> Y si el dibujo es el mismo
> en una y otra ocasión,
> ¿qué exótico mecanismo
> lo cambia en cada visión?[3]

En las dos figuras de arriba, permaneciendo los objetos gráficos respectivos idénticos, se experimentan (para cada caso) diferentes organizaciones figurales.

---

[2]Véase Guillaume (1967), pág. 158.
[3]El poema del cual se reproduce esta cuarteta se titula "El dibujo y la mirada (Ensayo breve sobre la percepción)", publicado en Moretti, Orlando y Stigol (2016).

Aquellas figuras duales cumplen un papel específico en el contexto de la psicología gestáltica, pero su singularidad ha sugerido o inspirado diferentes aplicaciones. Por ejemplo, Gombrich utiliza tales figuras para establecer una analogía entre la dualidad propia y excluyente de estas representaciones visuales y una dualidad que él supone igualmente excluyente, característica de una amplia clase de imágenes[4]. Estas últimas enfrentan al perceptor a una disyuntiva irreductible: o las percibe como representaciones o ve simplemente aquello que representan. Así, por ejemplo, ante la emblemática pintura de Leonardo se debe necesariamente optar ente ver el óleo o ver a Lisa Gherardini y su enigmática sonrisa, y no es posible acceder, simultáneamente, a ambas experiencias perceptuales. Esta analogía, propuesta por Gombrich, ha recibido certeras críticas, por ejemplo, por parte de Wollheim y Fló[5]. Más allá de cómo se dirima, el debate mismo revela la potencialidad sugestiva de aquellas imágenes peculiares. La conjetura de esta nota es que la experiencia en cuestión, que supone la emergencia de múltiples configuraciones a partir de una misma grafía, es un fenómeno constatable en ciertas figuras geométricas[6], y, en tales casos, esa ambigüedad resulta relevante heurística e inferencialmente en las demostraciones euclidianas que se sirven de ellas[7].

*

Las dos figuras de arriba admiten, cada una, dos configuraciones u organizaciones perceptibles. Pero, podría pensarse, tal ambigüedad no debe necesariamente reducirse a dos variantes. Es decir, podría identificarse el mismo fenómeno, aunque se tratara de más de dos alternativas. A los efectos de referirnos al mismo (con tal nivel de generalidad) hablaremos de *ambigüedad perceptual*. Como se adelantó, puede sostenerse que un número significativo de las figuras

---

[4]Esta idea puede leerse, por ejemplo, en Gombrich (1961). Una discusión detallada de tal dualidad se encuentra en el capítulo 1 del excelente panorama sobre filosofía de la imagen elaborado por Kulvicki (2015).

[5]Véase Wollheim (1974); Kulvicki, en el capítulo antes referido, analiza también este punto de vista. Así mismo Fló desarrolla una interesante y potente crítica a la posición de Gombrich – véase Fló (1989).

[6]Guillaume se refiere al caso de la geometría de un modo muy sintético, pero quizá está pensando en algo como lo que aquí hemos señalado – véase pp. 158-159.

[7]El caso más célebre de uso filosófico de una de estas imágenes corresponde, probablemente, a la apelación por parte de Wittgenstein a la figura conejo-pato de Jastrow (Wittgenstein 1988). La profunda y compleja reflexión en torno a la percepción visual desarrollada por este filósofo puede permitir quizá una aproximación interesante al fenómeno que se explora aquí. Se optó, sin embargo, por una primera aproximación básica al mismo, pues esta capta algunos rasgos relevantes de la ambigüedad perceptual en el caso geométrico específico; no se descarta, por supuesto, una segunda aproximación a dicho fenómeno inspirada en las ideas de Wittgenstein.

que intervienen en las demostraciones euclidianas son (en un sentido amplio) perceptualmente ambiguas[8].

Veamos un ejemplo. La proposición I,5 de Euclides afirma lo siguiente[9]:

En los triángulos isóceles los ángulos de la base son iguales entre sí, y prolongadas las dos rectas iguales, los ángulos situados bajo la base serán iguales entre sí.

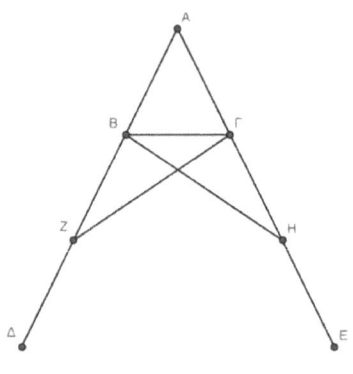

Figura 3

La demostración es la siguiente[10]: **a** Sean ABΓ el triángulo isóceles que tiene lado AB igual al lado AΓ, y sean BΔ, ΓE el resultado de prolongar en línea recta las rectas AB y AΓ [Post. 2].

Digo que el ángulo ABΓ es igual al (ángulo) AΓB y el (ángulo) ΓBΔ es igual al (ángulo) BΓE.

Pues tómese al azar un punto Z en la recta BΔ y quítese de la mayor AE, la recta AH igual a la menor AZ [I,3], y tráncense las rectas ZΓ, HB [post. 1].

Ahora bien, como AZ es igual a AH y AB a AΓ, las dos rectas ZA, AΓ son respectivamente iguales a las dos rectas HA, AB y comprenden el ángulo común ZAH; por tanto, la base ZΓ es igual a la base HB, **b** y el triángulo AZΓ será igual al triángulo AHB, y los ángulos restantes subtendidos por lados iguales serán

---

[8]Este aspecto permite distinguir (según Macbeth) los diagramas euclidianos, por ejemplo, de los diagramas de Euler, explicando una cierta superioridad "creativa" de los primeros en relación a los segundos – véase Macbeht (2010), pp. 253-254. En general, la *comparación* de modalidades o estilos diagramáticos ha sido un tema que ha atraído la reflexión filosófica. Un esfuerzo comparativo que involucran diversos tipos de construcciones diagramáticas puede leerse, por ejemplo, en Feferman (2012).

[9]Se sigue la convención de mencionar en números romanos el libro (en este caso: I) y en notación decimal la proposición (en este caso: 5). La traducción de Euclides que se reproduce aquí es la de M.L. Puertas Castañas (véase Euclides (2000)). Se ha consultado asimismo Euclid (2015).

[10]Se introducen letras negritas minúsculas para identificar ciertos pasajes precisos de acuerdo a la conveniencia de la argumentación presente.

también iguales respectivamente, el (ángulo) AΓZ al (ángulo) ABH y el (ángulo) AZΓ al (ángulo) AHB [I,4]. Como la recta entera AZ es igual a la recta entera AH, cuyas respectivas partes AB y AΓ son iguales, entonces la parte restante BZ es igual a la parte restante ΓH. Pero se ha demostrado también que ZΓ es igual a HB; entonces las dos rectas BZ, ZΓ son iguales a las dos rectas ΓH, HB, respectivamente; y el ángulo BZΓ es igual al (ángulo) ΓHB y su base común es BΓ; **c** y el triángulo BZΓ será, por tanto, igual al triángulo ΓHB, y los ángulos restantes subtendidos por lados iguales serán también iguales respectivamente; así que es igual el ángulo ZBΓ al ángulo HΓB y el ángulo BΓZ al ángulo ΓBH. Así pues, como se ha demostrado que el ángulo entero ABH es igual al ángulo entero AΓZ cuyas partes respectivas ΓBH, BΓZ son iguales, entonces el ángulo restante ABΓ es igual al ángulo restante AΓB y están en la base del triángulo ABΓ. Pero se ha demostrado que también el ángulo ZBΓ es igual al ángulo HΓB; y son los situados debajo de la base.

Por consiguiente, en los triángulos isóceles, los ángulos que están en la base son iguales entre sí y, prolongadas las rectas iguales, los ángulos situados debajo de la base serán iguales entre sí. Q.E.D.

¿La Figura 3 es perceptualmente ambigua? La respuesta es positiva: la misma admite una multiplicidad de organizaciones o configuraciones. Por ejemplo, permite la percepción del triángulo ABΓ o BΔ y ΓE. Pensando en términos más generales, pero aplicable a este contexto, Guillaume señala[11]:

> Un objeto individualizado dentro de un conjunto da lugar a una oposición entre ese conjunto y él mismo, que se puede comparar a la que existe entre una figura y el fondo sobre el cual ésta se destaca

Este fenómeno, el de seleccionar algo como figura en contraposición a un fondo, es lo que nos permite apreciar el triángulo referido; el fenómeno es así análogo al que posibilita, por poner un ejemplo, apreciar la copa en la Fig. 1.

El segundo aspecto especialmente relevante acerca de la similitud entre determinadas construcciones geométricas y las figuras gestálticas, es una cierta imposibilidad de (en ambos casos) la percepción simultánea de las configuraciones alternativas. Es decir, no podemos ver, simultáneamente, los triángulos ABH y AΓZ (en la figura 3), de un modo análogo a la imposible visión simultánea del perfil femenino juvenil o el rostro de la anciana (en la figura 2). Hay, en la demostración anterior, otro caso obvio de imposibilidad: resultan también incompatibles la percepción simultánea de los triángulos BZΓ y BΓH. Adviértase, sin embargo, que la oposición entre la percepción del triángulo ABΓ (y su "fondo" respectivo) y la de los triángulos BZΓ y BΓH, en términos fenomenológicos, no resulta igualmente dramática. Por lo tanto, quizá resulte atinado distinguir dos formas

---

[11] Véase Guillaume (1967), pág. 157.

de presentarse este fenómeno de ambigüedad perceptual: una forma *débil* (la primera oposición, asociada a la Fig 1) y una forma *fuerte* (la segunda oposición, asociada a la Fig. 2). Desde ya conviene retener, para la discusión presente, que ambas modalidades evidencian una dinámica de selección y de exclusión (más o menos dramática) de organizaciones figurales: es este el punto fundamental de la analogía apuntada. Podría incluso contestarse el matiz señalado y, no obstante, defenderse el punto de vista fundamental sustentado en estas observaciones. Pero ¿cómo se constituyen las diversas organizaciones figurales (geométricas) en el contexto de la demostración euclidiana?

*

En diversas contribuciones previas se ha insistido en la necesaria atención a la *interacción o cooperación visual-lingüística*, si se pretende entender la economía de aquellas demostraciones que combinan relevantemente (desde un punto de vista inferencial) componentes pertenecientes a ambos medios expresivos[12]. Tales demostraciones pueden denominarse *heterogéneas* – por contraste con el carácter homogéneo de las exclusivamente *lingüísticas*. [13] En el contexto heterogéneo, el fenómeno de ambigüedad perceptual (al igual que en los ejemplos gestálticos) puede producirse espontáneamente, pero también puede hacerse voluntariamente. Esta observación fue inicialmente apuntada en general por los psicólogos. Nuevamente, Guillaume nos recuerda (refiriéndose a los procesos de inversión de figura y fondo como el ejemplificado por la copa de Rubin)[14]:

> Frecuentemente la inversión de los papeles puede ser provocada voluntariamente; a veces se produce espontánea e inesperadamente

El aspecto interesante, desde el punto de vista presente, es que tales modificaciones de la organización figural pueden, por así decirse, "provocarse" intencionalmente. Entre los medios disponibles para ejecutar esta última operación se cuenta, por supuesto, con los recursos lingüísticos. Imagínese que pretendemos

---

[12] En Seoane (2003) se subraya el carácter "cooperante" de la representación diagramática respecto de la representación lingüística, siguiendo una observación de Vega Reñón (2001). Por supuesto, para el caso particular de la matemática griega, Netz es imprescindible – véase Netz (1999), por ejemplo, pp. 19-35, y, especialmente, el capítulo 5. Un uso de la cooperación visual-lingüística como clave interpretativa de ciertos rasgos de la demostración euclidiana puede leerse en Lassalle Casanave y Seoane (2016).

[13] El término "heterogéneo" es introducido por Barwise y Etchemendy para caracterizar precisamente el tipo de inferencia que combina componentes lingüísticos y visuales – véase especialmente Barwise y Etchemendy (1991). A este brillante trabajo inicial le sucedió un profuso y multifacético desarrollo lógico y filosófico. Una caracterización de demostración heterogénea puede encontrarse, por ejemplo, en Seoane (2016).

[14] Véase Guillaume (1967) pág. 158.

que alguien aprecie las dos estructuraciones posibles de la figura 2, pero nuestro interlocutor nos dice que ve apenas una (digamos: solo ve el perfil de la joven). Es perfectamente razonable que le dijéramos, por ejemplo, que observe el mentón de la joven como una nariz. Frecuentemente este tipo de acciones conducen exitosamente a la percepción de la imagen buscada. En este caso, la percepción del rostro de la anciana. Es decir, es posible inducir o provocar tales experiencias perceptuales vía lingüística. Por supuesto, este efecto puede lograrse en cualquiera de los dos tipos de ambigüedad arriba discriminados. Por ejemplo, podemos indicarle a nuestro interlocutor las claves para identificar una cierta figura que no se destaca suficientemente del fondo, como ocurre en el caso de esos juegos que proponen descubrir representaciones ocultas en un dibujo.

Ahora bien, ¿no actúa el texto euclidiano por momentos en forma similar? Por ejemplo, la identificación del triángulo ABΓ, en la demostración de arriba, es "estimulada" por el texto precedido por la **a**; podría entenderse así como un caso análogo a la intervención lingüística de la "ayuda" referida en el juego visual antes aludido. Otro ejemplo: se inducen las percepciones, respectivamente, de los triángulos AZΓ y AHB (en el pasaje que comienza en **b**) y de los triángulos BZΓ y ΓHB (en el pasaje que comienza en **c**). En ambos casos, las interacciones entre texto y dibujo evidencian (obviamente) la referida cooperación visual-lingüística; esta supone un rico entramado de los dos medios expresivos.

En general, el lenguaje "conduce" o "pauta" una secuencia de variaciones perceptuales, que se condicen con el desarrollo argumental o inferencial; es evidente que la eficacia de este proceder depende críticamente de la capacidad cognitiva de "oscilación" o "vaivén", por parte del descodificador, entre las diversas organizaciones figurales promovidas desde el texto. Más aún: imaginar nuevas y pertinentes configuraciones antes que hagan su emergencia en el texto forma parte aquí de la educación de la imaginación inferencial. Así parece indiscutible el valor, en la concepción y en la descodificación comprensiva de la prueba euclidiana, de esta capacidad de reconfiguración intencionada. Dicho de otra forma: la heurística demostrativa se encuentra directamente vinculada a esa propiedad estructural del diagrama (y, obviamente, a la habilidad o capacidad cognitiva asociada del agente).

Si se distinguen en la demostración entre una dimensión *estratégica* (compuesta precisamente por aquellos recursos representacionales e inferenciales puestos en obra) y una dimensión *expresiva* (definida por los medios comunicativos usados), entonces corresponde realzar la solidaridad entre ambos planos en la trama euclidiana[15]. Más específicamente: la imaginación estratégica involucrada en estas demostraciones exige los medios expresivos heterogéneos movilizados

---

[15] Acerca de las dimensiones estratégica y expresiva y su interrelación puede consultarse Seoane (2017).

y, consecuentemente, apela a la ambigüedad. Pero el punto más importante es que, al observar la dinámica de la justificación, dicha ambigüedad perceptual no parece resultar fácilmente prescindible. Por ejemplo, la demostración de cierto ángulo como igual a otro (por ejemplo: ABH a AΓZ) se encuentra vinculada a una cierta organización figural, la demostración de que "ciertas partes" (ángulos) de ellos son iguales se encuentra vinculada a otra organización figural (en el caso: los ángulos ΓBH, BΓZ) y, precisamente, estos datos (usando la Noción Común 3[16]) permiten arribar como conclusión a la igualdad de otros ángulos (en el caso: ABΓ es igual al ángulo AΓB) identificada a partir de una tercera organización figural. Es decir, la apelación, en momentos distintos, a configuraciones diversas y su utilización "combinada" parece poner en obra tal capacidad de "oscilación"; no resulta obvio cómo pueda desprenderse sin residuo este sofisticado ejercicio cognitivo del proceso inferencial mismo. Si el propósito es proveer una descripción satisfactoria de la práctica demostrativa euclidiana, no puede obviarse esta propiedad/capacidad y, en especial, la contribución de la misma al alto poder suasorio de la argumentación. La permanencia del "dibujo" (para usar la expresión de los versos de Simpson) permite vincular y explotar inferencialmente el *vínculo* entre las diversas organizaciones figurales; hace a la fuerza lógica de la argumentación[17]. En este caso, el recurso inferencial se apoya fundamentalmente en la relación parte-todo. Como es bien conocido, la información codificada visualmente contribuye en forma destacada cuando se trata de establecer tal tipo de relaciones[18].

*

Si se reflexiona sobre la prueba de la Prop. I,5 se advierte una ubicación diversa de los textos (en la trama argumental euclidiana) correspondientes a los dos tipos de ambigüedad perceptual. Mientras los casos de la ambigüedad perceptual fuerte se encuentran en la *demostración*, el caso de ambigüedad perceptual débil se sitúa en la *exposición* (para apelar a las conocidas denominaciones originadas en Proclo). Es decir, la ambigüedad perceptual fuerte (podría sospecharse) se vincula directamente con la deriva inferencial: si hay inferencia diagramática, hay oscilación perceptual fuerte. Ahora bien, ¿es necesaria esta articulación entre ambigüedad perceptual fuerte y movimiento inferencial?

---

[16]Como es bien conocido, las relaciones entre magnitudes no son pensadas en este contexto como tiende a hacerlo el lector contemporáneo en términos numéricos, sino como relaciones entre áreas – véase, al respecto, por ejemplo, Hartshorne (2000).

[17]Macbeth lo señala acertadamente así: "The cogency of the reasoning clearly requires both perspectives" (Macbeth (2010), pág. 253).

[18]Manders distingue brillantemente entre información exacta y co-exacta (Manders (1995) y (2008). Solo esta última es legítimamente aportada a los efectos inferenciales por el diagrama. Las relaciones parte-todo pertenecen a dicha categoría. Véase, por ejemplo, Manders (2008) pág. 69.

La respuesta es: no. La "oscilación" o "vaivén" puede suceder entre organizaciones figurales que no poseen la aquí denominada "ambigüedad perceptual fuerte". Por ejemplo, considérese la demostración de I,9

Dividir en dos partes iguales un ángulo rectilíneo dado.

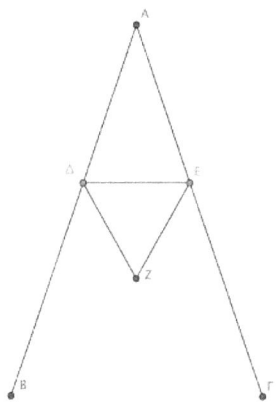

Figura 4

Sea BAΓ el ángulo rectilíneo dado.

Así pues hay que dividirlo en dos partes iguales.

Tómese al azar un punto Δ en la recta AB y quítese de AΓ la recta AE igual a AΔ [I,3] y trácese ΔE, y constrúyase sobre ΔE el triángulo equilátero ΔEZ, y trácese AZ.

Digo que el ángulo BAΓ ha sido dividido en dos partes iguales por la recta AZ.

Pues como la (recta) AΔ es igual a la (recta) AE y AZ es común, las dos (rectas) ΔA, AZ son iguales respectivamente a las dos (rectas) EA, AZ. Y la base ΔZ es igual a la base EZ; por tanto, el ángulo ΔAZ es igual al ángulo EAZ [I,8]. Q.E.F.

Por consiguiente, el ángulo rectilíneo dado BAΓ ha sido dividido en dos partes iguales por la recta AZ.

En este caso, se apela inferencialmente a la relación parte-todo y la argumentación se apoya en información codificada visualmente. Sin embargo, la secuencia de organizaciones figurales no supone que estas posean una incompatibilidad o imposibilidad radical de experimentación simultánea. Por así decirlo: no resultan casos del tipo ejemplificado paradigmáticamente por la Fig.2. Pero, aunque no existe tal incompatibilidad experiencial extrema forzada por la imagen, es evidente que hay una suerte de privilegio contextualmente excluyente por parte de aquella "parte" seleccionada como figura, respecto al "fondo" respectivo. En los hechos, más allá de la eventual posibilidad de apreciar otras organizaciones figurales simultáneamente, en el contexto de la demostración, la percepción se concentra exclusivamente en aquello que el texto propone como figura, trayéndolo "a primer plano", "iluminándolo" en forma exclusiva. En tal sentido, aunque creemos pueden diferenciarse, desde el punto de vista fenomenológico, aquellos dos tipos de situaciones arriba mencionadas, desde el punto de vista de la dinámica demostrativa ambas formas ocurren eficientemente. Es decir que, en sus dos variantes, la ambigüedad perceptual puede intervenir relevantemente en la *demostración*.

*

Una convicción metodológica general (como ha sido dicho antes) inspira las páginas antecedentes: descifrar la economía de la demostración heterogénea requiere dirigir la atención no exclusivamente al papel de las imágenes, insularmente, sino a las formas de complicidad visual-lingüística concernidas, incluidos diversos fenómenos de contaminación o mutua determinación de los medios expresivos en obra[19]. Esta sensibilidad alienta la atención hacia ciertos rasgos estilísticos o expresivos sutiles. Manders, por ejemplo, apunta[20]:

> When in I,1, for example, we have said "let AB be the given straight segment" , we have not thereby admitted further features or diagrams elements such as a circle with center A and radius AB; only a later demonstration step admits it. That a diagram for the entire demonstration may already be present detracts from this no more than that subsequent claims of the demonstration text are already on the page detracts from the fact at a given step in the proof, only claims up to that point are avaliable as premises. The linear structure of text allows one to track how far the process of taking responsability has progressed; including how much of the diagram is current.

Este filósofo llama la atención sobre un efecto peculiar de la acción del texto sobre el diagrama: el primero "fuerza" una lectura secuencial del último. Podría decirse, en un sentido razonablemente preciso, que hay una suerte de violencia ejercida sobre la figura por parte del texto. El modo natural de percibir la misma es más bien global, continuo, no secuenciado. Si no la vemos así es por obra de la injerencia lingüística. La "domesticación" de la percepción diagramática, resultado de la imposición de la economía propia de la descodificación lingüística, produce una especie de aprendizaje, emergiendo de este modo un novedoso

---

[19]Foucault, en el análisis de una célebre serie de obras de Magritte, apuntó a tal fenómeno (véase Foucault (1973)). Una situación similar se sugiere que ocurre frecuentemente en el caso de la demostración heterogénea (Seoane (2013)).

[20]Véase Manders (2008), pp. 68-69.

trato con la imagen. Muchas veces son dificultades en el ejercicio de aquella capacidad o habilidad cognitiva de mudanza o variación organizacional, un factor que dificulta la comprensión adecuada del hilo de la demostración.

Pero esta descripción atiende apenas a una dirección del vínculo: el impacto del lenguaje sobre la imagen. La otra cara de la moneda es cómo se comporta el diagrama, es decir, cómo determina las posibilidades o los márgenes de acción del lenguaje – no en términos generales, sino específicamente en el uso inferencial particular. Las reflexiones anteriores parecen respaldar la idea siguiente: *la ambigüedad perceptual del diagrama es, precisamente, condición del éxito de aquellas operaciones lingüísticas orientadas a secuenciar (de modo inferencialmente relevante) la imagen.* Este aspecto podría resultar quizá no tan evidente si se pensara solo en los casos de ambigüedad en el sentido débil, pero se torna especialmente manifiesto cuando se toman en cuenta aquellos casos de ambigüedad en el sentido fuerte. En estos últimos, ¿cómo podría "secuenciar" el texto, sin la complicidad del dibujo? Luego la descripción de la cooperación visual-lingüística (cuando se focaliza sobre la dimensión inferencial en la demostración euclidiana) debe contemplar ambos papeles: el papel del lenguaje proponiendo la secuencialidad de apropiación del diagrama y (quizá, según los casos, en diferente grado) el papel del diagrama aportando la ambigüedad perceptual que hace posible aquella operación. La contribución de tal ambigüedad (entendida en un sentido amplio) aparece así realzada, a la vez que su consideración ayuda a comprender aspectos delicados de la trama demostrativa examinada.

Resta aún referir a un aspecto digno de atención sobre la interacción visual-lingüística en estos casos de ambigüedad perceptual. Si bien es cierto, el "acatamiento" de la percepción de la figura al régimen secuencial lingüístico, tal sumisión no es absoluta. Aunque es certera la observación de Manders, desde el punto de vista de la descripción de la dinámica justificacional, la imagen como totalidad no se desvanece. Más: podría decirse que, como tal, sugiere o inspira alternativas futuras. Cuando el lector la abandona para retornar al texto, bien puede hacerlo con la expectativa de encontrar en este ciertas secuencias lingüísticas. La lectura así tampoco resulta inmune a la peculiaridad visual. Por supuesto, esta dinámica, aunque fuertemente asociada a la economía justificacional, no puede reducirse a ella. La dinámica "visual" reglada por la economía de la demostración es solo parte de la historia; en los hechos, hay una dinámica "visual" propia de los avatares de la comprensión y de la heurística que acompaña (ya en armonía, ya en contrapunto) fecundamente a la primera.

Si se entiende el esfuerzo euclidiano como *práctica matemática* (tal cual lo hacen, por ejemplo, Manders y Ferreirós) cabría distinguir en su descripción, siguiendo a este último, aspectos vinculados al "marco" – es decir: a los elementos expresivos y conceptuales que, parcialmente, la caracterizan – y aspectos vinculados al "agente" – es decir: a los "practicantes".[21] La discusión de la ambigüedad perceptual en las páginas precedentes ha atendido, alternativamente, a ambos aspectos: considerándola, a veces, como *propiedad* del diagrama y, a veces, como *capacidad* o *habilidad* del agente. Manders recuerda que "intellectual practices harness our abilities to *engage* their artifacts, as I will call it: to produce, preserve, and respond to artifacts in controlled ways"[22]. La ambigüedad perceptual ofrece luego una ilustración transparente de esta importante idea.

Referencias

[1] Euclid (2015) The Thirteen Books of Elements, Translation with introduction and commentary by Sir Thomas l. Heath, Vol. 1, New York, Dover Publications.

[2] Euclides (2000) Elementos (Libros I-IV), traducción de e introducción y notas de Luis Vega Reñón, Gredos, España.

[3] Feferman, S. (2012), *And so on ...: reasoning with infinite diagrams,* Synthese, 186, pp.271-386.

[4] Ferreirós, J. (2016) Mathematical Knowledge and the Interplay of Practices, Princeton, Princeton University Press.

[5] Fló, J. (1989) Imagen, ícono, ilusión, Montevideo, Universidad de la República FHC.

[6] Foucault, M. (1973) Ceci n´est pas une pipe, Paris, Fata Morgana.

[7] Gombrich, E. H. (1961) Art and Illusion, Princeton, Princeton University Press.

[8] Guillaume, P. (1967) Manual de Psicología, Buenos Aires, Editorial Paidós.

[9] Hartshorne, R. (2000) Geometry: Euclid and Beyond, New York, Springer.

[10] Kulvicki, J. V. (2014) Images, Londres-New York, Routdlege.

[11] Lassalle Casanave, A. y Seoane, J. (2016) Las demostraciones por absurdo y la Noción Común 5, en Caorsi, E., Sautter, F. y Navia, R. (eds.) *Significado y Negación. Escritos lógicos, semánticos y epistemológicos*, Montevideo.

---

[21]Por el recurso al par marco/agente como caracterización parcial de la práctica matemática véase Ferreirós (2016), especialmente el Capítulo 3.

[22]Véase Manders (1995), pág. 80.

[12] Macbeth, Danielle (2010) *Diagrammatic reasoning in Euclid's Elements*, in Bart Van Kerkhove, Jonas De Vuyst, and Jean Paul Van Bendegem, eds, *Philosophical Perspectives on Mathematical Practice*, pp. 235–267. Texts in Philosophy; 12. London: College Publications.

[13] Manders (1995) *The Euclidean Diagram*, in Mancosu (2008), pp. 80-133.

[14] Manders (2008) *Diagram-Based Geometric Practice*, in Mancosu (2008), pp. 65-79.

[15] Mancosu, P. (ed.) (2008) The philosophy of mathematical practice, New York, Oxford University Press.

[16] Moretti, A., Orlando, E., Stigol, N. (eds.) (2016) A medio siglo de *Formas lógicas: realidad y significado* de THOMAS MORO SIMPSON, Buenos Aires, Eudeba-SADAF.

[17] Netz, D. (1999) The Shaping of Deduction in Greek Mathematics: A Study in Cognitive History, Cambridge, Cambridge University Press.

[18] Seoane, J. (2003) Intuiciones y formalismos, tesis de doctorado, Universidad Nacional de Córdoba, Argentina.

[19] Seoane (2013) *Tramas heterogéneas: demostraciones y pinturas*, in **Livro de Resumos**, XVII Congresso da Sociedade Interamericana de Filosofia, Salvador de Bahia, Quarteto Editora, pág. 291.

[20] Seoane, J (2016) *Demostraciones heterogéneas: repensando las preguntas*, **Representaciones**, Vol. 12, Nro. 2: 87-108.

[21] Seoane, J. (2017) *¿Cuándo una demostración es más perspicua que otra?*, **Principia**, Vol. 21, Nro. 3: 427-444.

[22] Vega Reñón, L. (2001) *El rigor informal de las pruebas matemáticas clásicas*, en Vega Reñón, L. Rada García, E., Mas Torres, S. (eds.) Del pensar y su memoria (Ensayos en homenaje al prof. Emilio Lledó), UNED: 673-695.

[23] Wittgenstein, L. (1988) Investigaciones filosóficas (edición bilingüe) Traducción castellana de Alfonso García Suárez y Ulises Moulines, Barcelona, Instituto de Investigaciones Filosóficas-UNAM/Crítica.

[24] Wollheim, R. (1974) On Art and the Mind, Cambridge, Harvard University Press.

Capítulo 25

Geometria e movimento. Alberto Magno e a recepção de Al-Nayrizi

Marco Aurelio Oliveira da SILVA

Abel é um querido amigo que ganhei ao chegar em Salvador em 2011. Trabalhando com Filosofia Medieval, no intervalo de alguma aula na UFBA, tive dele a notícia da existência de um comentário medieval a Euclides, de Alberto Magno, mestre do filósofo que até então eu pesquisava, Tomás de Aquino. Assim, para festejar o aniversário de Abel, apresento aqui algumas notas sobre o que tenho pesquisado desde então.

Em 1999, Paolo Mancosu tratou da relação entre filosofia da matemática e prática matemática no século XVII. Dentre seus arrazoados, observa-se a consideração de que a relação entre movimento e matemática não apresenta uma continuidade que possa ser remontada até a Antiguidade. Embora se possa observar referências a definições matemáticas genéticas em Arquimedes, pareceria haver uma grande lacuna histórica até o século XVII. Neste sentido, o paradigma de relação entre movimento e matemática seria Isaac Barrow (1630-1677), particularmente na obra *Leituras Geométricas* (1670), que salientava o papel do movimento local para a produção de magnitudes[1].

Pode-se, contudo, apontar na figura de Boécio o responsável pelo dogma de que matemática e movimento são excludentes. Sabe-se que ele teria traduzido os dois primeiros livros de Euclides[2], embora as traduções que circularam com seu nome sejam apócrifas. No entanto, um fato histórico não pouco relevante

---

[1] Cf. MANCOSU, 1999, p. 96.

[2] A *Patrologia Latina* editada por J-P Migne atribui erroneamente duas traduções a Boécio (cf. volume 64). Contudo, as pesquisas atuais apontam que as traduções feitas pelo filósofo romano estariam perdidas (cf. BUSARD, 1998, p. 98).

deve ser assinalado: essas traduções de Pseudo-Boécio atribuíram os *Elementos* a Euclides de Megara, discípulo de Sócrates e contemporâneo de Platão.

Mas, mesmo nos textos autorais de Boécio, pode-se observar esta crítica ao papel do movimento na matemática. Seguindo a distinção entre as três ciências especulativas aristotélicas, distingue Física de Matemática em função de prescindir ou não do movimento[3].

Em contrapartida, na tradição de língua grega, já no contexto Bizantino, Proclo data Euclides como contemporâneo do Faraó Ptolomeu II, com quem Euclides teria travado um diálogo sobre a inexistência de um modo mais fácil (real) de aprender Geometria. Portanto, Euclides não teria vivido na Atenas de Sócrates, mas na Alexandria entre meados dos séculos IV e III a.C.

Apenas no século XII, começará um trabalho de tradução mais intenso da ciência grega para a língua latina, e isso se deve à retomada cristã da Península Ibérica, então dominada por muçulmanos, que possuíam uma vasta cultura filosófica e científica em língua árabe. E esse processo histórico foi marcante para a recepção de Euclides no mundo latino.

No século XIII, circulavam várias traduções feitas de material matemático a partir do árabe, sejam traduções indiretas de autores gregos antigos vertidos ao árabe, como Euclides, Ptolomeu e Arquimedes, sejam as traduções de trabalhos realizados por árabes, como Al-Khwarizmi e Thabit ibn Qurra. Este trabalho de tradução havia começado com tradutores do século XII, como Adelard de Bath, Robert de Chester e Gerard de Cremona[4].

Al-Nayrizi, matemático persa que viveu entre os séculos IX e X, teve uma importância na circulação das obras de geometria na primeira metade do século XIII. Além de Alberto Magno, Roger Bacon também produziu um comentário aos *Elementos*[5], que também foi influenciado pelo matemático persa. Contudo, deve-se a Alberto, por conta de seu espírito enciclopédico e sintetizador de doutrinas diversas, a tentativa de conciliar a prática matemática euclidiana pela ótica de Al-Nayrizi com a recepção da filosofia natural de Aristóteles.

Ademais, há no pensamento de Alberto uma clara inter-relação entre o seu comentário a Euclides e seu comentário aos *Analíticos Posteriores*[6], o que nos permite indagar o modo como Alberto pensa a relação entre a prática matemática euclidiana e o modelo de demonstração científico proposto por Aristóteles. Não bastasse isso, a referência a Euclides é constante em inúmeras obras em que

---

[3]Cf. BOETHIUS et al., 1918, p. 8 [*PL* 64, 1250A-1250B] Pois, como são três as partes [das ciências] especulativas, a natural, que está no movimento e não é separada;(...)a **matemática**, que não está no movimento e não é separada;(...) teológica, que é separada e distinta.(*abstracta atque separabilis*)

[4]Cf. LORCH, 2001.

[5]Cf. FOLKERTS, 1989; Cf. tb. BUSARD, 1974.

[6]Cf. *Super I Euclidem*, teorema 20. (ed. Colon. XXXIX, 2014 p. 27).

Alberto comenta Aristóteles[7].

Como todo autor medieval de língua latina, Alberto considerava erroneamente Euclides como contemporâneo de Sócrates, como se fosse o Euclides de Megara, e não o Euclides de Alexandria. Podemos conjecturar que Alberto tenha pensado que Aristóteles tinha nos *Elementos* que chegaram ao nosso tempo como o modelo de prática geométrica para a sua teoria filosófica. Sabemos que Euclides floresceu pelo menos duas décadas depois que Aristóteles já havia morrido. Mas este erro histórico pode ajudar a jogar luz a uma dificuldade filosófica. Como um modelo silogístico aristotélico poderia ser compatível com a prática euclidiana fortemente dependente da parte diagramática da prova? O próprio Alberto percebe o papel relevante do diagrama no contexto da atividade matemática[8], chegando a relacionar demonstrações matemáticas aristotélicas com o texto euclidiano. Contudo, embora não tenha apresentado uma discussão mais aprofundada sobre a relação entre silogística aristotélica e o uso euclidiano de diagramas, vale salientar o papel que Alberto empresta ao movimento na sua compreensão da prática matemática.

Vejamos, por exemplo, o comentário de Alberto ao primeiro problema de Euclides, I.1:

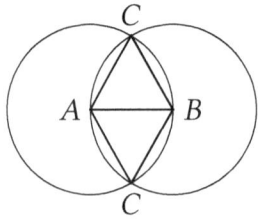

> Seja a linha reta AB. Ademais, através do terceiro postulado, coloco o pé imóvel do compasso em A e traço um círculo de acordo com a quantidade AB. Então, através do mesmo postulado, coloco o pé imóvel do compasso em B e, com a quantidade da mesma linha, traço outro círculo. Seja C o ponto de intersecção entre os círculos. Então, através do primeiro postulado, conecto A com C e do mesmo modo B com C. Digo então que o triângulo ABC é equilátero[9].

Nesta passagem do texto, podemos observar uma prática alheia ao esperado na Idade Média latina: a referência ao compasso na etapa de construção da prova. Ou seja, o comentador salienta a importância do movimento como etapa da prova. Na mesma obra, ainda no prólogo, observa-se várias referência ao movimento,

---

[7]Por exemplo, cf. V *De Caelo et Mundo*, II.3 (ed. Colon. V, 1971, p. 131); cf. tb "De Lineis Indivisibilibus", c. 3 (ed. Colon. XXVII, 1993, p. 505).

[8]Cf. ALBERTUS MAGNUS, III *Metaphysica*, II.4 (ed. Colon. XVI, 1960, p. 119).

[9]*Super Euclidem*, I.1 (ed. Col, XXXIX, p. 14).

não apenas no contexto demonstrativo, mas também na admissão de definições genéticas.

Ao se referir à definição de linha reta, Alberto cita várias definições que ele atribui a Euclides, Assamites (=Arquimedes), Platão e Yrinus (=Heron de Alexandria). Este último apresentaria uma bem interessante: "uma linha reta é a que, havendo rotação em suas extremidades, não é movida do mesmo lugar"[10].

A recepção de Euclides converge na admissão de que linhas são finitas, mas fazem a devida distinção entre linhas retas e curvas. Deste modo, considerando a definição que Alberto atribui a Yrinus, podemos observar o seguinte:

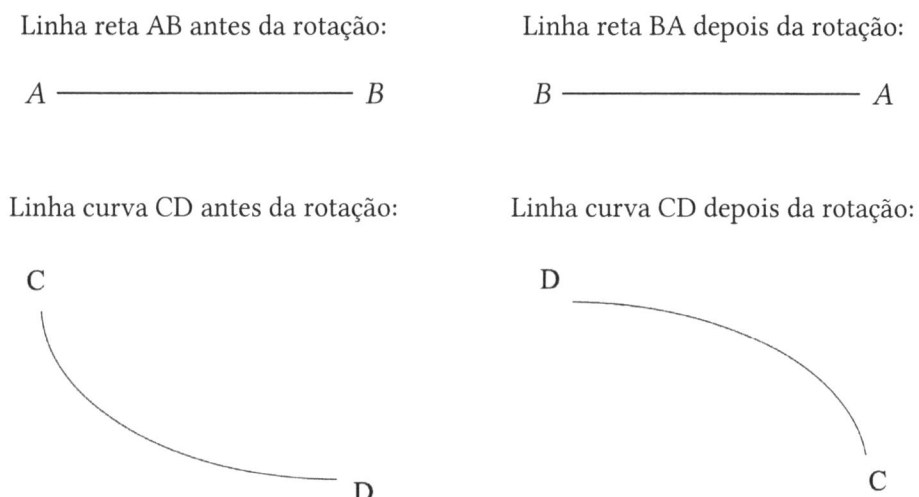

A noção de movimento está tão permeada no texto que Alberto adota uma ontologia geral para os objetos matemáticos, seguindo Al-Nayrizi, de modo a considerar que o movimento do ponto produz a linha; o movimento da linha produz o plano e o movimento do plano produz o sólido ou o corpo[11].

Antes da descoberta do *Comentário aos Elementos de Euclides*, a postura adotada pela literatura especializada para investigar a filosofia da matemática de Alberto perpassava sua discussão com seus contemporâneos vinculados à universidade de Oxford. A expressão latina *error platonis* (o erro de Platão), comum na obra albetina, se refere a autores que admitiram uma ontologia na qual os objetos matemáticos existiriam incorporados com os elementos sensíveis. Na Idade Média, era usual a admissão de que os objetos naturais teriam tais princípios matemáticos[12]. Como costume da época, Alberto não nomeava seus contemporâneos, de modo que se pode aceitar a conjectura proposta por Weisheipl (1958) de que

---

[10]Cf. ALBERTUS MAGNUS, *Super Euclidem*, I. df.3 (ed. Col, XXXIX, p. 4).
[11]Cf. ALBERTUS MAGNUS, *Super Euclidem*, pr. (ed. Col, XXXIX, p. 2).
[12]Cf. WEISHEIPL, 1958 p.130-131.

tais autores criticados seriam Roberto Grosseteste, Roberto Kilwardby e Roger Bacon. São três figuras notáveis. Roberto Grosseteste traduziu o tratado *Das Linhas Indivisíveis*, atribuído erroneamente a Aristóteles, que seria comentado por Alberto no contexto do comentário à *Física* de Aristóteles. Roberto Kilwardby escreveu um importante tratado sobre a classificação das ciências (*De Ortu Scientiarum*), além de um comentário aos *Segundos Analíticos*. Roger Bacon, por sua vez, além de uma obra densa sobre Matemática, a *Communia Mathematica*, provavelmente é o autor de um comentário aos *Elementos* de Euclides antes atribuído a Adelard de Bath[13].

Coincidentemente, os trabalhos de Geyer (1958), descrevendo o manuscrito Dominikanerkloster 80/45[14], e de Weisheipl (1958), propondo a designação "Platonismo de Oxford", são do mesmo ano. Mas ambos seguiram caminhos distintos. Geyer centrava-se em descrever o manuscrito, deixando a investigação do restante do *Corpus* de Alberto apenas como evidência indireta para a determinação de autenticidade[15]. Em contrapartida, Weisheipl estava mais preocupado em determinar quem são os autores taxados de platônicos por Alberto e, por sua vez, não fez qualquer referência ao *Comentário* a Euclides.

Posteriormente, Molland (1980), outro historiador da filosofia da matemática, repete o procedimento de Weisheipl, abordando sistematicamente os comentários de Alberto a Aristóteles, de um lado, e ignorando o comentário de Alberto aos *Elementos* de Euclides, por outro lado. Por isso, tenho proposto[16] um caminho intermediário, superando a discussão sobre a autenticidade do texto, admitindo como de autoria de Alberto, de modo a poder abordar como ele entende questões de filosofia da matemática seja ao comentar Euclides seja ao comentar Aristóteles. Assim, Alberto Magno está em uma posição histórica singular, pois está no início da confluência entre a prática geométrica latina e árabe na Europa de língua latina.

Deste modo, mesmo nos comentários a Aristóteles, pode-se perceber uma preocupação de Alberto de relacionar matemática e movimento. Ao comentar a *Physica*, afirma:

---

[13] CF. BUSARD, 1974.

[14] Manuscrito que contém o único testemunho conhecido do *Comentário aos Elementos de Euclides* de Alberto.

[15] Do ponto de vista paleográfico e codicológico, trata-se do procedimento correto de trabalho. Pois não se pode colocar a definição de autenticidade a serviço de uma determinada interpretação das obras do autor. Deve-se observar que a maioria dos historiadores concedem como autêntico o manuscrito Viena Dominikanerkloster, 80/45, que contém os quatro primeiros livros do comentário de Alberto aos *Elementos* de Euclides. Entres tais defensores encontram-se Geyer (1958), Hossfeld (1982), Anzulewicz (1999) e Bello (2013); da mesma opinião é o editor da obra em 2014, Paul Tummers. Todavia, uma importante voz dissonante quanto à autoria de Alberto Magno é o historiador da geometria Busard (2001).

[16] Cf. SILVA, 2017

os matemáticos não precisam de uma magnitude infinita em ato na sua ciência, pois não apreendem a quantidade de acordo com a existência desta, mas de acordo com a imaginação, e procedem de acordo com o poder da imaginação de compor figuras e ângulos, e não de acordo com uma propriedade da coisa imaginada[17].

Neste sentido, Alberto considera a prática geométrica como dependente de uma construção na imaginação[18]. Aqui existe um ponto ainda a ser investigado do ponto de vista historiográfico. Pois o termo "imaginação", no contexto em que aborda discussões matemáticas, Alberto o usa em um sentido muito próximo ao da prática matemática da Antiguidade Tardia, como por exemplo em Proclo. Contudo, não houve tradução latina medieval do Comentário de Proclo aos *Elementos*, de modo que não se pode admitir que Alberto tivesse conhecido esta obra. Por outro lado, um autor da Antiguidade Tardia mencionado por Alberto no comentário a Euclides é Simplício, através do nome arabizado Sambelychius. Outros matemáticos gregos são citados, como Arquimedes e Heron de Alexandria, através, respectivamente, dos nomes arabizados Assamites e Yrinus. Por isso, há ainda um grande percurso historiográfico a ser empreendido para uma melhor elucidação da recepção de teses neoplatônicas na primeira metade do século XIII. Isso não é um problema apenas de recepção de questões matemáticas, mas de recepção textual em geral.

Outra questão importante do ponto de vista da influência do movimento na prática matemática é a rejeição de entidades infinitas, particularmente de linhas infinitas em ato. Ora, o geômetra pode fazer seu trabalho apenas admitindo o infinito em potência. Alberto relaciona isso com a física, admitindo que o mundo não é infinito. Para isso, faz uma relação entre Aristóteles e um famoso postulado de Euclides, o de que se pode prolongar uma reta o quanto possível para fins demonstrativos. Por óbvio, isso requer uma concepção adequada da construção diagramática de modo a explicar a natureza de uma prova matemática. No comentário à *Física*, vemos referência de Alberto à atividade da imaginação na prática geométrica, referindo-se aí ao próprio Euclides (livro 1, petição 2), quando trata de traçar o círculo[19]. Pode-se observar que Alberto não supõe que as entidades matemáticas existam na natureza, mas as toma como construções imaginativas. Alberto é levado a concluir que o infinito matemático é uma construção na imaginação. Portanto, há uma clara concepção do movimento na matemática como algo que ocorre na imaginação.

---

[17] III *Physica*; II.17 (ed. Col, IV, p. 197).
[18] Cf. MOLLAND, 1980, p. 478. Tummers explicita como Alberto se refere ao movimento na imaginação para a construção dos três objetos geométricos considerados por Alfarabi: a linha, a superfície e o plano (Cf. TUMMERS, 1980, p. 484.).
[19] Cf. III *Physica*, II.3 (ed. Colon. IV, 1993, p. 174).

Podemos estabelecer uma analogia com a histórica da lógica. No mundo latino, é comum admitir uma Lógica Velha (*Logica Vetus*) e uma Lógica Nova (*Logica Nova*), cujo traço distintivo é a recepção de tratados de Aristóteles até então desconhecidos, uma vez que havia apenas as traduções de Boécio às *Categorias*, ao *De Interpretatione* e aos *Primeiros Analíticos*. No mesmo sentido, este trabalho pôde observar algo semelhante com relação à Geometria: a *Geometria Vetus* baseava-se nas traduções dos dois primeiros livros de Euclides, então atribuídas a Boécio, mas a *Geometria Nova* decorre da recepção de várias traduções de todos os livros de Euclides, inicialmente através de traduções triangulares via árabe, além do importante papel exercido por Al-Nayrizi, conhecido em latim como Araritius.

Referências Bibliográficas

[1] ALBERTUS MAGNUS. Opera Omnia, ed. Borgnet. Paris: Vivès, 1890.

[2] ALBERTUS MAGNUS. Opera Omnia, ed. Colon. Münster i. Westfalen: Aschendorff, 1960-2014.

[3] ANARITIUS; TUMMERS, P.M.J.E. *The Latin translation of Anaritius' Commentary on Euclid's elements of geometry, books I-IV*. Nijmegen: Ingenium Publ., 1994.

[4] ANZULEWICZ, Henryk. Neuere Forschung zu Albertus Magnus: Bestandsaufnahme und Problemstellungen. *Recherches de théologie et philosophie médiévales*, v. 66, n. 1, p. 163-206, 1999.

[5] BELLO, A. Albert the Great and Mathematics. In: I. Resnick (ed.) *A companion to Albert the Great. Theology, Philosophy and the Sciences*. Leiden-Boston: Brill, p. 381-396, 2013.

[6] BOETHIUS; STEWART, H. F.; RAND, E. K. *Boethius: The Theological Tractates*. New York: G.P. Putnam's Sons, 1918.

[7] BUSARD, H.L.L. Über den lateinischen Euklid im Mittelalter. *Arabic sciences and philosophy*, v. 8, n. 1, p. 97-129, 1998.

[8] BUSARD, H. L.L. Ein mittelalterlicher Euklid-Kommentar, der Roger Bacon zugeschrieben werden kann. *Archives Internationales d'Histoire des Sciences*, v. 24, p. 199-218, 1974.

[9] BUSARD, H. L. L. Some Thirteenth Century Redactions of Euclid's Elements, with Special Emphasis on the Books IV. *Archives Internationales d'Histoire des Sciences*, v. 51, n. 147, p. 225-256, 2001.

[10] FOLKERTS, Menso. *Euclid in medieval Europe*. Winnipeg: Benjamin catalogue, 1989.

[11] GEYER, Bernhard. Die mathematischen Schriften des Albertus Magnus. *Angelicum*, v. 35, n. 2, p. 159-175, 1958.

[12] HOSSFELD, Paul. Zum Euklidkommentar des Albertus Magnus. *Archivum Fratrum Praedicatorum*, Roma, v. 52, p. 115-133, 1982.

[13] LORCH, R. Greek-Arabic-Latin: The transmission of mathematical texts in the Middle Ages. *Science in Context*, v. 14, n. 1-2, p. 313-331, 2001.

[14] MANCOSU, Paolo. *Philosophy of mathematics and mathematical practice in the seventeenth century*. Oxford: Oxford University Press on Demand, 1999.

[15] MOLLAND, A. G. Mathematics in the thought of Albert Magnus. In: J. Weisheipl (ed.) *Albertus Magnus and the Sciences. Commemorative Essays*, p. 463-478, 1980.

[16] SILVA, M.A.O. Albert the Great on Mathematical Quantities. *Revista Portuguesa de Filosofia*, v. 73, n. 3/4, p. 1191-1202, 2017.

[17] TUMMERS, P.M.J.E. The commentary of Albert on Euclid's Elements of geometry. In: J. Weisheipl (ed.) *Albertus Magnus and the sciences: Commemorative essays*, p. 479-499, 1980.

[18] WEISHEIPL, J. A. Albertus Magnus and the Oxford Platonists. In: *Proceedings of the American Catholic Philosophical Association*. p. 124-139, 1958.

Capítulo 26

Notas sobre a resolução de problemas e a possibilidade de revisão da lógica

Marcos SILVA

> "Our understanding, in its actions, is connected to rules that we can investigate."
>
> Kant, *Jäsche's Logic*

Não é controverso defender que matemática e método são intimamente articulados em vários autores de diferentes tradições na filosofia. Lassalle Casanave (2019) mostra que a concepção de conhecimento matemático em Kant também apresenta esta conexão com método. Lassalle Casanave argumenta que conhecimento matemático como conhecimento racional pela construção de conceitos deveria ser caracterizado como conhecimento pela resolução de problemas, isto é, como um conjunto de procedimentos para a construção de relações conceituais imersas em regras. Esta tese pode ser dividida em ao menos duas partes: primeiramente, na resolução de problemas pela construção ostensiva, como na geometria, e também, na resolução de problemas pela construção simbólica como na álgebra. Lassalle Casanave (2019) sugere que há uma tensão pervasiva na filosofia da matemática de Kant: por um lado, existe uma leitura conectando-a a uma visão, digamos, mais intelectualista da geometria, por exemplo, sem diagramas, mas com provas baseadas na silogística aristotélica. E por outro lado, uma leitura mais procedimental baseada na centralidade conceitual da construção, visualização e diagramas. Acredito que esta tensão já está de certo modo retratada em Lassalle Casanave (2006), onde o autor investiga a distinção entre demonstração e cálculo. Neste texto, Lassalle Casanave já associa a demonstração à verdade e à preservação de verdade enquanto identifica cálculo com uma esfera normativa envolvendo regras e procedimentos autorizados. Parece ser uma tese de

Lassalle Casanave, que nos remete indiretamente à denúncia da falácia naturalista apresentada por Hume, que não há redução possível da esfera normativa ou prescritiva à esfera, por assim dizer, descritiva. Em outras palavras, oferece um diagnóstico negativo em relação à possibilidade da redução de uma abordagem do conhecimento matemático vinculado à noção de cálculo, exemplificando um conjunto de regras de manuseio de símbolos, a uma abordagem por demonstrações de verdades matemáticas, ou mesmo a redução de uma estratégia mais retórica a elementos puramente formalistas. Estas tensões parecem desembocar na defesa de elementos retóricos e sociais na interpretação de provas geométricas como entimemas em Lassalle Casanave (2008) e Lassalle Casanave e Panza (2018).

Nestas breves notas gostaria de aplicar algumas ideias de Lassalle Casanave ao âmbito da lógica, especialmente para se entender a possibilidade de revisão de princípios lógicos a partir da tese de que lógica também deveria ser pensada na matriz normativa de procedimentos para a resolução de problemas e menos acerca do estabelecimento de verdades acerca de domínios abstratos independentes. Inspirados nos trabalhos de Lassalle Casanave, acredito, poderíamos estender sua leitura de Kant e suas ideias sobre a normatividade da matemática também para a lógica.

Nestas notas, apresento uma primeira tentativa de estender a tese de Lassalle Casanave sobre o conhecimento matemático e a construtividade de conceitos como um conjunto de autorizações às discussões filosóficas contemporâneas acerca da natureza da lógica. Acredito que problemas contemporâneos sobre revisão da lógica poderiam ser enriquecidos significativamente pelas suas propostas. Por exemplo, é importante notar que Lassalle Casanave (2006, 2008, 2019) oferece uma leitura normativa de teorias da matemática a partir de instruções e prescrições de como se proceder. O autor identifica conhecimento matemático com um conjunto de autorizações que definem nossos conceitos ao limitar o campo de manobra de atividades, ao enfatizar a partir da absorção e do domínio de algumas práticas regradas a importância de algumas competências e habilidades dos interlocutores. Nesta concepção retórica de prova, a teoria matemática deveria ser tomada como um sistema de autorizações relacionadas a uma noção de prova dependente de uma audiência, uma vez que teoremas poderiam ser pensados como problemas a serem resolvidos no contexto de uma comunidade de matemáticos com determinado conjunto de competências e pano de fundo compartilhado. Desta forma, resolver um enigma matemático seria menos a respeito da descoberta de alguma verdade relacionada ao mundo, mas sobre o estabelecimento do conhecimento procedimental do que extrair de definições iniciais que restringem normativamente um conjunto de atividades possíveis, enquanto elas definem um conjunto de regras a serem seguidas.

Contudo, podemos nos perguntar: em que medida as noções de método, normatividade e construtividade baseados na ideia de resolução de problemas podem ser aplicadas a discussões contemporâneas sobre a possibilidade de revisar princípios lógicos? Da leitura de Lassalle Casanave faz de Kant e de suas ideias acerca da normatividade da matemática, e inspirado em alguns temas neopragmatistas como encontrados em Wittgenstein (1969), Fogelin (1985), Brandom (1994, 2000) e Pereira (2006), gostaria de enfatizar a dimensão normativa e social de métodos lógicos. Como consequência, a natureza do raciocínio lógico deveria ser primariamente entendida também em termos de procedimentos de resolução pública de problemas e não em termos de quaisquer processos mentais e internos especiais e tampouco de entidades abstratas independentes e causalmente inertes. A lógica formal torna explícito, a partir de regras de inferências, uma lógica subjacente baseada em nossas autorizações e proibições. Em outras palavras o que poderia ser tomado como transcendental, como na reconstrução da filosofia da lógica de Kant feita por Lassalle Casanave, deveria ser tomada como normativo porque baseado em elementos sociais e institucionais. Lassalle Casanave defende com Panza, por exemplo,

> a conception of mathematical theories according to which a theory is identified with a space of possibilities of argumentation, with a reasonably clear system of authorizations or, by analogy with legal systems, with a set of power-conferring rules, within which a practice is developed. This practice could be simply described as the very activity which mathematics consists of. (...) Instead of considering a formal theory as a system determined by its language and its axioms and/or inference rules, we can consider it as a space of possible inferences from some formulae of that language to another formula of that same language. Thus, a proof within a formal theory could be thought of not as much as a sequence of formulae, but as the actualization of some of those possibilities. (2018, p.135)

Enquanto Lassalle Casanave traça analogia com ordenamentos jurídicos para entender a normatividade da matemática, gostaria de oferecer a analogia com as proposições *hinge* de Wittgenstein (1969) para entender a normatividade da lógica. Acredito na possibilidade de equacionar lógica e a discussão contemporânea sobre *hinge epistemology* fazendo-as compatíveis com o tipo de construtivismo e normatividade na abordagem proposta por Lassalle Casanave. Eu sou simpático a uma linha de pensamento geral pragmatista que introduz e guia algumas investigações contemporâneas, nomeadamente: que o ponto de partida da investigação filosófica deveria ser que nós somos seres limitados, situados e engajados em práticas regradas num mundo instável e misterioso. Todo momento singular de nossas vidas já é dado em um pano de fundo, num contexto específico, muitas vezes inarticulado, no meio do qual nos esforçamos para nos entendermos e também o que nos circunda. Matemática, mas também a lógica, deveriam ser pensadas também dentro deste contexto, a saber, como um conhecimento racional baseado na resolução de problemas ao lidarmos com as pressões do ambiente onde vivemos. Se uma teoria *pace* Lassalle Casanave deve ser tomada como um conjunto de autorizações, acredito fazer sentido afirmar que este conjunto de normas pode, em algum momento, por razões diferentes, variar e ser revisável.

26.1 Sobre a epistemologia da lógica e a própria possibilidade de revisão da lógica

Lassalle Casanave (2019) advoga que conhecimento matemático deveria ser tomado como um tipo de conhecimento racional pela resolução de problemas dados usando um método particular. Por consequência, a própria questão de como entender a construção de um conceito como a resolução de um problema deveria ser respondida pelo exame do conceito de demonstração e de prova que usa diferentes meios simbólicos, como diagramas. Para avaliarmos a relação entre a noção de construção e método com a própria natureza da lógica, nós deveríamos primeiro examinar o estado da arte concernente à revisão da lógica.

O programa intuicionista de Brouwer, como apresentado em sua histórica tese de doutorado (1907) e, depois, em seu artigo "The unreliability of the logical principles" (1908), mostra uma motivação filosófica genuína para revisarmos problemas lógicos e não somente para se manipular algebricamente símbolos em diversos formalismos. Nos sistemas intuicionistas de Heyting (1928), por exemplo, uma regra de inferência é válida se pode ser encontrada uma construção que torna verdadeira a sentença que é obtida pela aplicação da regra. O que os princípios da lógica deveriam preservar seria, portanto, não, como na lógica clássica, uma noção de verdade independente da mente, mas construtividade. Muitos princípios da lógica clássica, mais notadamente o princípio do terceiro excluído, então se tornariam insuficientemente fundados.

A irrazoabilidade do princípio de explosão também apresenta boas razões filosóficas para a revisão de princípios lógicos, uma vez que deve ser problemático se derivar qualquer sentença de uma contradição (Da Costa 1958, 1959). Em sistemas clássicos é suficiente ter uma contradição para se tornar uma relação de consequência lógica explosiva. Deveríamos distinguir trivialização de contradição. De fato, nosso problema com domínios racionais não deveria ser a existência de contradições mas a ocorrência de uma relação de consequência lógica explosiva. Com efeito, em algumas discussões racionais ou em outros importantes domínios de nossas vidas, quando nós estamos lidando com crenças e informações, por exemplo, nós de fato encontramos contradições e continuamos raciocinando apesar disto.

Estas objeções filosóficas à natureza e ao escopo da ortodoxia da lógica clássica construiu o caminho para a emergência de duas das maiores lógicas não-clássicas, respectivamente, intuicionista e paraconsistente. Ambas possuem diversas implicações técnicas e filosóficas importantes para a matemática e a computação. Nos deveríamos tomar a corrente pluralidade de lógicas não-clássicas como um problema filosófico sério, isto é, algo que nos convida à reflexão e nos força a reconsiderar o próprio papel e a natureza da lógica. Acredito que duas visões extremas nos afastaram de nos engajar com a possibilidade filosófica da pluralidade de lógicas alternativas, uma que defende a lógica como uma investigação metafísica, que deveria nos oferecer ferramentas intelectuais sofisticadas para descobrir estruturas abstratas independentes, enquanto a outra tomaria a lógica como basicamente um jogo vazio governado por decisões, em certo sentido, arbitrárias e *ad hoc*. Esta visão de acentos formalistas justifica, através do convencionalismo de regras, a pluralidade de sistemas lógicos alternativos, mas parece esvaziar filosoficamente as discussões sobre revisão de princípios lógicos.

Este cenário, de fato, oferece um problema epistemológico concernente à natureza da lógica e à própria possibilidade de revisão de seus princípios e regras mais básicas. Nós podemos nos perguntar se é possível (e como) se escolher o conjunto correto de regras básicas de sistemas lógicos. Em outras palavras, como nós poderíamos racionalmente justificar nossos princípios lógicos eles mesmos, se a própria possibilidade de justificação racional os pressupõe? De fato, uma miríade de questões epistemológicas pode ser vista aqui. Como poderíamos argumentar sobre um conjunto básico de regras de inferência ou princípios lógicos? Qual argumento racional poderia ser usado para convencer um interlocutor litigante que um conjunto básico de regras é o correto, se todo argumento deve ser, desde o início, baseado em um conjunto aceito de regras de inferência? Estas são questões concernentes à própria natureza da lógica, da racionalidade e da viabilidade de sua justificação. Em outras palavras, como alguém poderia questionar como a razão poderia ser usada para fundamentar os princípios mais básicos da razão sem circularidade e regresso ao infinito? Existe um modo racional de convencer alguém de algo tão fundamental como um princípio da lógica?

De fato, visões que enfatizam predicados como "necessário", "universal", "a priori", "eterna" e "absoluta", os quais são tradicionalmente tomados como pertencentes ao domínio da lógica, têm sido severamente desafiados durante as últimas décadas na pesquisa filosófica.

A contribuição principal de uma nova agenda nas discussões contemporâneas concernentes à revisão da lógica, uma compatível com a abordagem normativa de Lassalle Casanave, deveria se desenvolver, acredito, em uma teoria filosófica da inferência lógica que explicasse as regras e a natureza pragmática da racionalidade e a lógica ela mesma dando centralidade e desenvolvendo a seguinte hipótese: as assim chamadas leis da lógica deveriam ser legitimamente tomadas como um conjunto de regras situadas em e governadas por práticas discursivas em uma esfera pública determinada. Em outras palavras, princípios lógicos deveriam ser tomados como regras com poder normativo que constituem e corrigem nossas práticas de resolução de problemas em uma esfera pública e discursiva de indivíduos em trocas dinâmicas em comunidades e em seu meio.

De acordo, Lassalle Casanave e Panza (2018) afirmam:

> With the notion of a theory as a system of authorizations and the notion of an enthymemathical argument and its dependence on an audience, we mainly intend to legitimize a series of questions (...) These are questions which are often dismissed or ignored from other perspectives, but which acquire full sense from the perspective we have outlined. Furthermore, we intend to introduce a conceptual tool which could turn out to be fruitful for the analysis of the different forms of mathematical practice. (p. 143)

Assim, se a ferramenta conceitual de Lassalle Casanave e Panza estiver correta em relação à prática matemática, também pode estar correta sobre a lógica, uma vez que provas lógicas podem ser vista como diálogos entre "oponentes" em uma determinada audiência em que um interlocutor introduz uma tese e o oponente tenta sistematicamente bloquear o estabelecimento da verdade da tese.

Nesta perspectiva social, lógica deveria ser tomada como um conjunto de práticas argumentativas nas quais participantes possuem diferentes objetivos e panos de fundos, recuperando o sentido próprio de debates na democracia da antiguidade grega. Assim, uma prova lógica, antes de ser concebida como uma ferramenta para estabelecer verdades eternas, pode representar um itinerário finito e sequencial de um discurso situado para convencer uma audiência. A verdade é estabelecida pelo convencimento resultante de passos justificados por regras públicas e não por uma eminente verdade transcendente de nossas práticas.

Parece estar de acordo, Lassalle Casanave, quando afirma:

> "El lenguaje del cálculo es normativo: contiene instruccións de como proceder para calcular com numerales y com letras." (2006, p. 68)

> "La noción de demonstración esta associada con la de verdad: uma demonstración tiene, entre otras cosas, que preservar la verdad. Com qué nociones esta vinculado calcular? Nos gustaría arriesgar la siguiente tesis: calcular esta vinculado com nociones del ámbito normativo." (ib. id.)

Neste contexto, regras, acordos, e estipulações devem desempenhar o papel de correção objetiva do discurso, a qual numa abordagem realista é garantida por verdades impessoais, independentes de nossas praticas inferenciais. Nesta visão, a abordagem realista da lógica deveria ser evitada porque ela parece bloquear qualquer revisão possível da lógica e prevenir a emergência de uma pluralidade de lógicas não-clássicas com diferentes objetivos, escopos e aplicabilidade para diferentes problemas.

Se nós adotarmos princípios lógicos como regras, isto é, como um conjunto de autorizações e proibições regulando nossas atividades e determinando critérios para avaliar o que é legítimo ou ilegítimo, devemos notar que nós estamos lidando, nesta perspectiva, fundamentalmente com noções deontológicas situadas. Estas permitem, restringem, autorizam, proíbem ou guiam nosso campo de ação ou espaço de manobra (*Spielraum*). Como afirma Lassalle Casanave (2006):

> Se incluye entonces en la noción de regla algo que el simple hábito no incluye: assumir um critério de conducta. La distinción entre regla y habito también comparta esse aspecto "interno": cuando se suma em la notación posicional "por columnas" siguiendo um procedimento no decidmos que los que calculan tengan el hábito de hacerlo de esa manera, hacerlo así es um critério para todo aquel que quiera realizar cálculos aritméticos. (p. 72)

Como resultado, é crucial observar que regras normativamente determinam os critérios pelos quais nós julgamos a qualidade de nossas ações e descrições. Um simples hábito se difere de uma regra por não se constituir necessariamente como um critério de conduta de atividades públicas. De acordo, regras elas mesmas não podem ser nem verdadeiras e nem falsas, como elas determinam critérios para a nossa avaliação de algo como verdadeiro ou falso. Assim não parece ser conceitualmente adequado afirmar que um objeto de referência ou um princípio lógico é ele mesmo verdadeiro ou falso. Além disso, note que sistemas de referência poderiam ter sido diferentes e que podem mudar ao longo do tempo de acordo com pressões ambientais e pragmáticas.

Para a completude da proposta de Lassalle Casanave, sugiro também tomar a lógica como uma atividade normativa concernente à resolução de problemas. O problema com a revisão da lógica trata menos de lógica formal e de aplicação da lógica a ciências naturais, mas de nossos raciocínios cotidianos regulares. O lugar primário de normatividade e significado deveria ser nossas vidas cotidianas e nossas práticas inferenciais regulares. Aqui é importante enfatizar a dimensão constitutiva social da lógica, a absorção de regras por observação e instrução e a possibilidade de correção mútua em práticas regulativas comunais que pressupõem o treinamento ou iniciação de indivíduos nestas atividades. Se uma lógica puder ser entendida como um conjunto de autorizações, então este conjunto pode ser revisado, eventualmente por ter eficácia limitada (Lassalle Casanave, 2006, p. 72).

26.2 Sobre a revisão de proposições fulcrais

Ao combinarmos outros *insights* encontrados em Wittgenstein, 1969; Brandom 1994, 2000, Fogelin 1985, e em Lassalle Casanave, 2006, podemos motivar uma abordagem construtivista e anti-realista para atacar o problema de desacordos sobre a revisão princípios lógicos ao oferecermos uma abordagem anti-realista da natureza da lógica. A ênfase em fazer a revisão da lógica, como um conjunto de autorizações, possível sem se engajar com investigações metafísicas não deveria ser posta sobre a investigação de quaisquer leis da natureza ou da realidade, profundas e escondidas, mas sim com algum tipo de equilíbrio reflexivo de práticas humanas baseadas em interações sociais e linguísticas.

Gostaria de defender que o fundamento estaria na associação dinâmica entre formas de vidas e princípios lógicos como proposições *hinge*. É uma falsa dicotomia pensar que a natureza da lógica deve ter sua fundação ou na manipulação arbitrária de signos vazios ou deve ser fundada na realidade última das coisas. A fundação deveria ser social e estável ou regular o suficiente. Ela deve ter poder normativo, isto é, ela deve ser usada por nós para a correção de casos deviantes usando como referência um conjunto anterior de autorizações.

Neste sentido, nós temos boas razoes para introduzir *Hinge epistemology* (Coliva, 2015; Moyal-Sharrock 2016; Pritchard 2012, 2016) no contexto da revisão da lógica. Moore (1925, 1939) usa "I know" conectado com diferentes proposições empíricas para desafiar o idealista ou cético. Alguns exemplos destas proposições são: "I am a human being", "there are other human beings", "I have a brain", "I've never been out of our planet", "I've never been on the moon", "I have two hands" "here it is a hand", "Every human being has a brain". Wittgenstein, em seu *On Certainty* (1969, OC) questiona como nós aprendemos estas "verdades". A verdade das proposições de Moore é certamente não a priori e não é garantida por verificação. Ela não parece se basear em qualquer indução tampouco, porque ela não parece ser baseada em alguma generalização (se em alguma, em uma indução a partir de muito poucos casos).

Ao menos duas propriedades destas proposições de Moore são imediatamente aparentes para Wittgenstein. A primeira é a de que elas são requeridas para investigar a verdade de outras proposições. A segunda é a de que elas são isentas de dúvida (apesar do uso do operador epistêmico "eu sei que" feito por Moore para desafiar o cético ser agramatical). Nós não usualmente articulamos estas verdades e nem aceitamos sua (logicamente) possível falsidade. Entretanto, central para todas elas é a ideia de que desempenham um papel peculiar semelhante a uma regra (OC 95) que as torna imunes a ataques céticos enquanto não as doando estatuto de conhecimento. De acordo, proposições como "Here's my hand" (em situações propostas por Moore), "Nobody has ever been on the Moon" (por volta de 1949), "The Earth has existed for a very long time", "My name is MS", "There are physical objects" são regras de "evidential significance" (Wright, 1985), ou "norms of description" (OC 167, 321). Em outras palavras, justificação e conhecimento, assim como dúvida, só são possíveis dentro dos limites determinados ao tomarmos algumas *hinge* como certas ou garantidas. Assim como dobradiças são requeridas para que possamos abrir e fechar portas, as proposições de Moore devem permanecer estáveis, fixas em nossos sistemas de crenças para podermos performar atividades no mundo. Elas desempenham um papel regulativo, normativo. Assim, como nós poderíamos dizer, elas são elementos constitutivos da nossa racionalidade sempre situada.

Neste pano de fundo, podemos ter uma hipótese construtivista tripartida concernente à lógica tomada como um conjunto de autorizações e proibições inspiradas na *hinge epistemology* e não em ordenamentos jurídicos: i) princípios lógicos deveriam ser tratados como proposições *hinge* (embora nem toda a proposição *hinge* seja princípio da lógica), ii) elas são determinadas pela nossa educação em uma imagem de mundo e iii) princípios lógicos poderiam ser diferentes e podem mudar.

Vale notar que proposições *hinge* não são metafísicas. Elas não são descrições. Elas não compartilham uma forma lógica comum (em verdade, elas possuem "a forma de proposições empíricas") e nem possuem um conteúdo semântico similar. Elas são indubitáveis devido à sua função peculiar em nossas formas de vida. Este papel normativo peculiar as torna lógicas. E este papel pode ser mudado. Nós somos educados por elas e através delas. Assim como em conflitos radicais, na lógica nós também temos que iniciar litigantes em novos procedimentos, interesses e, especialmente, em novas visões. A ideia básica é que nós temos uma fundação, mas sem fundacionismo. Em alguns cenários e situações, o oposto não é nunca considerado. Alguma coisa deve ser sólida para que possamos resolver problemas. Não é uma questão de um conteúdo proposicional especial, mas sim de que nossos modos de agir e julgar excluem alternativas de consideração para que problemas sejam resolvidos.

Nós podemos motivar a transição da *hinge epistemology* para a lógica, ao enfatizarmos a analogia entre *hinge* e princípios lógicos. Ambos são requeridos para investigar normativamente o sentido e a verdade de outras proposições. Princípios lógicos, como *hinge*, são isentos de dúvida, porque algo deve permanecer imóvel e estável, caso contrário perderíamos nosso chão. Em alguns sistemas, como os lógicos, algumas coisas devem permanecer inabaláveis, tomadas como "absolutamente sólidas e seguras". Note que proposições *hinge* são apresentadas como "óbvias", assim como princípios lógicos. A rejeição de ambas, *hinge* e princípios lógicos, é com frequência insana, não apenas falsa, uma vez que nós não abriríamos mão deles porque pertencem a coisas das quais temos convicção. Como Wittgenstein afirma: "the reasonable man does not have certain doubts." (OC 220).

Alguns filósofos wittgensteinianos, como Brandom (1994, 2000) e Fogelin (1985), defendem, com relação à epistemologia da lógica, que nós usamos princípios lógicos para corrigir, regular nossas ações, percepções, interações, teorias e informações. E não para (primariamente) descrever coisas. Eles usam, em suas explicações da lógica, alguns pontos de antirrealismo de acordo com o qual o vocabulário lógico não se relaciona com algum estado de coisas particular no mundo mas com os nossos critérios ou normas para avaliar descrições e ações no mundo. Neste sentido, não estamos falando de fatos e verdade, mas dos nossos critérios para avaliar fatos e verdade. Princípios lógicos não precisam representar nada na realidade. Sistemas lógicos expressam alguns comprometimentos, autorizações e proibições públicas que já desempenham papel normativo em nossas práticas discursivas cotidianas. Nossas práticas regradas, as formas a partir das quais nós agimos no mundo, são inferencialmente articuladas e podem ser testadas e controladas publicamente.

26.3 Observações finais

Neste trabalho preliminar, propus a aplicação da epistemologia *hinge* à discussão acerca da revisão da lógica para estender a visão de Lassalle Casanave de teorias matemáticas como conjunto de autorizações às discussões acerca da natureza da lógica. Enquanto Lassalle Casanave traça analogia com ordenamentos jurídicos para entender a normatividade da matemática, tracei, nestas breves notas, analogias com as proposições *hinge* de Wittgenstein para entender a normatividade da lógica.

Referências bibliográficas

[1] Brandom, Robert 1994. Making It Explicit: Reasoning, Representing, and Discursive Commitment. Harvard University Press.

[2] _____ 2000. "Articulating Reasons". (Cambridge, MA: Harvard University Press).

[3] Brouwer, L.E.J., 1907, Over de Grondslagen der Wiskunde (On the Foundations of Mathematics), Ph.D. thesis, Universiteit van Amsterdam. English translation in Brouwer 1975: 11–101.

[4] _____ 1908, "De onbetrouwbaarheid der logische principes" (The Unreliability of the Logical Principles), Tijdschrift voor Wijsbegeerte, 2: 152–158. English translation in Van Atten and Sundholm 2017. An older English translation is in Brouwer 1975: 107–111. doi:10.1016/B978-0-7204-2076-0.50009-X

[5] Coliva A. 2015. Extended rationality: a hinge epistemology. Palgrave Macmillan, Basingstoke

[6] Coliva A, Moyal-Sharrock D (eds) 2016. Hinge epistemology. Brill, Leiden.

[7] da Costa, N. C. A. 1958. Nota sobre o conceito de contradição. Anais da Sociedade Paranaense de Matemática 1: 6–8.

[8] _____ 1959. Observações sobre o conceito de existência em matemática. Anais da Sociedade Paranaense de Matemática 2: 16–9.

[9] Dutilh Novaes, Catarina 2016. Reductio Ad Absurdum From a Dialogical Perspective. Philosophical Studies 173 (10):2605-2628.

[10] _____ 2015. A dialogical, multi-agent account of the normativity of logic". Dialectica 69, 587-609, 2015.

[11] _____ 2013. A dialogical account of deductive reasoning as a case study for how culture shapes cognition". Journal of Cognition and Culture 13, 453-476, 2013.

[12] Fogelin R. 1985. The Logic of Deep Disagreements. Informal Log 7:1-8.

[13] Heyting, A. 1928, [Prize essay on the formalization of intuitionistic logic]. Expanded and revised version published as Heyting 1930, Heyting 1930A, Heyting 1930B.

[14] _____, 1930, "Die formalen Regeln der intuitionistischen Logik I", Sitzungsberichte der Preussischen Akademie der Wissenschaften, 42–56. English translation in Mancosu 1998: 311–327.

[15] _____, 1930A, "Die formalen Regeln der intuitionistischen Logik II", Sitzungsberichte der Preussischen Akademie der Wissenschaften, 57–71.

[16] _____, 1930B, "Die formalen Regeln der intuitionistischen Logik III", Sitzungsberichte der Preussischen Akademie der Wissenschaften, 158–169.

[17] Lasalle-Casanave, A. 2006. Matemática elemental, cálculo y normatividad. O que nos faz pensar, 20, 67–72.

[18] _____. 2008 "Entre la retorica e la dialetica". Manuscrito – Rev. Int. Fil., Campinas, v. 31, n. 1, p.11-18, jan.-jun.

[19] _____. 2019. Por construção de conceitos: Em torno da filosofia kantiana da matemática. Sao Paulo: Editora Loyola.

[20] Lassalle Casanave, Abel; Panza, Marco. 2018 "Enthymemathical Proofs and Canonical Proofs in Euclid's Plane Geometry". In. Ed. Hassan Tahiri. The Philosophers and Mathematics Festschrift for Roshdi Rashed. Cham: Springer Nature. 127-144.

[21] Moyal-Sharrock D. 2016. The animal in epistemology: Wittgenstein's enactivist solution to the problem of regress. In: Coliva A, Moyal-Sharrock D (eds) Hinge epistemology. Brill, Leiden, pp 24–47

[22] Pereira, L. C. "Breves considerações sobre o niilismo e o revisionismo na lógica". O que nos faz pensar n.20, 2006, pp. 91-99.

[23] Pritchard D. 2012. Wittgenstein and the groundlessness of our believing. Synthese 189:255–272.

[24] _____ 2016. Epistemic angst: radical skepticism and the groundlessness of our believing. Princeton University Press, Princeton

[25] Wittgenstein L. 1969. Über Gewißheit/On certainty. ed: Anscombe GEM, von Wright GH; trans: Paul D, Anscombe GEM. Blackwell, Oxford.

[26] Wright, C. 1985 'Facts and certainty', Proceedings of the British Academy 71, pp. 429-472.

Capítulo 27

Borges sueña con una cierva blanca
(Ensayo breve sobre el fenomenismo)

Thomas Moro SIMPSON

A Abel Lassalle Casanave

> *Duraría un segundo. La vi cruzar el prado*
> *y perderse en el oro de una tarde ilusoria;*
> *leve criatura hecha de un poco de memoria*
> *y de un poco de olvido. Cierva de un solo lado.*
> J. L. Borges

> *Ser es ser percibido.*
> Berkeley

I

Un día tal vez real
Borges soñó, y por su vida
Pasó una tarde fingida
y una cierva fantasmal.

¿Tuvo una imagen menguada,
pues la vio de un solo lado?
¿Vio Dios el otro costado
de aquella cierva soñada?

¿Pero es que acaso tenía
tres dimensiones la cierva,
y allí, en la soleada hierba,
una oculta geometría?,

De las cosas que soñó,
¿vio Borges realmente todo?
¿No habrá en su sueño un recodo
que Borges no percibió?

Y al mirar dentro del sueño,
¿no habrá cometido errores,
confundiendo los colores,
viendo lo grande, pequeño?

Pero si soñó un dolor,
o hubo un ala en su alegría,
¿qué dios oscuro podría
trocarlos en un error?

Tal vez en esa región
que los sueños entretejen,
*todos son lo que parecen
y parecen lo que son.*

Tal vez Borges fuera el dueño
De su breve fantasía.
Y hubo algo que sabía:
No hay errores en un sueño.

Jorge Luis, ya estás cumplido,
pues ya Dios te ha dibujado;
¿sabrás, en tu nuevo estado,
si *ser es ser percibido*?

II
(Versión sonetística)

Una cierva que el prado atravesaba
vio Borges en un sueño; ella huía
en la tarde irreal; amanecía
en el lugar del mundo en que él soñaba.

El soñador notó que le mostraba
sólo un lado la cierva: ¿es que tenía
un lado más, y Dios, que lo sabía,
su verdadero sueño contemplaba?

¿Puede engañarse el soñador de un sueño,
confundir sitios o el color del prado?
¿De su delirio no es acaso el dueño?

¿Sabrás ahora, tú, por fin dormido,
si viste tal cual es lo que has soñado,
o fue sueño el soñar, fraude y olvido?

www.ingramcontent.com/pod-product-compliance
Lightning Source LLC
Chambersburg PA
CBHW071655160426
43195CB00012B/1476